한국음식 세계인의 식탁으로

김재수 저

백산출판사

한국음식
세계인의 식탁으로

2006년 7월 10일 초판발행
2007년 8월 15일 재판발행

역 자 / 김 재 수
발행인 / 진 욱 상

발행처 / 백산출판사
등록 : 1974. 1. 9. 제1-72호
서울시 성북구 정릉3동 653-40
전화 : (02)914-1621, 917-6240
팩스 : (02)912-4438

www.baek-san.com
edit@baek-san.com

ISBN 89-7739-862-2 92980

머리말

한국 식품의 국제화를 추진하여 국가와 국민의 위상을 높이자는 것이 이 책의 첫 번째 목적이다. 우리가 매일 먹는 한국 음식은 세계적으로 우수한 식품이다. 좀더 발전시키면 세계인의 식탁에 안정적으로 오를 수 있다. 우리 음식의 국제화를 추진하는 것은 본격적인 국제화 시대에 직면하여 국가의 이미지를 개선하는 데도 중요하다. 이 책의 두 번째 목적은 식품분야의 변화하는 여건에 제대로 대응하자는 것이다. 우리나라 식품산업은 괄목할 만한 성장을 하였으나 아직 개선되어야 할 점이 많다. 수입식품이 늘어나고 있고 식품안전에 대한 국민의 수요도 날로 높아져 간다. 이러한 여건변화에 대응하여 식품산업의 문제점을 찾아보고 식품행정이 나아갈 길을 제시하는 것은 매우 중요한 정책적 과제이다. 이 책의 세 번째 목적은 식품산업 발전을 통하여 침체에 빠진 농업과 농촌에 활력을 불어 넣자는 것이다. 식품산업의 발전은 농업 발전에서 출발한다. 농산물의 안정적 생산과 공급, 그리고 튼튼한 농업기반은 식품산업 발전에 기초가 된다. 식품산업의 발전은 농산물의 부가가치를 높이고 농가소득을 증대시킨다. 또 우리의 고유한 전통식품을 세계적인 고급상품으로 만들어 식품 수출을 획기적으로 증대할 수 있다. 식품산업의 발전은 우리 농업과 농촌에 희망과 비전을 줄 수 있다.

이 책은 모두 6장으로 구성되어 있다. 제1장에서는 한국 음식이 최근 외국인의 관심과 주목을 받는 현황과 한국 음식의 특징과 우수성을 구체적으로 살펴보았다. 우리가 매일 먹는 한식이 영양이나 재료, 조리방법이나 맛에서 우수하며, 높은 품격을 가진 우수한 음식이라는 점을 알아보았다. 제2장에서는 한국 음식을 국제화하기 위한 구체적인 방안을 제시해 보았다. 한국 음식을 국제화하기 위해서는 메뉴나 조리방법, 인력, 서비스, 식공간 등 여러 분야에서 개선되어야 한다. 특히 우리 음식을 고급문화상품으로 개발하는 안목이 필요하다. 제3장에서는 세계제일의 미국 식품시장에서 한국 음식이 제대로 자리잡기 위해 미국 식품시장 여건을 살펴보았다. 또 식품합중국이라고 하는 미국시장에 우리 식품이 본격적으로 진출하기 위한 방안을 제시해 보았다. 제4장에서는 한국 음식의 국제화를 위해서는 우리 식품산업이 발전되어야 한다는 관점에서 우리나라 식품산업에 대한 전반적인 모습을 그려 보았다. 식품산업의 개념으로부터 식품산업과 농업과의 관계, 식품의 생산과 소비, 식품 유통, 식품 수출입 등을 개괄적으로 설명하였다. 제5장에서는 한국 식품산업의 문제점을 살펴본 후, 식품산업의 발전방안을 제시해 보았다. 식품산업의 발전을 위해서는 식품산업을 육성해야 하고, 외식산업을 발전시켜야 하며, 식품기업의 역할과 책임을 증대해야 한다. 제6장에서는 우리나라 식품행정이 나아가야 할 방향과 구체적인 과제에 대하여 검토하였다. 식품안전에 대한 국민의 관심과 수요증대에 부응하여 우리나라 식품행정도 많은 분야에서 개선되어야 한다. 식품안전정책을 내실화하고, 식품행정과 체제를 정비해야 하며, 식품관련 제도와 법령을 고치는 등 식품분야에서 추진하여야 할 과제는 너무나 많다.

이 책은 저자가 식품을 다루는 농림부 농산물 유통국장으로의 재직하면서 쌓은 경험을 바탕으로 작성하였다. 식품산업에 대한 이론적인 부분은 저자의 저서 “식품산업에서 희망을 찾는다”(2002, 농민신문사)를 참고로 하였다. 특히 2003년부터 워싱턴 D.C.의 한국대사관에서 농무관으로 근무하면서 입수한 자료와 미국 현장에서 직접 보고 듣고 느낀 체험은 이 책의 국제감각을 높이는데 많은 도움이 되었다. 우리 농업발전을 위해서는 반드시 식품산업 발전이 전제되어야 한다는 인식에서 주요한 관심사항을 정리하였다. 미국의 식품산업 현황은 미 농무부 연구보고서를 중심으로 분석하였으며, 미흡한 부분은 농무부나 농업연구소 담당자의 견해를 참고로 보충하였다. 식품에 관한 대부분의 국내 서적은 영양학자나 식품학자들에 의한 식품의 이화학적 분석 서적이거나 요리 서적이 대부분이다. 식품산업의 전체 모습은 알기도 어렵고 이를 설명하는 책자가 거의 전무한 것이 현실이다. 이 책에서는 그러한 점을 감안, 산업으로서의 식품의 모습을 그리고자 노력하였다. 식품의 국제화를 위해 아이디어 차원에서 몇 가지 방안을 제시하였으나 추가적으로 많은 부문에서 독자들의 의견과 보충을 희망한다.

아무쪼록 이 책이 우리 식품의 세계화를 앞당기고 우리 농업과 식품산업의 발전에 조그만 도움이 되었으면 한다. 이 책의 저술과정에서 많은 사람의 도움을 받았다. 평소 한국음식에 대해 잘 알지 못하였던 저자에게 한국음식의 소중함을 일깨워주고 나아갈 방향을 조언해주면서 이 책의 제목까지 정해준 사랑하는 아내에게 특별히 감사의 말을 전한다. 또한 탁월한 식견으로 국가와 산업이 나아갈 길을 조언해 주신 이태식 대사님께 각별한 감사의 말씀을 드린다.

2006. 6

저자 김 재 수

차 례

제1장

한국 음식, 세계적으로 우수하다

제1장

한국 음식, 세계적으로 우수하다

1. 세계가 칭찬하는 한국 음식

한국 음식이 최근 국제적으로 인기를 끌고 있다. 미국의 주요 언론에서도 한국 음식을 칭찬하는 기사가 부쩍 늘어난다. 한류 열풍 때문만이 아니다. 한류 열풍이 불어오기는 하나 한국 음식이 맛과 영양은 물론 건강에도 좋다고 인정되기 때문이다. 대표적인 한국 음식으로 알려진 김치가 건강과 각종 질병에 효능 있는 '슈퍼 음식'으로 알려지고 있다. 김치가 조류인플루엔자(AI)와 사스(SARS: 중증급성호흡기증후군) 예방에 효험이 있을 수 있는 음식이라고 미국 언론이 보도하고 있다.[1] 한국 김치가 조류 인플루엔자 예방에 효과가 있어 김치 소비가 증가한다는 내용은 워싱턴 포스터지가 2005년 12월 31일자에 보도하였다. 이 내용은 이미 같은해 11월 중순경에 미국의 ABC 방송을 비롯한 많은 지역 언론에서 보도된 바 있다.[2] 2006년 2월 18일 워싱턴타임스지는 미국서 차의 건강 효능이 알려지면서 전국적으로 찻집이 늘어나고 있다고 하였다.[3] 특히 녹차에 함유된 산화방지제가 일부 암과 관절염 발병을 낮추고 면역체계강1화에 좋다는 연구결과로 차가 미국인에게 인기를 끌고 있다고 한다.

2005년 8월 7일 뉴욕타임스지는 '뉴요커의 입맛을 사로 잡는 한국식당'이라는 제목으로 한국 음식의 우수성을 특집으로 소개하였다. "김치의 매력(Kimchi Chic)"이라는 제목 하에 한국 식당이 타민족을 대상으로 새로운 서비스와 메뉴를 도입하고 있고, 이러한 변화하는 추세를 "새로운 물결(New Wave)"이라고 하였다. 뉴욕타임스지는 2005년 5월 4일에도 '한국산 숯불구이는 입과 눈과 코, 그리고 손가락으로 즐기는 음식'이라고 소개하였다. 먹는 입맛뿐만 아니라 보고 즐기는 점도 강조한 것이다.

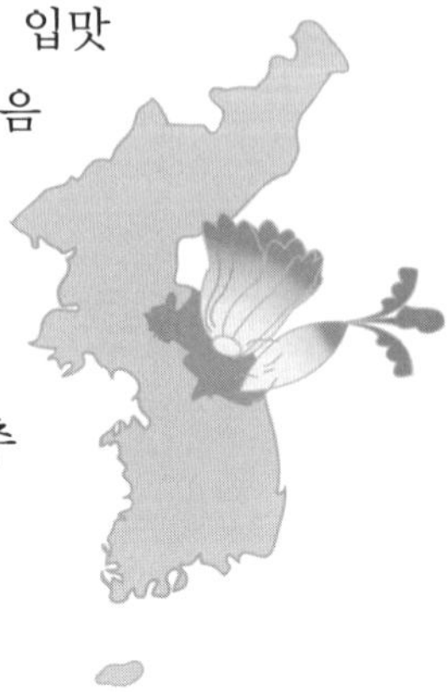

미국의 건강잡지 "헬스(www.health.com)는 2006년 3월 한국김치가 소화기능을 증진하고 유산균과 섬유소 및 비타민 C가 많다고 하면서 한국 김치를 건강식으로도 강조하였다. 뉴욕타임스지는 8월 10일자에도 여름철 한인들이 즐겨 먹는 팥빙수를 소개하였다. 팥빙수는 저렴한 가격에 재미있게 먹을 수 있어 동아시아 각국에서 즐기는 여름철 디저트라고 하였다. 팥빙수는 얼음 위에 얹는 첨가물도 제각기라고 설명하고, 한국 팥빙수가 가장 정성이 들어있고 먹음직스럽다고 하였다.

단순한 음식 설명만이 아니다. 직접 한국 식당을 순례하면서 한국 음식에 대해 평가한다. 워싱턴포스트지는 워싱턴 D.C.와 인근 지역의 한국 식당들을 방문하여[4] 우리 음식에 대해 평가를 하였다. 이 신문은 한국 식당들이 한국의 맛을 미국 주류사회에 전달하고 있다고 하였다. 석쇠 위에서 지글거리는 돼지갈비 구이 사진을 표지사진으로 소개하고, '한국요리의 분명한 맛'이라고 강조하였다.

식탁 중간에 고기를 굽기 위한 가스 그릴과 환기통을 설치하고 있는 점도 특징으로 보도하였다. 고기를 구울 때 나는 연기를 흡수하는 환기통은 아마 한국 식당에서만 볼 수 있는 노하우이기도 하다.

그러나 한국 음식에 대해 칭찬만 한 것은 아니다. 한국 음식의 문제점이나 부족한 점도 지적한다. 갈비와 불고기 등의 스테이크를 제외한 다른 요리는 아직 많은 미국인의 관심을 끌지 못한다. 한국 식당에서 쓰시바나 일식도 겸하거나 한국식 중국요리도 다루고 있는 점을 비판한다. 음식에 대한 자세한 표기가 없고 어떻게 먹어야 하는지에 대한 설명이 부족해 음식을 주문할 때 가끔 어려움을 겪을 수 있다고도 지적했다.

한국 음식관련 행사에 대한 미국인의 관심도 매우 높다. 농수산물 유통공사 주최로 2005년 8월 31일 뉴욕에서 개최된 한국음식 요리교실 행사에는 뉴욕타임스, 월스트리트 저널, CBS 등 주요 신문 및 방송사 관계자 100여명이 참석하여 성황을 이루었다. 이들은 이구동성으로 한국 음식을 칭찬하고 있다. '한식 문화의 세계화가 가동된다'고 하거나 '한국 음식이 미 주류사회를 파고든다'고 설명한다. 한국 음식의 우수성을 평가해 준 미국 주요언론의 보도는 중요한 의미를 가진다. 우리 스스로 잘 알지 못하는 우리 음식의 우수성을 외국에서 인정해 주기 때문이다. 영양 측면에서 우수한 한국 음식이 건강과 질병치료에도 효과가 있어 본격적으로 한국 음식이 미국인의 눈길을 끌고 있다. 한국 음식이 세계적으로 위상을 높일 수 있는 좋은 기회를 맞고 있는 것이다.

미국뿐만 아니다. 중국이나 동남아시아, 아프리카 등 전 세계적으로 한국 식당이 생겨난다. 대형 한식당의 해외 진출이 늘어나고 한국 식품생산이 증대되고 있다. 일본 도쿄의 한국 음식점은 먹거리 문화를 앞서가고 있고, 세계 음식의 각축장인 런던이나 파리에서도 우리 음식이 제목소리를 내기 시작한다. 유럽과 아시아에서 한국 음식이 특별히 인기를 끈다. 지난 2001년에는 프랑스의 '미쉐린 레스토랑 가이드'에는 최초로 한국 음식이 등장하기도 하였다. 프랑스에서 한국 음식이 인기를 끄는 것은 기름을 많이 사용하는 중국음식이나 깊은 맛이 없는 일식보다 한국 음식이 담백하고 섬세한 미각을 충족시켜주기 때문이다. 세계 음식문화의 중심이라고 할 수 있는 뉴욕의 우수 식당으로 플러싱 지역에 있는 한식당 "금강산"도 포함되었다. 이제 한국 식당도 어엿한 세계 최고급 식당의 반열에 들어가고, 한국 음식이 각광받는 시대가 다가오는 것이다.

우리 음식이 본격적으로 외국인의 주목을 끌게 된 것은 2002년 한・일 월드컵 때부터라고 본다. 2002년 한・일 월드컵을 계기로 한국 음식은 본격적으로 세계에 알려지게 되었다. 최근에 한국 음식이 외국인의 관심을 끈 것은 질병 예방과 건강 및 다이어트에 좋다는 평가 때문이다. 미국 주요 언론이 김치를 대대적으로 다룬 것은 조류인플루엔자 영향이다. 조류인플루엔자가 전 세계인의 걱정거리로 등장하였으며 미국도 이의 예방에 노력을 기울이고 있었다. 얼마나 걱정이 되었으면 김치가 조류인플루엔자 예방에 효과가 있다고 보도하였을까. 당시 국내에서는 김치에서 기생충알이 발견되었다고 하여 김치 소비가 줄고 수출까지 반 토막 나고 있던 상황이었다. 한국내의 부정적인 상황과는 대조적으로 미국은 우리 김치의 맛은 물론, 조류독감 치료효과까지 강조하는 실정이었다.

맛과 멋과 문화적 정취

지금 왜 한국 음식이 세계인의 인기를 끄는가? 한국 음식에 대한 외국인의 호기심과 수요가 증대하는 이유는 무엇인가? 월드컵 4강을 이룩하였기 때문인가? 아니면 사스(SARS)나 조류인플루엔자(AI)방지에 좋다는 김치 때문인가? 건강을 추구하고, 비만과 과체중을 방지하는 데는 한국 음식이 좋다는 소문이 큰 역할을 하는 것은 사실이다. 미국에서 보면 한국 음식에 대한 호기심뿐만 아니라 비만과 과체중을 방지하고 다이어트에 좋다는 점이 한몫 하는 것 같다. 웰빙을 추구하는 최근의 시대상황이 한국 음식에 대한 미국인의 입맛을 사로잡는다. 또 이른바 한류 열풍이 불고 있는 것도 요인이다. 그러나 영양이나 건강측면의 우수성이나 한국 음식에 대한 호기심보다는 근본적으로는 우리 음식이 가지는 문화적인 우수성에 미국인이 빠져들기 때문으로 여겨진다. 한국 음식은 '마음과 정성으로' 만든다고 하였다. 이는 마치 한국 음식은 '눈으로 먹고, 코로 먹고, 입으로 먹고, 마음으로 먹는다'고 이해하는 한국 음식의 깊은 철학과도 일맥상통한다. 또 한국 음식에는 멋과 풍류가 담겨 있다. 이러한 장점을 이용한다면 한국 음식은 다른 나라 음식이 따라올 수 없는 확실한 우월성을 가질 것이다. 한국 음식이 가진 문화와 멋에 관심을 기울이자. 이제 한국 음식 속에 담겨 있는 문화를 강조해야 한다. 우리 음식의 문화적 우수성에 대한 연구를 확대하고 적극 육성해 나가야 한다.

2. 한국 식품으로 국가 이미지 제고

우리나라의 경제적 위상은 2004년 기준으로 세계 11위이다. 2005년 8월 통계청이 발표한 자료에 의하면 2004년 기준으로 우리나라의 GDP 규모는 6,801억 달러로 세계 11위이며, 수출규모는 2,538억 달러로 세계 12위, 수입규모는 2,244억 달러로 세계 13위이다. 우리나라 사람이나 우리 국가가 세계 11위라는 경제적 위상에 걸맞은 대우를 국제사회에서 받고 있는가? 그렇지 못하다고 누구나가 인정할 것이다. 여러 가지 이유가 있겠으나, 한국 음식이 국제적으로 대접받지 못하기 때문이라고 한다. 상당히 일리가 있는 분석이다.

한국 음식은 오랜 전통과 역사를 가지고 균형적인 영양성분을 포함하고 있는 세계적인 우수한 식품이다. 문제는 한국 음식이 우수하고 세계적인 음식이라는 점을 우리 스스로가 잘 모른다는 점이다. 해외는 물론 국내에서도 일부 전문가를 제외하고는 한국 음식의 우수성을 잘 알지 못한다. 세계가 우리 음식을 칭찬하는데 비하여 매일 한식을 먹는 우리 스스로는 우리 음식의 우수성을 제대로 알지 못한다. 심지어 한국 음식을 무시하는 사람도 있다. 좀 안다는 사람도 우리 음식은 습식 음식이라 보관이 어렵고 요리에 손이 많이 가는 좋지 않은 음식으로 폄하한다. 심지어 비빔밥은 옛날 하인들이 먹는 음식이라는 등 스스로 우리 음식의 우수성을 인정하지 않는다.

우리 음식의 우수성을 잘 모를 뿐 아니라 고급상품으로 만들려는 노력도 부족하였다. 세계속에 나가 있는 한국 음식은 극히 일부를 제외하고 현지인에 다가가지 못하고 있다. 현지화하려는 노력도 부족하였다. 해외에 있는 한국 식당의 손님 대부분은 한국인이다.

현지 교민이나 한국인 여행객, 상사 주재원, 기타 한국에서 출장 온 손님이 주요한 고객이다. 국제화된 음식으로 외국인이 즐기고 사랑하는 음식으로 자리 잡지 못하고 있다. 우리 음식에 대한 외국인의 관심은 증대되는데 비하여 한국 음식문화의 세계화는 초보적인 단계이다.

그렇게 된 데는 여러 가지 이유가 있다. 음식 자체가 국제화되지 못한 점도 있으나, 이를 고급상품으로 만들기 위한 업계나 정부 차원의 노력도 미흡하였다. 음식을 단순히 '살아가기 위한 먹거리'로 이해하였고, 음식 속에 담겨진 '문화나 철학'을 이해하지 못하였다. 한국 음식으로 국가 이미지를 높인다든지 국민의 위상을 높이려는 노력도 부족하였다. 한국 음식을 국제화하여 식품 수출을 증대하거나, 품격 높은 문화 상품으로 개발해야 한다는 의지도 없었다. 한마디로 음식산업이 그렇게 중요한 산업인지 몰랐다는 이야기이다. 국가적인 지원과 관심도 받지 못하였고, 표준화된 레시피도 없으며 전문 인력도 부족하였다. 마케팅이나 홍보가 미흡한 것은 말할 필요도 없다. 그럼에도 불구하고 한국 음식은 세계 각국에서 인기를 끌고 있고 꾸준히 살아나고 있다.

프랑스 문화비평가이자 경제학자인 기 소르망은 한국이 겪은 외환위기는 단순한 경제문제가 아니라 세계에 내놓을 만한 한국의 문화적 이미지 상품이 없다는 데 있다고 하였다. 경제의 문제를 경제적 관점에서만 보지 말고 문화적인 관점에서 이해하는 것이다. 이제 문화와 경제, 좁게는 문화와 음식이 결합한 복합적인 상품으로 식품을 보아야 한다. 그러한 관점에서 식품문제를 접근해 나가면 의외로 우리나라 식품산업이 나아가야 할 길이 새롭게 보일 수 있다. 우리 음식의 우수성도 문화적 관점에서 체계적이고 과학적으로 알려야 할 시기에 와 있다. 이제 한국 음식으로 국가의 위상을 높이며 우수한 우리 국민의 이미지를 높여야 할 시기이다.

3. 한국 음식의 특성과 우수성

한국 음식이 구체적으로 어떤 점에서 우수한가. 막연하게 건강이나 다이어트에 좋다고 해서는 안 된다. 구체적으로 다른 나라 음식이 가지지 않은 장점을 제시해야 설득력이 있다. 음식 전문가들이나 영양 학자들은 한국 음식의 우수성을 다양한 각도에서 설명한다. 학자에 따라, 또는 음식의 사용재료나 조리방법, 기타 식문화의 접근방법에 따라 여러 가지로 한국 음식의 우수성을 설명한다.

한국 음식의 우수성을 우리 음식의 특징과 결부시켜 음식문화와 건강, 지역별·계절별 음식문화, 발효 음식문화, 일상음식 문화, 의례음식 문화 등[5]을 우수성으로 들기도 한다. 역사적인 관점에서 전통적인 식품문화와 선사시대와 고대의 식품문화를 구분하면서 고추의 문화, 마늘의 문화, 김치의 문화, 식혜와 대두와 장의 문화 등 품목이 가지는 특성[6]을 한국 음식의 우수성 내지 특징이라고 하기도 한다. 특히 한국 음식을 발효식품으로의 우수성과 영양성 및 기능성을 강조하기도 한다.[7] 때로는 곡식과 채소의 문화, 발효의 문화, 계급특징의 문화라고 하기도 하고, 지리나 지형 등 자연환경에 따른 특성과 시대별로 조리법의 변천과 차이로 설명하기도 한다.[8]

그 외에도 곡물 음식이 많고 다양하며, 주식과 부식이 명확히 구별 되어 있고, 음식의 종류와 조리법이 다양하고, 향신료를 많이 사용하며, 상차림과 식사 예법에 유교적 영향이 강하며, 명절식과 시식의 풍습이 있다[9]고 하는 점을 일반적인 특징으로 들고 있다. 우리 음식의 우수성에 대해 숙명여자대학교의 한영실 교수는 다음과 같이 정리한다. "모든 음식을 한 상에 차려내는 우리 전통 상차림이 번거롭고 음식 낭비가 크다는 비판도 있지만, 음식에 들어가는 재료의 종류, 조리법, 온도, 그리고 색까지 고려하여 차려내므로 맛과 영양, 상차림의 아름다움에서도 세계 어느 나라의 상차림에 뒤지지 않는다".[10] 한국 음식은 우리만이 칭찬하는 것이 아니다. 미국의 유명한 인터넷 엔터테인먼트인 셀러버라이티카페닷컴(Thecelebritycafe.com)[11]의 평가도 그러하다. 이 사이트에서는 한국음식의 3대 주요성분은 마늘, 파, 고추라고 하고, 또 3대 주요 소스를 간장, 된장, 고추장를 들면서 각각이 가진 고유한 특성과 영양적인 우수성, 그리고 한국 음식이 가진 문화적 우수성을 높이 칭찬하고 있다.

1) 우수한 영양 성분과 사용재료의 다양성

약식동원(藥食同源)의 음식

대부분의 학자들은 한국 음식을 먹는 것은 약을 취하는 것과 같고 식사행위에서 먹는 것은 약과 같다는 "약식동원"[12]을 우리 음식의 큰 장점이자 특성으로 들고 있다. 한국음식은 한반도의 논과 밭, 바다 등 자연환경과 밀접한 관계를 가지고 발전하여 왔다. 자연적으로 생산되는 여러 가지 농수산물을 독특한 조리방법을 사용하여 만들기 때문에 영양측면에서 한국 음식은 우수하다. 이러한 영양측면의 우수성은 약식동원이라는 말에서 찾을 수 있다. 음식이 약과 뿌리가 같다는 말이다. 즉 먹는 음식이 바로 몸에 좋은 약이었던 것이다. 서양 의사의 효시라고 할 수 있는 히포크라테스는 환자치료의 근본이 식이요법에 있다고 하면서 약으로 치료하는 법을 가능하면 피했다고 한다. 즉 음식으로 고치지 못하는 병은 약으로도 고치지 못한다고 할 정도로 음식을 중요시하였다. 병이 생겼을 경우는 우선 음식으로 병을 고쳐야 하며 음식으로 병이 낫지 않을 때 약을 사용하는 조상들의 지혜가 담겨 있는 것이 한국음식이다.

한국 음식이 약의 효능을 가진다는 점은 사용하는 음식 재료에서도 잘 나타난다. 마늘, 생강, 대추, 은행, 황기, 잣, 호도 등 한국 음식에서 사용하는 대부분의 음식재료가 약재 성분을 보유하고 있다. 또, 대추, 인삼, 계피, 꿀, 밤, 황기 등 음식에 약재를 많이 사용하기도 한다. 대표적인 한국 음식이라 할 수 있는 김치는 열량이 낮고

비만예방의 효과가 있으며 콜레스테롤을 저하시키고 건강증진의 효과가 있다. 김치의 효과는 암을 예방하고 장을 정화하며 항균, 항 바이러스 성분도 있으며 노화방지에도 좋다. 김치의 우수성은 이미 과학적으로 증명된 바 있다. 월드컵 4강 신화를 달성한 것은 김치 덕분이라고도 한다.

다양한 곡물 음식

우리 민족은 농사를 생활의 근본으로 삼아왔기 때문에 한국 음식은 농사와 관련된 여러 가지의 특징을 지닌다. 즉 계절이나 작물, 보관성에서 특성을 지니고 있다. 농경사회를 기반으로 우리 민족은 쌀을 중심으로 하는 다양한 곡물음식이 중심이 되는 것은 한식이 가진 기본적인 특성이다. 우리 민족은 쌀이나 보리 등 곡물로 만든 밥을 주식으로 하였으며, 떡이나 죽, 국수 같은 여러 가지 곡물음식이 발달하였다. 또 끈기가 많은 곡물을 주식으로 하되, 탕류와 김치 등 반찬을 중심으로 하는 다양한 부식류가 발달되었다. 이러한 곡류와 채소 위주의 식품에 간장, 된장, 젓갈, 김치 등 다양한 저장발효 식품이 가미되어 맛을 더해주고 영양을 보충해 주는 특징도 있다. 아울러 다양한 계절음식과 여러 가지 명절식이 있다는 점도 특징이다.

한국인에게 밥은 무엇인가?

쌀은 매일 먹는 밥의 원료이며 가장 중요한 식품이다. 쌀은 한국인의 식생활에서 빼 놓을 수 없으며 쌀로 만든 밥은 한국인의 식생활이나 한국인의 삶 그 자체이다. 과학적으로도 밥은 우수한 식품이다. 밥에는 인슐린 분비를 자극하지 않으면서 인체내 지방의 합성과 축적을 억제해 비만을 예방하는 효과가 있다. 최근 쌀 단백질이 고지혈증을 개선하고 혈압상승을 억제하는 효과가 있음도 밝혀졌다.[13] 밥은 우리 민족에게 식품 이상의 특별한 의미를 가진다. 밥은 우리 민족의 "생활" 내지는 "삶과 죽음" 그 자체를 의미하기도 하였다. 사람의 죽는 것을 "밥숟갈 놓는다"고 하여 밥을 생명 그 자체로 간주하기도 하였다.

밥의 원료가 되는 쌀은 우리 민족의 문화이자 신앙이기도 하였다. 생쌀을 먹으면 어머니가 죽는다고 하였고, 흘린 밥알을 쥐나 새가 먹으면 머리나 이빨이 아프다고 하였다. 쌀 때문에 벌어지는 이야기나 교훈은 너무나 많다. 쌀 미(米)자가 가지는 협동과 인화의 의미도 중요하다. 벼농사는 혼자 짓지 못하여 여러 사람의 도움이 필요한 농사이다. 따라서 협동과 단결, 그리고 인화의 미덕이 벼농사로 인해 지켜져 왔다. 쌀밥을 먹고 살아왔기 때문에 소장의 길이가 다른 민족보다 약 80cm 길어 우리 민족의 뒷심을 지탱해준다고 한다. 밥먹는 것은 최근에는 사회적 지위를 나타내는 표현으로도 사용한다. 직장이 어떠냐고 하면 "밥이나 먹는다'고 대답한다. 사회적 생활수준을 나타내는데 먹는 표현을 사용하는 민족이 우리 말고 더 있는지 잘 모르겠다. 또 "밥맛 없다", "밥통" 등의 표현으로 사람의 심리적 상태를 나타내는데도 밥을 사용하기도 한다. 하여간 쌀과 벼농사, 그리고 밥은 우리 민족의 생활이자 삶의 한 부분이다. 이제 값싼 외국 쌀이 들어와 국내에 판매된다. 수입 쌀이 들어와 국내 쌀 값이 하락되는 것도 걱정이지만, 고유한 우리의 전통과 음식문화가 수입 쌀로 인해 변질되거나 없어지지 않을까 염려된다.

음식 재료의 다양성

사계절의 변화가 뚜렷한 우리나라에는 다양한 농수산물이 많다. 우리 국토에서 생산되는 농수산물은 곡물뿐만 아니라 채소류, 버섯류, 해조류 등 여러 가지이다. 우리 음식에 사용되는 식재료는 그 만큼 풍부하고 다양하다. 다양성 측면의 특성은 더 강조할 필요도 없다. 높은 산, 낮은 평야, 크고 작은 강과 바다에서 생산되는 수백 가지의 농수산물이 식재료로 사용되어 왔다. 당연히 우리 음식은 가짓수도 많고 풍요롭다. 한국 음식의 종류가 몇 가지냐고 하면 대개 수백 가지라고 한다. 일부에서는 한국의 전통음식은 약 2,800 가지[14]라고도 한다. 종류별로 보면 한국 음식의 가짓수는 수천 가지에 이른다. 음식의 구분도 주식류, 부식류, 기호 식품류, 조미료류 등 여러 가지로 나누어진다. 이렇게 가짓수가 많은 음식은 세계 어디에도 찾아보기 어렵다.

2) 균형성, 절제성, 과학성

한국 음식은 각종 영양 성분이 균형적으로 어우러진 음식이다. 한국 음식의 전통적인 패턴과 재료는 단백질, 탄수화물 등 각종 영양소간의 균형을 중시한다. 한국음식은 식물성 식품과 동물성 식품의 비율이 8:2로서 세계에서 유례를 찾아보기 어려운 황금비율을 유지하고 있다. 또 한국 음식은 다량 섭취하는 음식과 소량 섭취하는 음식, 적정량을 섭취하는 음식이 전반적으로 균형을 이루고 있

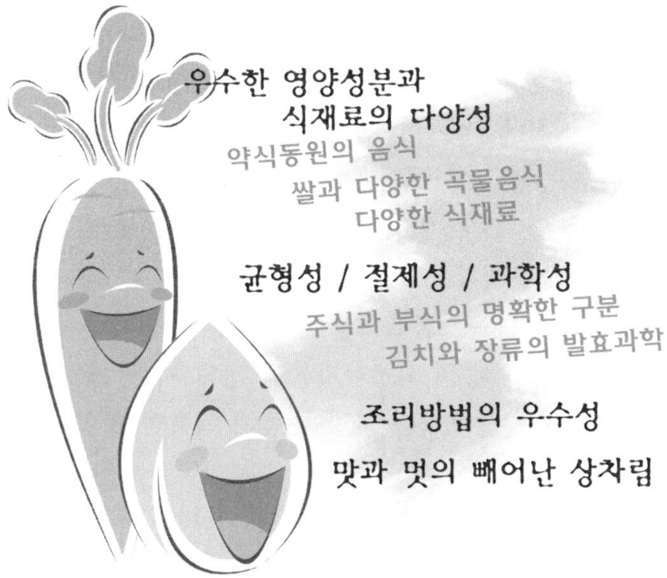

다. 즉 다량 섭취하는 것은 쌀, 콩, 채소, 버섯, 김치, 해조류 등이며, 소량 섭취하는 것은 우유, 유제품, 육류, 육류제품, 지방, 기름, 설탕 등이고, 적정량을 섭취하는 것은 알코올 등 주류이다. 이러한 균형적인 음식 패턴은 식품영양학자들이 강조하는 점이기도 하다.

한국 음식의 음양오행의 음식이다. 음의 성질은 식물성 식품이, 양의 성질은 동물성 식품이 나타내어 음양이 균형을 이룬다. 또 오색과 오미가 균형을 이룬다. 오색으로 청, 적, 황, 백, 홍을 나타내고, 오미로서 단맛, 신맛, 매운맛, 쓴맛, 짠맛을 나타낸다. 어느 한 가지 맛에 치우치지 않고 여러 가지 맛을 고루 가지고 있다. 지방성분은 볶는데 사용한 식물성 기름에서, 비타민은 각종 채소와 버섯에서, 무기질은 수산물에서 찾을 수 있다.[15]

또 한국 음식은 영양 배합이 균형적이다. 영양성분이 부족하거나 과잉이 없는 그야말로 절묘한 균형을 유지하고 있다. 단백질, 무기질, 비타민 등 사람에게 필요한 영양소를 균형적으로 가지고 있다. 밥이나 국, 김치 등 반찬에서 얻어지는 열량은 995kcal로 하루 한 끼의 식단으로는 매우 적절하고 균형적인 섭취량이다. 한국 음식이 가진 영양성분은 오래 전부터 강조되었다. 1944년 출판된 김호직의 조선식물개론에 의하면 우리나라의 식단은 기본식단만으로 균형있는 영양공급이 이루어진다고 설명한다. 또 한국 음식은 영양소간의 균형은 물론, 재료의 사용이나 조리법 등 모든 면에서 절제성을 가진다. 구체적으로는 설탕이나 기름 등을 절제한다.

또 한국 식품은 발효식품이라는 점에서 과학성을 가진다.[16] 과학적 우수성은 많은 식품학자들에 의해 객관적으로 증명되고 있다. 한국 음식은 발효라는 과정을 통해 독특한 영양가를 가지며 그 결과 기호성과 저장성이 우수하다. 또 한국음식은 깊은 맛이 있다. 오랜 기간 발효되어 숙성되므로 음식의 맛도 원래 재료와는 다른 깊고 은은한 맛을 낸다. 또 한국 음식에 사용되는 조미료는 소금, 된장, 고추장, 간장, 꿀 등인데 이는 발효식품과 조화를 이루어 음식의 향을 내며, 미생물의 발육을 억제하고 식품의 보전 역할도 수행한다. 또 한국 음식은 건강식이며 아름답고 맛이 있다. 발효식품이 많으므로 비만을 방지하는 효과도 있다. 결론적으로 한국음식은 영양이나 식사구성 측면에서 다양성, 균형성, 절제성을 고루 갖추고 있는 세계적인 식품이다. 현대인의 급증하는 성인병을 줄이거나 예방할 수 있는 음식으로 한국 음식만큼 우수한 음식도 없다.

주식과 부식의 발전

한국 음식의 가장 큰 특징이자 장점은 주식과 부식의 구분이 뚜렷하다는 것이다. 우리 민족은 쌀을 중심으로 하는 곡류를 주식으로 하면서 국과 김치, 비타민, 무기질이 풍부한 채소를 부식으로 보충을 하였다. 주식과 부식을 함께 먹는 습관으로 육류나 지방의 과다 섭취를 막는다. 주식은 곡식을 재료로 하는 여러 가지 형태의

밥이나 죽이 있고, 부식은 반찬으로 여러 가지가 있다. 밥과 반찬은 상호 보완적으로 구성되어 있다. 주식으로는 주로 쌀을 이용하였는데 쌀은 재배하기에 적합하며, 영양도 풍부하다. 부식류로는 여러 가지가 있으나, 두류나 두류 가공품이 한국인의 식생활에서 중요한 역할을 하였다.

식사는 하루 세끼 먹는 것을 일반적으로 하고 하는데, 이런 식사습관이 언제부터인지는 분명하지는 않다. 역사적으로는 삼국시대에 시작된 것으로 보고 있다. 삼국이 통일된 후에는 1일 2식으로 하였는데 이때는 아침과 저녁식사만을 하였다고 한다. 고려시대에는 다시 1일 3식의 식사형태가 정착하였으며 그 이후 3식이 정착되어 왔다. 우리나라에서는 서양과 다르게 하루의 식사 가운데 아침을 매우 중요하게 여겼으나, 최근에는 이러한 식생활 형태가 점차 변해가고 있다.

김치와 장류의 식 문화

김치는 배추와 무를 주재료로 하여 고추, 마늘, 파, 생강 등 여러 가지 양념을 넣어 버무리고 발효시킨 음식이다. 김치의 정의에 대해서도 다양하게 설명하고 있고, 그 연원에 대해서도 학자들 간에 설명이 다르다. "딤채"에서 유래한다고 하기도 하고, 한자어 침채(沈菜)에서 나왔다고 하기도 한다. 그러나 채소절임 음식[17]을 총칭하여 김치라고 해도 좋을 것이다.

김치는 우리 민족의 고귀한 식품이자 문화적 자산이라는 점은 굳이 강조할 필요가 없다. 채소가 생산되지 않는 겨울철에 대비하여 일찍부터 채소저장방법을 개발하였다. 김치는 절임채소에 양념을 첨가하여 발효시킨 우수한 저장식품이며, 채소류의 신선한 맛에 소금의 짠맛과 젖산의 신맛, 고추의 매운맛과 젓갈의 감칠맛 등이 어우러져 있는 식품이다. 김치는 우리가 주식으로 이용하는 쌀밥과 잘 어울리며 김치의 우수성은 과학적으로 증명되고 있다. 김치의 사용이 언제부터인지는 분명치 않으나, 기록상 신라시대부터로 여겨진다. 신라시대에 이미 배추가 재배되었으며, 장 같은 발효식품도 보편적으로 이용된 것으로 보아 신라시대부터 김치를 이용했을 것으로 추측한다. 현재 우리나라에서 이용되는 김치는 사용되는 재료와 담그는 방법, 개인이나 지역에 따라 그 종류가 매우 다양하다. 김치의 종류는 약 192종으로 분류된다[18]고 하나, 현재는 약 300여 가지 이상이 있다.

우리 식품의 특징으로 장류의 문화를 들 수 있다. 장의 재료가 되는 콩은 단백질 성분이 35%, 지방질이 18%, 탄수화물이 25% 정도 함유되어 있는 우수한 곡물이다. 채식위주의 식생활문화를 영위해온 우리민족에게 콩은 단백질의 공급원으로 매우 중요하였다. 장류가 언제부터 우리 식품으로 사용되었는지는 분명치 않으나, 고구려나 신라의 기록에도 일부 나타나고 있는 점으로 보아 그 당시부터 사용되었을 것으로 본다. 콩을 원료로 하는 장류는 음식의 간을 맞추는 조미식품으로서 뿐만 아니라 식물성 단백질의 공급원으로서도 매우 중요하다. 일찍부터 콩을 많이 이용해온 우리 조상들은 콩을 이용한 장류와 두부, 콩나물과 같은 다양한 대두 가공식품을 발달시켜 왔다. 콩은 오늘날에도 우리의 식생활에서 없어서는 안될 중요한 식품이다. 콩을 이용한 장류는 영양성분도 우수하나, 항암효과 등 다양한 기능성을 가진 건강식품으로 각광을 받고 있다.

3) 조리방법의 우수성과 다양성

한국음식은 다양한 곡물음식, 주식과 부식의 음식문화, 김치와 장류의 음식, 발효음식이라는 특성을 가진다고 하였다. 한국 음식은 음식재료의 구성이나 조리방법이 우수하다는 점이 강점이다. 양념 사용이나 조리방법에 있어 타민족 음식과는 근본적으로 다르다. 음식의 종류와 조리법이 다양하며 여러 가지 조미료와 향신료를 사용하였다. 맛을 낼 때 사용되는 양념은 맛도 향상시키고 영양 면에도 우수하다. 또 파, 마늘, 생강, 깨소금, 고춧가루 등의 식재료는 약의 효과도 뛰어나다. 한국음식은 조리방법도 특이하다. 고기는 주로 삶거나 끓이며, 생선은 찜, 찌개, 조림, 회로 주로 사용한다. 또 불포화지방산인 식물성 기름을 많이 사용하며, 나물을 요리할 때에는 비타민 파괴를 방지하기 위해 살짝 데치는 등 조리방법도 우수하다.

4) 맛과 멋, 문화적 우수성

한국음식은 다양한 재료를 사용하므로 여러 가지 맛을 낸다. 자연의 맛을 이용할 뿐만 아니라 간장, 된장, 고추장 등 각종 장류와 조미료를 사용하여 여러 가지 깊은 맛을 낸다. 김치를 비롯한 다양한 저장식품이나 발효음식이 발달하여 여러 가지 맛과 은은한 멋을 내기도 한다. 또 한국음식은 여러 가지 색을 지닌다. 청, 적, 황, 백, 흑의 5색은 인체의 5장이라고 할 수 있는 간장, 심장, 비장, 폐장, 신장에 연결되어 있다고 한다. 또 한국 음식은 그 자체가 한국문화와 멋이 어우러져 조화의 미, 정성의 미, 여유의 미를 가지며 나눔의 철학과 예절을 가진다. 그야말로 정성과 맛, 건강과 문화가 종합적으로 담겨 있는 음식이 한국 음식이다.

맛과 멋에서의 우수성이야말로 다른 나라 음식에 비해 한국 음식이 가진 독특한 특징이다. 한국 음식에 관한 국내 최고의 권위 있는 고서인 '규합총서'에는 한국 음식의 맛과 멋을 강조한다. "맛깔스러운 음식, 알뜰한 맛, 어여쁜 솜씨, 칠칠 흐르는 아낙네의 멋"이라고 표현하고 있다. 한국 음식의 특성을 더 이상 좋은 방법으로 설명하기 어려울 정도이다.

상차림과 문화적 특성

한국음식은 일상적 상차림이나 문화적 측면에서도 우수하다. 일상적인 상차림을 보면 영양과 맛이 균형적이다. 밥, 국, 김치 이외에 구이, 나물, 생채를 곁들이는 균형적인 상차림이 한국 음식인 것이다. 오늘날 식사예절은 문화의 한 표현이다.[19] 한국 음식은 혼례, 제례, 회갑 등 의례 중심의 상차림이 발달하고 음식과 관련된 예절을 중시하는 등 문화적으로 우수하다. 고배 음식이 가지는 아름다움과 색채미, 그리고 조화미는 세계적인 가치를 가지는 문화유산이다.

한국 음식에 나타난 전통과 문화는 다양하다. 섞임의 미학을 나타내주는 음식은 비빔밥을 들 수 있다. 비빔밥은 노란 콩나물, 하얀 도라지나물, 고사리나물, 볶은 소고기, 청포묵, 화반 등이 가미되어 섞임의 아름다움을 나타낸다. 그 외에도 화해의 음식은 탕평채, 약이 되는 음식인 약 고추장, 노인공경의 음식인 타락죽, 숙 각두기, 섭선적이 있고, 오래 묵을수록 좋은 음식인 된장과 간장도 문화적 특색이 담긴 음식이다.

우리 음식의 우수성을 다루면서 명심해야 할 점은 우리는 역사적으로 식량 부족 시대를 살아 왔다는 점이다. 과거는 물론 최근까지도 식량 부족을 경험하고 살아왔다. 일제시대 이후부터 최근까지 인구증가로 인한 식량부족을 해결하는 것이 가장 큰 국가적 과제이기도 하였다. 음식의 부족 내지 식량의 결핍으로 우리 음식문화가 많이 변질되기도 하였으나, 본래의 우리 음식은 매우 훌륭한 특성과 멋을 가지고 있었다. 우리 음식을 다루면서 그러한 현실적인 문제를 이해하고 넘어가야 한다.

4. 한국 음식, 문제점도 너무 많다

한국 음식은 우수하기는 하나 문제점도 많다. 고쳐야 할 문제점을 일일이 나열하지 않아도 될 정도이다. 해외에서 우리 음식이 어떠한 평가를 받고 있는지를 보자. 한국 음식 자체에 대해서는 비교적 높은 평가를 하고 있다. 그러나 식당이나 음식 서비스에 대해서는 혹평을 한다. 미국 주요 언론의 한국 음식에 대한 평가를 보자. 한국 식당의 특징을 '맵고 짜고 시끄러우며 병원 응급실 같은 공간에서 무뚝뚝한 서비스로 제공한다'고 설명한다. 식당의 분위기를 '병원 응급실'같다고 한 표현은 정확한 평가라고는 볼 수 없으나 상당 부분 일리가 있다. 무뚝뚝한 서비스는 누구나가 경험하였을 것이다.

식당내의 서비스도 지적을 받는다. '공짜 반찬'이나 '빠른 서빙', '무질서' 등으로 한국 음식의 문제점을 지적하고 있다. 외국인에게 다가가기 위하여 성의가 담긴 노력이나 프로정신이 부족하다. 음식의 기본 메뉴 구성도 특색이 없이 동일하다. 일부 한국 식당에서는 서비스 개선을 위해 외국인 종업원을 고용하기도 한다. 혹자는 한국 식당에 한국인 출입을 금지할 때 식당서비스가 개선된다고 하기도 한다. 외국인의 눈에 비친 한국 음식의 현주소가 어떠한지를 잘 나타내준다.

고쳐야 할 음식문화

한국 음식의 문제점은 우리 주변에서 너무나 쉽게 볼 수 있다. 한국 음식이 가진 문제점을 몇 가지만 열거하면 다음과 같다. 첫째 우리나라의 우수한 식문화가 너무나 나쁘게 변질되고 있다는 점이다. 짧은 시간의 급한 식사나 일에 쫓긴 불규칙한 식사로 우리의 전통 식문화가 변질되고 있다. 빨리 먹는 것은 여러 가지 요인이 있을 것이나, 젊은 시절에 군대에 가서 급히 먹는 것을 생활화한 것도 한 가지 이유이다. 또 1970년대와 1980년대의 산업화과정을 거쳐 경제가 좀 발전하자 너도나도 햄버거, 켄터키치킨 등 외국의 패스트푸드를 선호하였다. 최근에는 정력 음식과 보신 음식을 지나치게 강조하고 있고 건강식품을 남용하고 있다. 불량식품이 횡행하며, 먹자골목에서 과음이나 폭음의 음식문화가 판을 치고 있다. 변질된 음식문화는 비만이나 성인병 등 각종 사회적 문제를 야기하기도 한다. 전반적으로 음식문화 전반에 걸쳐 근본이 훼손될 정도이다.

둘째 한국 사회의 급격한 산업화와 서양화로 우리의 고유한 음식문화가 상실되고 있는 것도 문제이다. 고유한 한국 음식문화가 거의 보전되고 있지 않고, 사라진 전통음식과 식문화가 너무나 많다. 가족이 공동으로 하는 식사 전통도 사라지고 있다. 주부들도 시간에 쫓겨 김치, 장, 젓갈 등을 잘 담가 먹지 않는다. 그 결과 전통 요리법이 단절되고, 고유한 음식문화가 사라지고 있다. 관혼상제나 잔치음식 문화가 대중식당에서 이루어지고 있어 음식문화의 근본이 변질될 정도이다.

셋째 한국 음식의 유통구조가 너무 낙후되어 있다. 한국 식품은 재래시장을 통한 유통이 많고, 많은 사람이 이용하는 대중음식은 위생이나 청결면에서 문제가 많다. 또 유원지에서의 취사행위, 음식 쓰레기의 과다 등 전반적인 식품 유통환경이 낙후되어 있다.

특히 학교급식의 문제는 매우 심각하다. 자라나는 어린 세대에게 불량식품을 제공하는 것은 위생이나 안전은 물론, 도덕적으로도 용납할 수 없는 행위이다. 불량음식을 공급하여 집단 식중독을 일으켰다는 보도는 너무나 흔하다. 얼마 전에는 "학교급식에서 칼날이 발견되었다"고 하는 섬뜩한 보도도 있었다. 비위생적이고 불량한 학교급식은 자라나는 미래 세대에게 우리 음식은 '못 믿을 나쁜 음식'이라는 부정적인 이미지를 심어준다. 더 이상 후손에게 죄를 짓지 않도록 근본적인 대책을 마련해야 한다.

현지화, 퓨전화 노력 부족

퓨전화 부족은 한국 음식의 문제점이라기보다는 국제화를 어렵게 하는 요인으로 볼 수 있다. 한국 음식은 외국의 현지인 수요에 알맞게 잘 변형되지 않는다. 너무나 한국적인 것은 한국내에서는 통하나 외국에서는 통하지 않는다. 외국에 와서도 한국적인 것만 강조하면 안 된다. 한국 음식은 주 고객을 항상 한국인에 두고 있다. 한국 식당의 이용객은 대부분 한국인이며, 세계 어디를 가나 한국 음식의 메뉴구성이나 패턴은 천편일률적이다. 현지인의 입맛과 식생활 패턴에 대한 연구도 부족하고, 현지 유통업체에 대한 공략도 미흡하며, 서비스도 미비하다. 또 음식을 식탁위에 놓인 주식이나 반찬뿐만 아니라 식탁, 그릇, 전등, 색깔, 주변 분위기 등 하나의 종합적인 '식공간' 개념으로 보는 인식이 자리잡지 못하고 있다.

한국 식당의 구조, 위생과 서비스 낙후

한국 음식은 이를 제공하는 식당 건물이나 식단내의 공간구성, 그리고 서비스 행태가 뒤떨어진다. 식당의 위생상태와 식당환경은 말할 필요도 없다. 전반적으로 낙후돼 있다. 음식서비스도 나아지지 않고 종업원 교육이나 매너도 개선되지 않는다. 한국 식당의 영업전략도 지적을 받는다. 박리다매 형식의 판매전략은 장기적으로 바람직하지 않다. 소량을 판매하더라도 고급화하려는 노력이 필요하다.

종합적인 음식연구 미흡

한국 음식에 대한 종합적인 연구가 부족한 것도 큰 문제이다. 한국음식에 대한 연구는 영양공급의 확대나 영양성분의 이화학적 분석, 음식점의 위생관리, 외식산업의 육성 등 일부 분야를 중심으로 이루어지고 있다. 전통식품에 대해서도 생산, 유통, 가공, 포장, 수출, 세계화 등을 포함하는 종합적인 연구가 제대로 되어 있지 않으며, 연구 사례도 매우 적다.[20] 한국음식에 대한 산·학·관·연이 공동으로 연계하여 전통음식 발굴과 보전, 식품규격과 상품화, 생산성 향상, 외식산업육성 등을 종합적으로 연구하는 체제를 갖추지 못하였다. 식품연구가 국가적인 프로젝트라는 인식이 결여되어 있다. 그나마 일부의 식품관련 업무는 주로 소관 부서의 영역이나 책임 등에 관한 것이거나 영양공급, 조리연구, 식품의 이화학적 분석에 치중하였다. 자연히 각종 음식관련 연구기관간의 연계체제도 부족하여 자료나 정보의 교환과 체계적 관리가 잘 이루어지지 못하고 있다.

한국 음식에 대한 연구과제는 너무나 많다. 한국음식을 고급상품으로 만들기 위해서는 음식재료, 표준식단, 영양성분, 음식점의 위생관리, 식당, 외식산업 등 여러 분야에 걸쳐 연구해야 한다. 전통식품에 대해서도 생산, 유통, 가공, 포장, 수출, 세계화 등을 포함하는 종합적인 연구가 필요하다. 산·학·관·연이 공동으로 연계하여 한국 음식 전반에 대해 입체적인 연구를 해야 한다. 국제화시대를 맞아 한국 음식에 대한 연구과제는 너무나 많다.

---

01) 워싱턴포스터 2005.12.31일자. 연합뉴스 2006.2.20일자.

02) 2005년 3월 영국 BBC 방송은 김치의 조류독감 치료효과를 방영하였다. 김치의 조류 인플루엔자 예방효과는 2005년 3월 서울대학교 강사욱 교수의 연구로 이미 발표되었다. 직접적으로 김치의 조류 독감 예방효과는 아니나 김치의 성분이 조류 인플루엔자의 억제에 효과가 있다는 점을 간접적으로 밝힌 것이다. 연구결과의 발표 당시에는 큰 호응을 얻지 못하였으나, 동 내용은 2005년 11월 중순경 미국의 ABC 방송과 지방의 100여개 언론사가 집중적으로 보도하여 빛을 보게 된다.

03) 찻집의 수는 5년 전에는 전국적으로 200여개에 불과하였으나, 현재는 1,500개 내지 1,700개로 증가하고 있고, 차산업 매출액도 61억 6천만 달러에 이른다고 보도(Washington Times, 2006.2.28일자).

04) 2005년 8월 28일자 워싱턴 포스트지는 특별 부록에서 애난데일의 한인 타운에 산재한 애난골, 중화원, 팰리스, 삼보, 설악가든, 예촌, 한성옥, 토속집, 희빈식당과, 센터빌 지역의 평래옥, 알링턴 우래옥, 헌던 지역의 이화, 웃브릿지의 무지개 식당(코리언 그릴), 메릴랜드에서는 한성식당, 락빌의 삼수징, 위튼의 대성관, 서울순대, 우미관 등과 D.C. 구마(Kuma) 등을 소개하였다.

05) 이효지, 한국의 음식문화, 신광출판사, 2001.

06) 이성우, 한국식품문화사, 교문사.
07) 이삼빈 · 고경희 · 양지영 · 오성훈, 발효식품학, 도서출판 효일.
08) 안명수, 한국음식의 조리과학성, 신광출판사.
09) 황혜성외 2인, 한국의 전통음식, (주)교문사, pp. 13~15.
10) 한영실, 한영실 교수의 아름다운 우리 음식, 숙명여자대학교 출판부, p. 4.
11) 1995년에 설립되어 한달 조회수가 3~4백만에 이르는 인터넷 엔터테인먼트 전문잡지이며 구체적인 내용은 http://thecelebritycafe.com/guide/1256.html 참조.
12) 주영하, 김치, 한국인의 먹거리, 도서출판 공간. p. 25.
13) 램덤하우스 중앙, 한식이 세계를 경영한다. p. 16.
14) 정해옥 · 김은실 · 박병렬, 한국전통음식, 문지사, 1999.
15) 정혜경 · 최준식, 한국인에게 밥은 무엇인가, 휴머니스트, 2004)
16) 이효지, 한국의 음식문화, 신광출판사, 2001, p. 347.
17) 주영하 지음, 김치, 한국인의 먹거리, 도서출판 공간, p. 35.
18) 이삼빈 외 3인, 발효식품학, 도서출판 효일, 2001, p. 107.
19) 정대성, 우리 음식문화의 지혜, 역사비평사, 2001.
20) 전통식품에 대한 연구는 향토음식조사(문화재관리국, 1984), 김치 선호도 조사(농수산물유통공사, 1999), 한국산 농산물의 해외 유통 및 소비실태조사(농수산물유통공사, 2002), 외국인의 기호와 입맛을 고려한 명품개발(99-02, 한국식품개발연구원), 식품국제규격화를 위한 연구(96-02, 한국식품개발연구원), 기타 김치, 된장 등을 대상으로 개인차원의 부분적인 연구에 불과하다.

제2장

한국 음식을 국제화 하자

제2장

한국 음식을 국제화하자

1. 한국 음식의 국제화

외국을 여행하거나 외국에 거주하면서 절실하게 느끼는 점 가운데 하나가 한국 음식이 국제화되지 않은 점이다. 지역이나 국가를 막론한다. 한국 음식을 국제화하는 것은 우리 음식을 질적으로 한 단계 높이는 길이면서 한국 식품산업을 발전시키는 방안이기도 하다. 한국 음식을 국제화하면 우리 음식의 소비기반을 나라 밖에서 안정적으로 구축할 수 있다. 다양한 전통식품의 개발과 수출을 촉진할 수 있어 생산 농민은 안심하고 농산물 생산에 전념할 수 있다.또 국내 농산물의 과잉·과소 생산에 따른 가격파동을 방지할 수 있다. 한국 음식을 국제화하는 것이 우리 농업을 한 단계 도약시키며, 우리 식문화의 우수성을 세계적으로 알려 국가의 위상을 높이는 길이기도 하다.

음식학자나 영양학자는 다양한 관점에서 국제화 필요성을 이야기한다. 한식의 국제화 필요성에 대해 호서대학교 성혜경 교수는 우리가 한국 음식에 대하여 잘 알지 못하고 자부심이 부족하다고

한다.

정교수는 "우리 음식의 미래, 즉 세계화 문제는 정말로 큰 주제라 할 수 있습니다. 우리의 다양한 문화 가운데 음식만큼 세계적인 경쟁력이 뛰어난 자산도 많지 않습니다. 그래서 우리 음식이 소중하다는 겁니다. 그런데 정작 우리 자신들은 그다지 자부심을 많이 갖고 있는 것 같지 않습니다."라고 하면서 우리 자신이 한국 음식에 대해 자부심을 갖지 못한 것을 가장 큰 문제로 인식하기도 한다.

한국 음식의 국제화 필요성에 대하여 숙명여자대학교 한영실 교수는 맛이나 영양, 문화적인 측면을 강조한다.

"한국의 문화재를 가져갈 수는 없지만 한국의 맛은 세계 그 어느 곳이라도 가져갈 수 있으므로 한국음식의 영양적 우수성과 과학성, 건강증진효과, 깊은 맛 등을 적극적으로 홍보하여야 한다."

국제화 필요성은 더 이상의 설명이 필요 없다. 왜 한국 음식을 국제화해야 하는가보다는 어떠한 방향으로 국제화해야 하는가가 더 중요한 과제이다.

1) 음식은 디자인이고 예술이다

이제는 음식도 디자인이고 예술이다. 먹기 위한 음식에서 탈피하여 이제는 '식탁위의 예술'로 음식을 발전시켜야 한다. 한국 음식이 외국 시장에 무조건 진출한다고 해결되는 것은 아니다. 외국인의 입맛과 취향에 맞아야 하며 예술적 특성이 가미되어야 한다. 식재료나 조리방법, 음식형태, 맛, 색깔, 멋, 포장, 식공간 배치, 식단, 주방 등 많은 부분에서 개선되어야 한다. 아무리 우수한 음식이라도 국제화하기 위해서는 현지인이 먹기 좋고 기호에 맞도록 변형해야 한다. 외국인의 호기심을 끌기 위해서는 음식에 디자인이 필요하고 예술적 감각이 들어가야 한다. 간편하게 먹을 수 있는 한식 메뉴를 개발하고, 현지인의 입맛에 맞는 다양한 식단을 개발해야 한다. 종합적으로 음식에 예술적 감각이 들어가고 식당의 분위기를 연출해야 한다.

최근 미국은 식품을 하나의 문화자산으로 인식하고 있고 이를 새로운 음식문화(new food culture)로 발전시켜 나가고자 한다. 음식에 대한 선호 패턴이 과거의 패스트푸드에서 슬로우 푸드로 바뀌고 있기 때문이다. 유기농 식품과 건강식, 자연식이 인기를 끄는 추세는 하나의 새로운 식품문화를 창조하고 있다. 이를 문화와 접목시키고자 하는 노력을 여러 군데서 볼 수 있다. 제대로 된 음식문화가 없다고 비판을 받던 미국도 음식을 문화의 관점에서 접근해 나가고 있다. 하물며 세계적인 음식을 가지고 있는 우리가 어떻게 해야 할 것인가는 분명하다. 한국 음식을 예술적으로 발전시키고 국제화해 나가야 한다. 이미 늦다는 지적도 있다.

문제는 우리 스스로 한국 음식을 어떻게 국제화해야 하는지 잘 모른다는 점이다. 막연히 개인적인 경험만을 강조해서는 안된다. 이론적이면서 구체적인 대안을 제시해야 한다. 잘 모르다 보니 외국인에게 특별히 소개할 소재가 없다. 우리가 알고 있는 한국 음식에 대한 지식은 어느 정도인가? 외국인을 만나서 대화를 하거나 식사를 할 때 한국 음식을 제대로 소개하지 못하는 경우가 많다. 영어를 잘하고 못하고가 문제가 아니라, 음식 그 자체에 대해 잘 알지 못하고 소개할 콘텐츠가 없다는 것이 문제이다. 또 외교나 비즈니스 목적으로 외국인을 데려갈 만한 한국 식당도 없다. 세계 정치 1번지라고 하는 미국의 수도 워싱턴 D.C.에도 제대로 된 한국 식당이 하나 없다. 자연히 이탈리아나 프랑스, 미국 등 외국 식당을 이용한다. 양식이 까다로운 코스로 나오는 것은 어렵지만 따라 하려고 애쓴다. 아무리 양식을 잘 알고 세련된 매너를 가지고 있어도 서양인에게 비치는 우리의 모습은 부자연스러울 것이다. 마치 한식을 잘 아는 외국인이 한국 음식을 먹는 것을 보면 어설프게 보이는 것과 마찬가지이다.

2) 국제화 가능성

우리 음식을 국제화하기 위해서는 우선 어떠한 종류의 한국음식이 외국인의 입맛에 맞는지를 알아야 한다. 외국인에 대한 한국 음식의 기호도나 국제화 가능성에 대한 평가는 연구자나 연구기관, 연구대상이나 지역마다 다소 다르다. 다양한 연구결과를 종합하면 극히 일부를 제외하고는 거의 모든 한국 음식은 국제화가 가능하다고 여겨진다. 대체적으로 중국 관광객은 불고기, 냉면, 김밥, 나물, 부침개 등을 좋아하는 것으로 나타난다. 일본에서 인기 있는 한국 음식은 비빔밥, 파전, 냉면, 불고기, 두부, 김치이다. 특히 일본 주부들에게는 비빔밥이 인기를 끌고 있는 것으로 알려진다. 외국인이 일반적으로 좋아하는 한국음식은 불고기, 갈비구이, 잡채, 비빔밥, 파전, 김치 등이다. 갈비는 지역과 국가를 막론하고 외국인이 가장 좋아하는 한국 음식이다. 그간의 외국인에 대한 한국 음식의 선호도를 조사한 결과[1)]를 요약하면 다음과 같다.

외국인이 선호하는 한국 음식

순위	문수재	이경애등	이효지등	장은주등	이영미등	한재숙등	장문정등	주나미등
1	불고기	삼계탕	음청류	신선로	비빔밥	갈비	불고기	비빔밥
2	만두	오곡밥	불고기	음청류	냉면	비빔밥	비빔밥	불고기
3	비빔밥	수정과	떡	떡	갈비구이	콩나물	갈비	갈비구이
4	잡채	불고기	갈비구이	한과	설렁탕	불고기	김치	삼게탕
5	갈비구이	보쌈김치		김치	불고기	전		잡채
6					된장찌개	백김치		
7					해물탕			
8					갈비탕			
9					순두부			

농촌진흥청에서 한국 음식 중 상품화 가능성, 경제성, 과학성 등을 종합적으로 조사하였다. 조사결과 국제화 가능성이 가장 높은 것으로 평가되는 제품은 김치와 장류로 나타났다. 식혜, 수정과 등 음청류나 한과류, 전통주도 국제화 가능성이 있다. 전반적으로 수출이 유망한 한국 음식은 탕류(곰탕, 설렁탕, 추어탕, 갈비탕, 삼계탕, 육개장, 만둣국), 밥류(비빔밥, 돌솥비빔밥), 국수류(냉면, 국수, 도토리 국수), 고기류(불고기, 양념갈비), 김밥류(불고기 김밥, 야채 쌈밥, 주먹밥, 생선김밥, 야채김밥), 가공식품(김, 김치류, 순대) 등이다. 다만, 한국 음식이 국제화 가능성은 일부사람을 대상으로 조사한 결과를 가지고 너무 제한적으로 이해해서는 안된다.

대부분의 한국 음식이 외국인에게 호기심을 야기하고 인기를 끌 수 있다. 외국인의 일시적인 인기를 장기적인 소비 기반으로 만들어 나가기 위해서는 국제화해야 한다. 현재의 우리 음식패턴으로는 세계시장화나 국제화에 근본적인 한계가 있다. 한식의 맛이나 멋, 색깔, 기호, 메뉴 등 전반적으로 고쳐야 한다. 최근 미국에서 성공한 한인업체를 보면 과거의 인식에서 벗어나 새로운 시각으로 여러 가지를 고치고 있다. 새로운 메뉴와 서비스를 개발하고 새 스타일로 식당을 운영한다. 이렇게 고치려고 노력하는 주체들은 대부분 신세대 업주들이다. 이제 한국 음식의 국제화시대가 도래하였다. 그 방안을 구체적이고 체계적으로 추진할 때이다.

외식시장은 지속적으로 증가

외식시장 규모가 늘어나는 것은 한국 음식의 국제화에 청신호이다. 외식이 늘어나는 이유는 여러 가지이다. 소득이 증대되고 음식 소비가 늘어나며, 생활수준이 향상되기 때문이다. 앞으로도 외식산업은 지속적으로 증가할 것이다. 우리나라나 일본이나 미국도 마찬가지이다. 전 세계 외식업은 계속해서 성장할 것으로 내다본다. 외식업소 수나 외식비의 지출이 증가하면 여러 가지 변화를 가져올 것이다. 집에 있는 주방도 없어질 것이라고 하나, 그정도까지는 아니라도 힘들게 집에서 요리를 하는 사람은 점차 줄어들 것이다. 따라서 우리가 우리 음식을 잘 만들어 내다 팔면 그만큼 외화벌이를 할 수 있다. 최근에 조사된 한국과 일본, 미국의 외식업 매출규모를 보면 한국은 40조원, 일본은 30조엔, 미국은 3,990억 달러 수준이다.

주요국의 외식관련 통계(2003)

국가	인구	1인당 GNP(달러)	외식업체수	외식업 매출
한국	4800만명	12,700	605,000	40조원
일본	1억 2천만명	36,000	785,000	30조엔(330조원)
미국	2억 7천만명	36,000	847,000	3990억 달러(510조원)

자료: 농림부, 2006.

3) 한국 음식의 성공사례

우리 식품이나 음식을 국제화하여 성공한 사례는 매우 많다. 주요한 몇 가지 사례를 보자.

종가집 김치는 상품 김치의 국제화를 성공하였다. 종가집 김치는 1987년 최초로 진공 포장 김치의 개발로 상품 김치 시장을 선점하고 있다. 현재 수십종의 김치를 생산하고 있고 고급김치나 기능성 김치를 만들어 김치의 브랜드 파워를 증대하였다. 김치 마케팅도 공장 견학을 실시하는 등 새로운 전략을 추진하고 있다.

우래옥[2]의 경우는 창의적 아이디어를 가미하여 한국음식의 퓨전화와 고급화에 성공한 사례이다. 창의적 아이디어를 가미하여 고급스런 한국 음식을 만들고 있으며 미국에서 큰 호응을 받고 있다. 호텔식 서비스와 현대식 실내 인테리어, 다양한 음악, 고급스러운 그릇, 외국인 종업원 고용, 단골 고객의 개별 젓가락 사용, 외국인 주방장의 고용 등 여러 가지 면에서 한식의 세계화에 성공한 식당이다.

그 외에도 풀무원 두부는 무공해 건강식품의 개발에 성공하였고, CJ의 햇반은 상품 밥의 시장화를 달성하였다.[3] 이외에도 한국 음식의 성공사례는 매우 많다. 주요 식당의 홈페이지[4]를 참고하기 바란다.

현지 방문

한국 음식점을 성공적으로 운영한 사례를 확인하기 위해 뉴욕의 몇 군데 식당을 직접 찾아가 보았다. 먼저 뉴욕타임스에도 소개된 적이 있으며 가장 성공적인 한식당이라는 "코리아팔래스(Korea palace)"를 찾았다. 나름대로 장점이 있을 것이라고 생각은 하였으나 기대 이상의 장점을 가지고 있다. 우선 식당의 분위기가 한국적이기는 하나 현지 맨해튼의 분위기를 감안, 현지화한 것이 특색이다. 조리사나 매니저도 한국의 호텔신라에서 18년의 근무경력이 있는 베테랑이다. 한국 음식 맛에다가 외국인이 좋아하는 맛을 가미한다고 한다. 자연히 식당 분위기나 음식 맛도 다르다. 기존 한식의 레시피에다 현지인의 기호를 감안하여 다소 변형하였다고 한다. 손님은 약 90%가 외국인이며 주요 고객은 뉴욕 주류사회의 구성원이란다. 가격은 다른 식당에 비하여 다소 비싸다. 식당 매니저는 한국식당은 전반적으로 판매전략을 바꾸어야 한다고 하면서 '앞으로 남고 뒤로 밑진다'는 한국식 박리다매식의 판매전략을 비판한다. 종업원에게도 꾸준히 서비스 교육, 특히 메뉴에 대한 교육을 시킨다고 한다. 서비스의 캐치프레이즈는 "내 집 같이 편안한 식사"이다. 한국음식이 국제화를 위해 무엇을 우선적으로 해야 하느냐고 묻자, "건강, 맛, 정성"이 담긴 한국음식의 특성을 강조하고 외국인에게 맞도록 다양하게 코스 요리를 개발해야 한다고 한다. 음식의 표준화, 시각화가 매우 중요하다고 하면서 식당의 시설개선 자금을 지원해 주었으면 한다.

두 번째 찾아 간 식당은 '돈의보감'이라는 식당이다. 입구에서 간판이 잘 보이지 않을 정도이나, 안에 들어가니 식당 분위기가 아주 이국적이다. 깔끔하기는 하나 약간 일본식 냄새가 난다. 이곳은 2005년 8월 31일 미국의 음식 전문가와 전문기자를 초청하여 한국 음식을 소개한 곳이기도 하다. 깔끔한 분위기에 어울리게 산뜻한 치장을 하고 있다. 담당매니저를 만나보니 일본에서 수년간 음식업에 종사하였다고 한다. 역시 국제적인 감각을 가진 것으로 여겨진다. 식당의 기본 컨셉은 와인과 삼겹살이다. 와인이 삼겹살과 잘 어울리지 않지만 기본 컨셉을 그렇게 잡아 성공하였다고 한다. 고객은 일본인과 미국인이 대부분을 차지하나 한국인도 많다. 'Sake testing sample, French wine testing' 등 특별한 이벤트도 돌아가면서 추진한다. 한국 음식이 미국에서 성공하려면 미국사람의 입맛에 맞도록 현지화해야 한다고 주장한다. 쓸데없이 한국적인 것을 고집해서는 안된다고 거듭 강조한다. 종업원에게는 한국 술에 대해서 특별한 교육을 시킨다. 일본에서는 식당을 하는 사람이 협회를 만들어서 새로운 요리를 개발하거나 기존 요리를 응용하거나 발표를 하는데 이곳에는 그러한 것이 없어 아쉽다고 지적한다.

세 번째 방문한 식당은 채식을 전문으로 하는 전형적인 한국형 식당인 '한가위'이다. 실내 장식이나 식당 분위기가 영락없이 도시 속에 자리잡은 조용한 산골의 절간이다. 한국적 분위기에 한국 음악이 나온다. 한국 식당이기는 하나 외국인이 50% 정도가 된다. 종업원도 개량 한복을 입고 식당의 분위기를 살리고 있다. 니콜 키드만이나 리차드 기어 등 유명한 영화배우가 수시로 온다고 한다. 맨해튼에 자리잡은 유일한 채식전문 한국 식당이며 단일 메뉴인 야채로 성공한 식당이다. 한식의 이미지를 정착하고 한식도 특색있게 만들면 성공한다는 신념하에 순수한 채식만을 고집하여 성공하였다고 한다. 그러나 전문교수에게 자문을 하여 디자인과 인테리어를 개선하고, 고유한 음식 맛에 양질의 서비스를 제공하는 등 치밀한 준비를 하였다고 한다. 음식은 맛뿐만 아니라 데코레이션을 강조하면서 일종의 도심 속의 휴식공간으로서 의 식당기능을 강조한다. 가격은 비교적 비싸나 한번 온 미국인이 반드시 다시 온다고 한다.

꾸준히 엔터테인먼트 개발에 신경을 쓰고 종업원 교육의 중요성을 인식, 수시로 교육을 실시한다. 각종 미디어를 활용하여 식당의 이미지 소개에도 신경을 쓰고 있으며, 미국 사회에 많은 기부금도 낸다고 한다. 우리도 음식전문인을 다양하게 육성하여 세계적인 음식을 만들어야 한다고 강조한다.

네번째 간 곳은 잘 알려진 '우래옥'이다. 한국 음식의 고급화로 성공한 식당이며 특색 있는 식당이다. 분위기도 일반 한국 식당과는 영 딴 판이다. 종업원이 전원 외국인이며 마치 서양식당에 온 기분이다. 메뉴판의 메뉴에는 여러 가지 한식이 있으나 한국 고유의 음식이 아니다. 일종의 퓨전 한식이다. 주변을 둘러보니 손님도 거의가 외국인이다. 한국 식당의 경우 손님의 대부분이 한국인인데 비하여 이곳은 대부분이 외국인이다. 음식설명은 걱정 안해도 된다. 종업원이 모두 외국인이라 영어로 메뉴를 설명하는데 아무런 어려움이 없다. 주방장도 히스패닉이며 이 근처에서 가장 한국 음식을 잘 만드는 주방장이라고 한다. 외국인 주방장에 외국인 종업원이 서빙을 하고 있고, 매니저만 한국인이다. 이곳이 한국 식당인지 미국 식당인지 구분이 잘 안된다. 음식은 한식을 기본으로 다양하게 퓨전화하였다. 수많은 한국 음식도 여러 가지 형태로 국제화시킬 수 있다는 현장을 보는 것 같다. 식당에 가득찬 외국인의 모습에서 한국 음식의 국제화 가능성을 새삼 확인하였다.

마지막으로 뉴욕에서 성공한 식당으로 이름난 '금강산'을 찾았다. 금강산은 뉴욕의 대표적인 한인타운인 플러싱에 위치하며 좌석수나 규모가 가장 크다. 각종 연회장도 있고 노래방 시설이나 전통식품 판매시설 등 다양한 시설도 갖추었다. 한국의 전통과 현대의 미를 조화한 것과 같은 분위기이다. 제공하는 음식의 가짓수도 200여 가지가 넘는다. 금강산 식당의 마케팅 중점은 한국 음식을 파는 것이 아니라 '한국 문화'를 판다는 것이다. 종업원에 대한 사장의 배

려도 각별하다. 레스토랑 경영은 머리로 하는 것이 아니라 마음으로 한다고 하는 자세로 세세한 것에도 신경을 쓴다. 세계의 수도인 뉴욕 속에 자리잡은 성공한 식당으로 작은 한국이라는 느낌이 든다.

성공한 한국 식당을 보면서 느낀 점은 한국음식이 확실히 자리를 잡아간다는 점이다. 이제 한국 음식은 한국인만 먹는 음식이 아니다. 그렇게 되어서는 안 되며 세계 누구나가 즐기는 국제식품으로 자리 잡아야 한다. 뉴욕에서 그 가능성을 눈으로 직접 확인하였다. 한국 음식에 대한 호기심만이 아니며, 한국 음식은 건강식이라는 이유만도 아니다. 한국 음식만이 가진 고유한 장점이 미국인에게 파고 들기 때문이다. 슬로우 푸드로 가는 세계 음식 추세에도 부합한다. 한국 음식은 조리방법과 재료에서도 우수하며 야채중심의 음식이라는 특성도 있다. 잘 알려진 대로 한국 음식은 발효식품이 많으며 기름에 튀긴 것은 별로 없다는 특징도 있다. 김치는 비만을 방지할 수 있어 고혈압, 당뇨 등의 성인병 또한 예방할 수 있다. 그야말로 영양과 건강, 맛과 멋에서 우리 음식은 세계적인 추세에 부합한다. 여기에 한류 열풍이 미국에도 불어온다. 이제 한국 음식은 본격적인 “세계로, 미래로” 나아갈 시점이다.

2. 한국 음식의 국제화 방안

1) 입맛과 기호조사

음식에 대한 입맛은 국가나 인종에 따라 다르며 시간에 따라 달라지기도 한다. 오늘날 세계화는 서양화라고도 한다. 음식도 서양인들 입맛에 맞으면 음식의 세계화에 성공한 것으로 인식한다. 우리 음식의 국제화를 위해서는 우선 서양인들의 입맛과 기호를 조사해야 한다. 우선 서양인의 음식문화와 우리 음식문화의 차이를 분석해보고, 서양인의 입맛에 맞는 우리 음식을 보급해야 한다. 입맛과 선호 조사가 기본이다. 입맛에 맞지 않는 음식을 내다 놓고 한국음식은 국제화될 가능성이 없다고 하는 사람이 많다. 왜 한국 음식을 먹어야 하나? 현지인의 입맛에 맞기 때문에 먹는다고 해야 말이 되는 소리이다. 중국에서 한식당을 차려 성공한 사람의 이야기를 들은 적이 있다. 일주일 단위로 손님의 한국 반찬에 대한 선호도를 조사하고 반응을 물어보고 가장 많이 찾는 것은 더 준비하고 적게 찾는 것은 없애도록 한다는 것이다. 현지인의 입맛과 기호를 개발하는 것이 음식 국제화의 가장 기본이다.

부드럽고 연한 음식 선호

기본적으로 백인종은 연한 음식을 즐겨 먹는다. 백인 조상은 육식을 선호하여 앞니가 발달하여 잘 물어 뜯는다고 한다. 그러나 어금니가 약하여 씹는 힘은 약하다. 반면 한인을 포함한 유색 인종은 질긴 음식을 좋아한다. 한국 음식은 발달된 어금니로 씹는 위주의 음식이다. 서양인에게는 씹어 먹는 음식은 피하고 가능하면 부드럽고 연해야 한다. 조리방법도 데치든지 푹 삶아서 연하게 해야 한다. 김치도 연해야 하며 질기면 좋지 않다. 무엇이든지 연하게 해야 한다는 것을 명심해야한다. 서양인이 질긴 오징어를 씹고 즐기는 모습을 본 일이 있는가?

우리보다 짜게 먹어

서양인이 우리보다 더 짜게 먹는다. 소금으로 미리 간이 돼 나오는데도 소금 후추를 더 쳐서 먹는다. 그 이유는 잘 모르겠다. 우리 음식이 짜다고 하지만 밥하고 같이 먹기 때문에 짠 것을 잘 모른다. 우리는 소금 섭취량이 서양 사람보다 적다. 쌀밥을 서양인들에 권하려면 볶음밥, 비빔밥, 찰밥, 오곡밥 같이 미리 간을 해 주는 것이 좋다.

독특한 냄새를 제거하고 재료 사용에도 주의

한국 음식에는 대개 파, 마늘, 생강 등 양념과 간장과 된장, 젓갈류 등을 많이 사용하므로 독특한 냄새가 난다. 이러한 냄새는 극히 일부를 제외하고 서양인들은 기피하는 냄새이다. 따라서 독특한 냄새를 없애든가, 서양인의 기호에 알맞게 변형해야 한다. 또 서양인들은 고사리를 좋아하지 않는다. 고사리가 들어가는 음식인 육개장 등은 고사리 대신 다른 재료를 사용하여야 한다.

외국인의 입맛을 조사하는 것은 참으로 어렵다. 지역에 따라 차이가 나고 사람에 따라 다르다. 또 개인이 외국인의 입맛을 조사하는 데는 한계도 있다. 외국인의 입맛과 기호를 잘 조사하고 이에 걸맞은 음식을 만들어 내는 것이 음식 국제화의 기본이다. 건강이나 기능성에 대한 과학적 조사결과가 뒷받침되면 더욱 좋다. 한국형 식사를 하는 사람과 서양식을 하는 사람의 평균 수명이나 질병, 비만도 등을 조사한 국제적인 연구도 필요하다. 여러 가지 조사결과를 모아 종합적인 데이터베이스를 구축해야 한다. 많은 사람에게 도움이 될 것이다.

2) 현지화와 퓨전화

한국음식의 국제화를 위해서는 우리 음식을 현지화하거나 퓨전화 해야 한다. 퓨전음식의 개념은 당초 새롭고 고급스러운 음식이라는 개념에서 출발하였으나, 최근에는 동서양 음식의 조화라는 개념으로 접근하고 있다. 한국 음식의 퓨전화에 대해 다소 부정적인 사람도 있다. 그러나 한식도 퓨전화하여 다양한 외국인의 입맛에 맞게 변형해야 한다. 한식의 퓨전화를 위해서는 한식의 메뉴, 맛, 멋 등을 현지인의 기호에 맞추어야 한다. 중국음식은 전 세계 어디서나 즐겨 먹는 음식이 되고 있다. 그 이유는 중국 음식은 현지인의 입맛에 맞게 변형하였기 때문이다. 전통이 있는 한식은 국내에서 잘 보존하자. 해외에 나가서는 다소 변형하는 융통성을 발휘하는 것이 좋다.

일본 음식은 왜 성공한 음식으로 평가되는가? 미국 시장에서 일식이 고급음식으로 자리잡은 이유는 나름대로 퓨전화하였기 때문이라고 한다. 전통적인 일식과는 약간 다르나 청결한 음식처리, 깔끔한 포장, 담백한 맛의 3 박자를 갖추었다. 성공한 음식은 다 그러하다. 세계적으로 우수한 식당이나 음식점은 독창적인 맛과 특징을 내세우나 나름대로 퓨전화한다. 프랑스에 본부가 있는 "미쉐린 레스토랑 가이드"를 참고해 보라. 세계적인 식당은 어떻게 현지화하는지를 알 수 있다.[5)]

먹기 편한 방법 개발

한식의 퓨전화, 현지화를 위해서는 우선 편하게 먹는 방법을 개발해야 한다. 먹기에 불편하지 않고 쉽게 먹는 방법을 찾는 것이 필요하다. 한국 음식을 한국인이 아니고는 먹기가 불편하다. 또 외국인은 여러 명이 공동으로 먹는 상차림도 싫어한다. 1인분씩 먹을 수 있도록 음식 제공방법을 다양하게 개발해야 한다. 또 반찬을 여러 사람이 공동으로 먹게 하지 말고 개별적으로 먹을 수 있도록 해야 한다. 빈 접시를 많이 제공하는 것도 방법이다.

'시간전개형'으로 상차림 개선

한국 음식의 국제화를 위해서는 상차림 방식과 음식 제공 순서를 서양식으로 바꾸어야 한다. 한식을 쫙 펼쳐놓는 '공간 전개형'이 아닌 시간대로 하나씩 나오는 '시간 전개형'으로 바꾸어야 한다. 한꺼번에 모두 차려 놓고 차고 더운 것, 시고 단 것, 매운 것을 순서 없이 섞어 먹는 우리 음식은 고쳐야 한다. 한꺼번에 차려놓은 음식은 처음 보면 기쁘나 조금 지나면 그만 배부르다. 먹기 전에 질리는 수도 있다. 편식의 우려도 있고 양이 많아 음식 쓰레기도 많이 나온다.

서양식 식사 순서는 먼저 입맛 돋우는 전채요리, 다음에 수프와 샐러드, 그리고 주 요리(Main Dish)가 나온 후 디저트로 끝낸다. 찬 음식을 먼저 내고 더운 것을 뒤에 내며 신 것을 먼저 내 입맛을 돋우고 단 것을 마시고 마무리한다. 한국 음식의 식사방식에 대해 뉴욕의 유명한 음식평론가인 데이비드 로젠가르텐은 "한국 음식이 뉴욕에서 명성을 얻으려면 외국 사람들의 식사방식에 맞게 애피타이즈(전채), 매인 음식, 후식 등의 형태로 재편할 필요가 있다"고 구체적으로 언급한다. 그는 또 한국 식당에 가보면 시키지도 않았는데 10여 가지의 반찬이 나오는 것을 보면 미국 사람들이 매우 신기하게 생각한다고 지적한다.[6] 세계적인 음식 전문가의 의견을 귀담아 들어야 할 것이다.

다양한 코스 요리 개발

호텔내에서 제공되는 한식은 외국인에게 어느 정도 어필한다고 평가된다. 그 이유는 다양한 코스 요리를 개발하였기 때문이다. 코스별로 한식 메뉴를 구성하는 것은 주요한 성공요인이다. 이점을 외국 현지의 식당에서도 적용해야 한다. 코스의 양이 많으면 A 코스, B 코스, C 코스 등으로 조정하여 적정량을 나오게 할 수도 있다. 또 현지인의 입맛에 알맞은 퓨전요리를 개발 하되, 양념을 조정하는 것은 매우 중요하다.

차별화하고 간편식도 개발

한국 퓨전 요리를 다양하게 개발하되, 지역에 따른 차별화를 해야 한다. 간단히 먹을 수 있는 간편식과 문화적 정취를 가지는 고급식으로 차별화를 하는 것도 방법이다. 동남아나 일본지역에서는 우리 음식 고유의 맛을 살리는 방향으로 현지화해야 한다. 구미 지역에서는 서구화된 한식요리를 개발해야 한다. 김치 햄버그, 라이스 스파게티 등 퓨전요리를 개발하여 지역에 따른 차별화하는 것이 중요하다. 한식은 퓨전요리가 어렵다고 하나 그렇지 않다. 비빔밥도 허브를 넣은 비빔밥, 서양채소로 만든 비빔밥 등 다양하게 만들 수 있다. 쇠고기, 돼지고기에도 다양한 소스를 사용 퓨전화할 수 있다. 손님의 선호를 감안하여 주방장이 끊임없이 메뉴를 개선해야 한다. 예외 없이 그런 식당은 손님이 넘친다. 한국음식도 패스트푸드가 될 수 있다. 다양하게 개발하여 세계화 하자.

한국 음식은 먹는데 시간이 오래 걸린다. 또 쓸데없이 밑반찬이 많다. 서양인은 비싼 돈으로 충분한 시간을 가지고 먹을 기회가 그리 많지 않다. 쉽게 한국 음식을 먹을 수 있도록 다양한 간편식을 개발해야한다. 또 여러 가지 테이크 아웃(take out) 음식이나 배달 음식, 반조리 식품, 이동식 등을 개발해야 한다. 그래야 편의성을 추구하는 서양인의 기호에 부합한다. 가격도 저렴해야 함은 말할 필요도 없다. 값이 싼 전문요리를 개발하되, 외국인의 편의를 위해 수저와 함께 포크와 나이프, 냅킨 등도 식탁위에 놓는 것도 고려해야 한다. 간편식의 예로 '죽'을 들 수 있다. 죽은 간편하면서 건강에 좋은 한식의 대표적인 메뉴이다.

■ 밥 없이 먹을 수 있는 요리 개발

한국 음식은 너무나 밥 위주이다. 국이나 반찬은 밥을 위해 존재한다. 밥 없이 먹을 수 있는 요리가 별로 없다. 밥없이 먹는 다양한 한국 요리를 개발해야 외국인에 쉽게 접근 할 수 있다. 김치를 아무리 서양인에게 팔려고 해도 밥을 안 먹는 외국인에게는 무용지물이다. 따라서 밥 없이도 먹을 수 있는 한국 요리를 개발해야 한다. 보삼김치는 대표적으로 밥 없이 먹을 수 있는 요리이다.

3) 조리방법과 단위, 주방기구의 표준화

한국음식의 조리방법과 단위를 표준화하는 것이 중요하다. 한국 음식의 경우, 전문적인 조리사도 개별적인 손맛만을 강조하는 경우가 많다. 그러다보니 표준화되고 체계적인 요리의 개발이나 메뉴 제공에 어려움이 있다. 또 우리 음식은 신토불이니, 비방 대물림이니, 손끝 맛이니 하여 다른 사람에게 알리거나 물려주기를 싫어한다. 이제는 '손맛'에 의존하는 것은 특별한 경우에 한정해야 한다. 나머지는 현대화되고 표준화된 조리법에 맞추어야 한다. 표준조리법에 의거 음식점에서 제공되는 한국 음식은 언제나 동일한 맛을 내도록 해야 한다. 그래야 해외에서 인정받을 수 있다. 물론 고유한 전통음식이 가진 특수한 요리법은 조리과정 하나하나를 문화적 유산으로 관리하고, 개인이 가진 노하우는 별도로 보호해야 할 것이다.

음식의 표준화한 무엇인가? 개인별 음식의 양을 정확히 정하고 재료 소비량도 정하는 것이다. 1인분, 2인분 등 숫자에 따른 재료 사용량이나 처리방법을 구체적으로 수치화해야 한다. 개인이 먹는 양을 정하여 그만큼 소비하게 하는 것을 생활화 해야 한다. 또, 1회용의 외상차림도 실용화하는 것이 필요하다. 또 음식용기의 제공방법, 서비스 방법의 표준화도 필요하고 한식의 제조법의 과학화와 기계화도 필요하다.

우리 정부도 늦게나마 전통음식의 조리법 표준화에 나섰다. 농림부와 문화관광부가 공동으로 2006년부터 2008년까지 300여종의 전통음식에 대한 조리법을 표준화하고 이를 외국어로 번역하여 해외에도 알릴 예정이다.[7] 표준화를 추진할 단체를 각계의 전문가로 구성하여 정확한 자문과 평가를 받는 것도 매우 중요하다. 음식 조리법의 표준화는 한국 음식의 국제화에 가장 기초가 되는 중요한 사업으로 큰 성과가 기대된다.

또 조리방법 뿐만 아니라 보온이나 단열 용기, 식기의 개발도 필요하며, 물류, 판매, 정보 등의 표준화도 필요하다. 특히 한국 음식의 이미지를 떨어뜨리는 중저가의 플라스틱 그릇 사용을 지양해야 한다. 무성의해 보이고 음식의 품위를 떨어뜨린다. 휴대용 가스레인지를 식당에서 사용하는 것도 가급적 피해야 한다. 제대로 된 도자기나 그릇을 사용하여 한식의 이미지를 고급화하는 것이 필요하다.

조리과정도 공개

한식의 위생이나 조리과정을 공개하여 손님에게 조리과정을 보여주는 것도 방법이다. 손님이 보는 앞에서 각종 재료를 사용하여 직접 요리하고 대화를 하는 것은 중요하다. 주방시설도 손님에게 보여지도록 하여 위생상의 의심도 불식시켜야 한다. 음식 제조과정에 의심을 가지는 사람도 있기 때문이다. 세계의 식도락가들도 조리과정을 직접 보는 것을 좋아한다. 냄새가 배어도 테이블에서 직접 요리를 하는 것을 눈으로 보며 즐기는 것이 사람의 심리이기도 하다.

4) 한식 전문 인력 양성

한국 음식의 국제화를 위해서는 한식 요리 전문가가 필요하다. 한국 음식도 제대로 만들려면 매우 어렵다. 이제는 '한국 사람이면 누구나 한국음식을 만들 줄 안다'는 식의 사고를 탈피해야 한다. 한식도 전문가에 의해 고급스럽고 전문적으로 만들어야 제 맛이 난다. 한국음식의 국제화를 위해서 가장 중요하면서 어려운 과제가 전문가 육성이다. 해외로 진출하고자 하는 한식업체 상당수가 전문적인 한식 조리사 부족을 가장 큰 애로로 호소하고 있다. 전문가는 전통음식의 제조, 검사, 가공, 마케팅 등 각 분야별로 필요하다.

'한국 식품대학'을 설립하자

한식 전문인력의 양성을 위해서는 대학 단위에서 전문적으로 인력을 양성하는 것이 가장 바람직하다. 대학단위의 식품학과에는 한식 학과는 물론, 양식학과, 일식학과, 식당경영학과, 식품유통학과 등 다양한 식품관련 학과를 설치해야 한다. 구체적으로 비빔밥전공, 떡전공, 한과 전공 등도 필요하다. 정부 차원에서 '한국 식품대학'을 설립하는 것이 전문인력을 체계적으로 육성하고 관리하는데 도움이 된다. 이 대학을 통하여 세계적인 요리사도 배출하고 다양한 푸드스타일리스트(foodstylist)도 양성해야 한다. 전통음식 전문 코디네이터나 전통음식 전문 컨설팅 전문가도 배출해야 한다. 이들에 대한 교육은 분야별로 현장 중심으로 실시해야 한다. 한국 음식의 제조는 물론, 평가, 경영, 수출, 해외 투자 등 여러 분야에 걸쳐 전문적인 교육이 필요하다.

전문 자격증 부여

한국 음식 전문가에게는 전문적인 자격증을 부여하고 이들의 대우를 높여주어야 한다. 현재 한국전통음식과 관련된 자격으로는 한식조리사, 조리기능장, 조리와 관련된 무형문화재 정도가 있다. 한식조리사는 그 개념이 너무 광범위하고 조리기능장이나 무형문화재 보유자와 같은 경우에는 그 범위가 극히 제한되어 있다. 전통 한국 음식에 대해서도 자격을 정하고 시험을 실시하여 자격증을 부여해야 한다.

특히 전문 요리사를 음식을 만드는 요리사가 아닌 예술가로서 대우하는 것도 중요하다. 음식전문가가 그저 음식을 잘 만드는 기술자 정도에 그쳐서는 안된다. 또 전문요리사가 능력을 개발할 수 있도록 국가 차원에서 활성화 방안을 마련해야 한다. 자격증 소비자에게는 각종 인센티브를 부여하여 이들의 능력을 더욱 증진할 수 있도록 해 주어야 한다. 한국에서도 프랑스의 미슐렝과 미국의 자갈(ZAGAT)과 같이 음식점과 요리사의 예술성을 평가할 수 있는 공식 가이드 책자를 발간해야 한다. 한국 음식도 전문기능인에 의해 제대로 만들어져야 한다.

5) 해외진출 확대와 외국사례 벤치마킹

한국 음식에 대한 전문자격증을 가진 인력은 국내에서만 활용하지 말고 세계로 진출시켜야 한다. 세계인들을 대상으로 한국 음식을 홍보하는데도 이들의 역할이 중요하다. 전문 인력은 세계의 여러 음식점이나 유통업체와 연대하여 관련 분야의 전문지식을 더욱 높이고 국제적 안목을 키우도록 노력해야 한다. 이들의 기술과 지식을 높이기 위해서는 외국어 능력, 정보처리 능력, 인성교육 등을 고려한 다양한 전문 교육 프로그램을 만들어야 한다. 한식 전문 인력은 국가 이미지를 개선하고 한국인의 위상을 높이는데 큰 역할을 할 것이다.

외국의 성공사례 벤치마킹

태국 음식은 전 세계적으로 성공한 사례로 알려진다. 태국의 경우는 국가가 앞장서서 태국 음식의 국제화를 추진하였다. 2001년에는 "Global Thai Restaurant Project"를 실시하였으며, 2004년에는 "Kitchen to the World"라는 음식 프로젝트를 실시하여 태국 음식의 표준화, 음식점 매뉴얼화, 정부인증제 등 음식산업의 국제화를 추진하였다. 또 천만 달러의 투자기금을 조성하여 태국 음식의 국제화를 실질적으로 뒷받침하였다. 이 계획으로 미국 업체와 프랜차이즈를 실시하여 미국내에서 5년 동안 1,000여개 지역에 태국 음식 레스트랑 3000개를 설립하겠다는 야심찬 계획을 추진하고 있다. 이 계획이 성공하면 연 20억 달러의 수익을 올릴 수 있다고 한다. 그 결과 태국 음식의 표준화, 자본투자, 그리고 모델화가 이루어졌으며, 태국 음식은 세계 어디서나 국제화된 음식이 되었다. 태국 음식은 어느 나라 사람이나 무난하다고 평가한다. 새우가 들어간 수프인 "톰양꿍(Tom Yang Gung)"은 독특한 맛과 향으로 세계 3대 수프의 하나가 됐다.

태국 음식의 국제화로 관련 산업에 미치는 효과도 크다. 음식의 국제화로 해외에 있는 태국 식당의 음식재료는 상당부분 태국에서 수입하도록 한다. 일부 식재료와 조리기구는 70%이상을 태국에서 수입하도록 권장한다. 식자재 및 주방기구 등 부가적인 수입도 만만치 않다. 태국 음식의 국제화를 추진하기 위해 방콕 근처에 전문 조리학교를 설립하여 전문 훈련을 실시한다. 전문요리사를 양성하고 우수인력은 외국에 유학을 보내기도 한다. 태국 음식의 전통과 맛의 보존을 위하여 정부가 메뉴 개발을 하기도 한다. 태국 음식은 현지화, 세계화, 국제화하여 성공한 사례이다.

일본의 경우도 음식 세계화에 일찍 눈을 떴다. 1964년 세계적인 관심이 집중된 도쿄올림픽을 통해 철판구이인 데리야끼를 세계화 시키는데 성공하였으며,[8] 이후 세계 각국에서 일본 음식은 고급음식으로 자리잡는다. 미국에서도 스시(초밥), 사시미(생선회)가 고급음식의 대명사가 될 정도로 국제화에 성공하였다. 자연히 기꼬망 간장 등 요리재료나 소스류도 세계적인 브랜드로 자리잡게 된다. 우리도 못할 이유가 없다. 일본이나 태국음식보다 더 많은 가짓수가 있고 전통과 역사도 더 깊다. 하루빨리 한국 음식을 국제화하여 우리의 위상을 높여야 한다.

그 외에도 성공한 외국의 음식사례는 많다. 중국의 차이니즈 레스토랑 "미스트 차우(Mr. Chow)"는 사교장이며 세계적인 문화공간으로 자리잡고 있고 대표적으로 성공한 사례이다. 베트남 레스트랑인 "포호아(PhoHoa)"도 미국은 물론 다른 나라에서도 인기를 끈다. 쌀가루를 이용한 베트남 국수는 우리 입맛에도 맞는다.

6) 한국 음식의 문화 상품화

'음식 수출에서 식문화 수출로'

한국 음식의 국제화를 위해 무엇보다도 중요한 것은 한국 음식을 문화상품화하는 것이다. 이제는 양적인 음식을 만들어가던 시대에서 질적인 음식문화를 만들어 나가는 시기이다. 미래학자들은 이제 기술과 지식이 우위를 점하던 시대가 가고 문화와 예술의 시대가 도래할 것으로 전망한다. 코펜하겐 미래학 연구소장 룰프 예센은 "이제 정보화의 시대가 지났고 앞으로 소비자에게 꿈과 감성을 제공해주는 것이 차별화의 핵심이 되는 드림 소사이어티 시대가 온다"고 한다. 미래학자인 엘빈 토플러는 앞으로 세계에 단맛, 짠맛, 신맛, 쓴맛에 이어 문화가 가미된 독특한 '제5의 맛'이 등장한다고 예언한다. 많은 학자들이 이제 문화와 접목하지 않은 상품은 생명력이 없다고 한다.

경쟁력의 원천이 물질적 힘에서 점차 문화적인 힘으로 이동한다는데 대해서는 많은 사람이 공감한다. 국가나 기업, 지역과 개인도 마찬가지이다. 또 초일류 기업일수록 문화마케팅을 강조한다. 기업이익의 사회환원과 장기 투자관점에서도 문화활동을 벌인다. 이제 문화의 힘이 곧 나라의 힘이 되는 시대이다. 한국 음식에 대한 이미지는 상품에 대한 문화마케팅으로 발전시켜 나가야 한다. 한국 음식을 문화상품으로 발전시킬 때 고급화되고 국제화되어 국제인 경쟁력을 가질 수 있다.

음식을 문화와 접목하여 성공한 사례는 많다. 한국에도 널리 알려져 인기를 끄는 스타박스(Starbucks)커피는 이탈리아의 에스페레소의 맛과 커피문화를 미국 스타일에 접목한 것이다. 스타박스 커피는 커피 이상의 분위기, 멋, 문화를 상징하며 전 세계 6,000 여개의 매장을 확보하였다. 불가리아의 메치니코프가 요구르트의 젖산균이 장내 유해세균을 억제한다는 연구결과 불가리아의 요구르트는 세계적인 문화이자 상품이다. 그 외에도 프랑스의 와인이나 일본의 스시 등 성공한 사례는 수없이 많다.

따라서 고유한 한국 음식을 'Antique 농산물'로 개발하고 이를 '농예품' 차원에서 고부가가치 산업화해야 한다. 고유한 원료, 고유한 조리방법을 지적재산권으로 보호하고 이의 보전과 개발을 위한 판매, 세제, 금융, 수출상의 혜택도 부여해야 한다. 아울러 한국의 전통 디자인을 살려야 한다. 아무리 세계화라고 하지만, 음식의 맛과 더불어 중요한 위치를 차지하고 있는 식기나 레스토랑의 인테리어는 한국 전통의 디자인을 따르는 것이 중요하다. 세계화와 보편성에 맞추어 간다고 해서 국적불명의 음식점이 되어서는 안 될 것이다.

전통음식의 '문화상품'화

우리 전통음식은 손이 많이 가는 음식이다. 전통음식을 문화상품화하기 위해서는 많은 노력과 지원을 해야 한다. 음식을 먹는다고 하기보다는 문화를 먹는다는 관점에서 인식을 전환시켜야 한다. 문화상품으로 개발하는 것은 쉽지 않다. 잘못하면 식상해지고 유치해진다. 이미 문화적 이미지가 들어있는 궁중요리는 최고의 상층문화를 상징하는 문화상품이다. 일부 지역의 전통음식도 그러하다. 이들 상품을 중심으로 음식의 조리과정을 하나의 문화과정으로 발전시켜야 한다. 2005년 11월 부산에서 개최된 APEC 회의에서 소개된 우리나라 궁중요리에 대한 외국인의 넘쳐나는 관심과 인기가 이를 증명한다.

"식공간" 개념의 발전

한국 음식을 국제경쟁력을 가진 고급상품으로 만들기 위해서는 식공간 개념을 도입해야 한다. 음식 자체는 물론, 그릇, 간판, 소품, 인테리어 등을 포함한 전반적인 '식공간' 개념으로 접근하는 것은 매우 중요하다. 그래야 음식의 발전은 물론, 음식에 부수된 그릇이나 자기, 인테리어, 음악 등 다양한 전통문화의 개발과 홍보가 가능하다. 복합적인 식공간으로서의 식문화 수출은 또다른 의미를 가진다. 먹거리 차원의 음식이 아니라는 점을 세계에 알리는 것이다. 음식에 알맞은 다양한 식기나 관련 제품의 개발과 문화적 의미가 증대되게 된다. 좋은 그릇도 중요하나 이것을 우아하고 먹기에 좋으며 편하게 놓는 테이블 세팅은 매우 중요하다. 이를 위해 식공간의 개발과 관련학과의 개설 및 교육이 필요하다.

7) 식당서비스 개선

종업원 교육과 훈련

한국 음식의 국제화를 위해 식당의 운영이나 서비스를 개선해야 한다는 점은 더 강조할 필요가 없다. 누구나가 한두 번은 한국식당 서비스의 문제점을 경험하였을 것이다. 종업원, 메뉴, 서비스, 위생시설 등 음식환경 전반에 걸쳐 종합적 개선이 시급하다. '빨리빨리' 음식문화를 퇴치해야 한다. 건전하고 고급스런 '한국 식문화 보급'이 이루어져야 한다. 그래야 고급화된 음식으로 자리잡을 수 있다. 현지인 매니저를 채용하여 현지 손님이 불편이 없도록 하는 것도 방법이다. 음식에 대한 설명, 먹는 방법, 상냥함과 감동을 주는 서비스를 제공하는 것은 매너를 중시하는 서구인에게는 매우 중요한 과제이다.

식당의 구조 개선

식당의 구조도 음식의 국제화에 중요한 역할을 한다. 한국 식당의 구조에 대해서도 비판이 많으며 많은 부문에서 개선되어야 한다. 우리가 애용하는 좌식 식당의 경우는 장점도 있으나 외국인에게는 잘 맞지 않는다. 좌식 식당의 구조나 식사도구, 식탁 배치 등 전반적인 식당 구조의 개선이 필요하다. 음식 값에 못지 않게 중요한 것이 식당의 분위기이다. 음식점 분위기를 개선하기 위한 실내 인테리어의 개선도 필요하다. 인테리어를 무조건 고급스럽게 하라는 것은 아니다. 세련되면서 한국적인 특성을 지니는 식공간으로서 꾸며야 한다.

음식 명칭의 통일

불고기, 비빔밥, 김치 등 한국 음식 명칭을 통일하는 것은 무엇보다도 중요하다. 세계 어느 곳에서도 김치는 영문으로 'Kimchi'라고 하여야 한다. 또 메뉴에는 음식에 사용된 재료의 설명이 들어가야 한다. 한국의 비빔밥을 영어로 "bibimbap"이라고 해놓고 그 밑에 아무것도 적지 않은 식당도 많다. 된장찌개는 그냥 "Doenjang Chige"라고만 해 놓았다. 어떤 식당은 비빔밥을 "Bibimbab"이라고 하고 그 밑에 "rice with assorted vegetables and meat"라고 해 놓고 있다. 된장찌개는 "Bean paste soup"이라고 해 놓았다. 정확한 표현은 아니나 어느 정도 성의는 있어 보인다. 이제는 음식 명칭도 국제적으로 통일하자. 음식 책자도 필요하다. 요리책 수준을 넘어 우리의 음식문화를 제대로 설명하는 전문적인 음식서적이 나와야 한다. 참고로 우리 음식에 대한 영문 명칭은 학자마다 다르게 표현하기도 하나, 자주 사용하는 몇 가지는 다음과 같이 제시해 본다.

한국 음식의 영문표기

음식명 (한글 명칭 영문 표기)	설명 영문표기
가락국수(garak-guksu)	thin noodle soup
갈비정식(galbi-jeongsik)	grilled beef ribs with side dished
갈비찜(galbijjim)	steamed marinated beef ribs
갈치조림(galchi-jorim)	braised hairtail
감자전(gamjajeon)	potato pancake
감자탕(gamjatang)	pork rib soup with potatoes
고등어구이(godeungeo-gui)	grilled mackerel
곰탕(gomtang)	boiled bone stew
곱창전골(gopchang-jeongol)	spicy beef tripe hot pot
구절판(gujeolpan)	platter of nine delicacies
국밥(gukbap)	rice served in soup
군만두(gun-mandu)	fried dumplings
김밥(gimbap)	rice rolled up in dried seaweed
김치복음밥(kimchi-bokkeumbap)	fried rice with kimchi
깍두기(kkakdugi)	diced radish kimchi
꼬리곰탕(kkori-gomtang)	ox-tail stew
낙지복음(nakji-bokkeum)	stir-fried baby octopus
냉면(naengmyeon)	cold noodles in soup
대구매운탕(daegu-maeuntang)	spicy codfish soup
돌솥 비빔밥(dolsot-bibimbap)	rice topped with vegetables, meat and optional red pepper paste, served in hot stone pot
돼지갈비(dwaeji-galbi)	grilled pork ribs
된장국(doenjangguk)	soybean paste soup
된장찌게(doenjangjjigae)	soybean paste stew
두부김치(dubu-kimchi)	tofu and kimchi
떡국(tteokguk)	beef soup with rice cakes
매운탕(maeuntang)	spicy seafood stew
물만두(mul-mandu)	boiled dumplings
볶음밥(bokkeumbap)	fried rice
불고기(bulgogi)	stir-fried marinated beef
비빔밥(bibimbap)	rice topped with vegetables, meat and optional red pepper paste
삼계탕(samgyetang)	chicken ginseng soup
순두부 찌게(sundubu-jjigae)	spicy soft tofu stew
식혜(sikhye)	rice nectar
칼국수(kalguksu)	handmade noodles
파전(pajeon green)	onion pancake
해물찌게(haemul-jjigae)	spicy seafood stew
호박죽(hobakjuk)	pumpkin porridge
해물파전(haemul-pajeon)	seafood and green onion pancake

자료: Bankcard Services, 한국음식 메뉴 영문표기 지침서, 2006.

가격수준의 합리화

전반적으로 한식은 가격이 비싸다는 평가를 받는다. 한국 음식의 가격수준이 타 민족음식에 비해 비싸지 않도록 합리적인 수준을 제시해야 한다. 음식가격은 업자의 자율적인 판단에 맡기는 것이 바람직하나, 지나친 폭리를 방지하기 위한 장치도 마련되야 한다. 한식의 가격이 적정할 뿐만 아니라 쉽게 구입할 수 있어야 한다. 또 고령자나 장애인에게 할인제도를 실시하는 것도 한식의 판매증대 방안이다. 음식 가격이나 식당 서비스에서 한국 식당이 고쳐야 할 점은 너무나 많다.

8) 홍보방법의 개선

음식에 관한 전통적인 홍보방법은 현지에서의 맛이나 소문을 널리 알린다든지, 판촉 및 전시행사를 자주하는 것이다. 음식 홍보와 관련하여 중요한 것은 홍보방법의 질적 개선이다. 이제는 가만히 앉아서 음식 맛이 소문나기만을 기다려서는 안 된다. 신문과 텔레비전을 이용하여 대중의 호기심을 자극하거나 유명한 영화감독이나 배우들이 자주 한국 식당을 이용한다는 점을 강조해도 된다. 음식홍보도 감각과 디자인이 가미되어야 한다. 미남배우 레오나르도 디카프리오도 뉴욕에 올 때마다 소호의 코리언 레스토랑을 자주 찾는다고 한다. 그러한 소재를 잘 잡아야 할 것이다. 유명한 연예인이나 정치인, 사회 저명인사가 한국 음식을 애호한다는 점은 중요한 홍보 포인트이다. 한국 음식은 맛있고 건강하며 아름다운 음식이라는 점은 좋은 홍보 소재이다.

한국 농산물과 식품의 전시판매나 홍보행사는 현지 전문가나 식당, 유통업체와 연대하여 실효성을 높여야 한다. 식당이나 호텔의 음식전문가를 초청하여 시식회를 개최하거나 주요 도소매 매장내에서 한국식품 코너를 확보해야 한다. 현지 음식전문지나 식품전문가를 적극 활용하는 것도 중요하다. 한국 음식이나 식품의 소개는 영어는 물론, 스페인어, 불어 등 다양한 언어로 소개하되 표준화된 설명을 가미해야 한다.

다양한 음식 엔터테인먼트 개발

한국음식을 제대로 홍보하기 위해서는 음식에 관련된 다양한 속담이나 관용어, 이야기 등을 발굴하고 보급해야 한다. 특색이 있는 엔터테인먼트는 프랜차이즈화하는 것도 방법이다. 식당에서의 가야금이나 창 공연 등 다양한 음악과 예술적 분위기를 제공하는 것도 중요하다. 간단한 행사로서는 엿장수의 엿 판매행사를 병행하는 것도 고객을 감동시킨다.

'덕담 마케팅'도 음식을 홍보하기 위한 방안이다. 백세까지 산다는 백세주, 약식동원이라는 말의 의미, 백설기 등도 좋은 마케팅의 소재가 될 것이다. 우리 한식은 종류별로 이러한 재미있는 유래와 이야기 소재를 개발해야한다. 흥미로운 우리의 문화를 소재로 한 음식상품의 개발은 한식에 대한 외국인의 호기심을 자극할 것이다.

9) 음식산업 종합대책

정부의 대책

우리 식품의 세계화를 위해서는 음식산업에 대한 종합적인 대책이 필요하다. 음식은 여러 부처에 관련되고 다양한 사람에게 영향을 미친다. 한국 전통 음식연구소의 윤숙자 소장은 '한국 음식의 세계화를 위해서는 음식조리법의 표준화와 세계적 식문화 기준에 맞는 코스요리 개발 등의 과제가 산적해 있다'고 지적한다.[9] 범정부차원에서 한국 음식을 국제화하는 것이 "국가선진화"의 기본이 된다는 인식을 하고 종합대책을 마련해야 한다. 관계부처의 종합적인 협조와 청와대, 국무총리실 등 조정기관에 의한 총괄조정이 필요하다. 농림부와 농촌진흥청(원료 및 가공, 식품산업육성), 보건복지부 및 식약청(식품위생 및 안전), 문화관광부(식문화 개선), 일선시도(전통식품 발굴과 보전), 외교부 및 국정홍보처(해외 우수 사례 수집, 홍보) 등이다. 정부의 대책도 중요하나, 학계, 문화계, 업계의 참여도 필요하다. 각계 전문가가 참여하는 대책반을 구성하고, 실효성 있고 단계적인 대책방안을 마련하여 추진해야 한다.

사라진 전통음식을 찾는 것도 중요하다. 사라진 전통음식의 발굴은 각계의 협조와 지원이 필요하며 개인에게 맡겨 놓으면 한정식 몇 개 정도 발굴하는데 그친다. 또 "한 가정 한 가지 전통음식 만들기 운동" 등 국민적인 캠페인도 필요하다.

음식축제의 활성화

한국 음식을 발전시키기 위해서는 각 고장의 전통음식을 발굴하고 다양한 음식축제를 활성화해야 한다. 요리강습회, 교양강좌, 각종 심포지엄, 전시회, 경연대회 등을 통하여 전통음식을 문화적

이벤트로 발전시켜야 한다. 세계 각국이 음식을 통한 관광객 증대와 경제활성화를 추진한다. 싱가포르의 '푸드페스티벌', 멕시코의 '몰레축제', 태국의 '요리축제' 등 다양하다. 우리도 지방 각처에서 산발적으로 하는 지역단위 축제를 음식산업과 연계하여 개발해야 한다. '한국의 술과 떡잔치', '금산 인삼축제', '양양 송이축제'. '광주 김치대축제', '남도 음식문화 큰 축제', '부산 자갈치축제' 등 다양하다. 문화관광부와 한국관광공사, 지방자치단체, 농림부가 협조하여 전통음식축제의 활성화에 힘쓰자.

음식여행의 개발

다양한 음식관광 상품도 중요하다. 식도락 여행, 명물 골목여행 등 다양한 음식관련 관광 프로그램이 있다. 현재는 일부 여행사에서 운영되는 식도락 여행이 있고, 교육기관주도의 식문화 탐방, 음식 만드는 법을 가르치는 프로그램 등이 있다. 또 종교단체에서 주최하는 템플 스테이 프로그램이나 지방자치단체가 주관하는 여러가지 음식 프로그램이 있다. 국립 민속박물관이나 한국민속촌, 에버랜드 등에서도 음식관련 프로그램을 운영하기도 한다.

다양한 음식축제는 음식을 먹는데 그치지 않고 음식과 문화를 접목시키며, 고급 관광상품으로 개발해야 한다. 식도락 관광상품이 일본인에게 가장 인기가 높다고 한다. 이외에도 절기에 따른 세시풍속 행사, 전통음식을 주제로 한 이벤트 행사, 맛 체험 프로그램

개발 등 독창적이고 차별화된 프로그램을 개발하여 외국인들의 관심과 참여를 증대시켜야 한다.

농촌의 빈 학교 활용

마을 단위에서 특징 있는 음식을 만들고 보전하기 위해서는 농촌의 폐교나 빈 학교를 활용하는 것도 방안이다. 전통음식 체험 학습장이나 전통음식 교육장으로 빈 학교를 이용하는 것은 지역사회와의 연계를 높이는데도 도움이 된다. 아울러 농가소득과 부가가치를 높일 수 있고 다양한 문화공간으로 서의 가치를 높일 수 있다. 학교급식에서 '전통음식의 날'을 지정하는 것도 전통음식에 대한 관심을 높이는 길이기도 하다.

연구개발 강화

음식산업도 경제적으로나 문화적으로 중요한 산업이다. 따라서 고도의 기술이나 고급인력이 필요하고 체계적인 연구개발이 필요하다. 소비자의 음식에 대한 입맛은 날로 고급화되고 다양화되어 한국 음식이나 식품산업에 대해서도 전문적인 연구가 필요하다. 2001년 기준으로 식품산업에 대한 연구개발비는 1515억원으로 국내 산업전체의의 연구개발비인 12조 2735억원에 비하면 1.2%에 불과하다. 식품관련 연구기관의 수는 171개로 전체 연구기관(6337개)의 2.6%에 불과하다. 기업의 매출액 대비 연구개발비 비율도 2000년에는 0.5%, 2001년에는 0.6%에 불과하다. 한국 음식의 국제화를 위해서는 본격적인 연구개발의 확대가 필요하다. 세계인의 수요에 부응하는 연구과제를 설정 하고, 국제화 가능한 아이템 발굴, 세계인의 식품기호 조사, 상품성 제고, 전통식품의 규격화, 외식산업의 발전 등 종합적인 연구가 뒷받침되어야 한다. 미국은 미국인의 입맛에 알맞게, 동남아는 동남아인의 입맛에 알맞는 심층적인 연구가 되어야 한다. 식품회사들이 외국에 전통음식연구소를 만드는 방법도 고려해 보아야 한다. 해외의 고객의 수요에 부응하는 메뉴를 지속적으로 개발하여야 한다.

음식업계의 협조

우리 음식의 국제화·상품화 증대를 위해서는 음식업계의 협조가 기본이다. 특히 음식관련 단체나 협회의 협조가 절실하다. 한국 음식의 국제화를 위해 정부가 다양한 제도개선과 지원방안을 마련하겠으나, 근본적으로는 정부가 식당을 운영할 수는 없다. 업계의 적극적인 인식전환과 협조가 필요하다. 나만 잘되면 된다는 의식을 탈피하자. 외국에서도 마찬가지이다. 우리 음식의 국제화를 위해 이러이러한 것을 고칠 필요가 있다고 지적하자 “내 식당만 잘되면 되지 뭐 그런 것까지 신경쓰냐”고 하는 사람도 많다. 남의 불행이 나의 행복이라는 인식이다. 그런 생각을 가지면 단기적으로 성공할지 모르나 장기적으로 성공할 수 없다. 한국 음식 국제화의 성공 여부는 정부의 노력으로만 되는 것은 아니다. 음식과 식품관련 기관과 단체 종사자들, 특히 한국 음식관광협회, 조리사회중앙회, 각종 학회, 현장의 조리사 등 음식업계 종사자의 적극적인 지지와 협조가 필요하다.

01) 조사결과는 ① 문수재, 손경희, 이영미, 안경미의 "주한 외국인이 한국 식당의 음식 및 서비스에 대한 의견조사"(대한가정학회지 제24권 제2호), ② 이경애, 장영애, 김우경, "남녀 대학생들의 한국 전통음식에 대한 지식 및 평가에 대한 연구"(대한가정학회지, 제31권 제3호), ③ 이효지, 오미야, "한국전통 음식에 대한 의식, 지식, 기호도 조사,"(대한가정학회지 제33권, 제4호), ④ 장은주, 이윤경, 이효지, '전통음식에 대한 의식과 식생활 행동에 관한 조사연구"(한국식생활문화학회지 제11권 제3호), ⑤ 이영미, 이기완, 장학길, "성인남녀의 외식행동과 한국 음식에 대한 의식조사"(한국식생활문화학회지 제11권 제3호), ⑥ 한재숙, 김정숙, 김소영, 김명선,"한국음식에 대한 일본인의 인식 및 기호도 조사"(한국조리과학학회지, 제14권 제2호), ⑦ 장문정, 조미숙,"외국인의 한국 음식에 대한 인지도와 기호도"(한국식생활문화학회지, 제15권, 제3호)를 참고하였음.

02) 로스앤젤레스와 뉴욕의 우래옥은 한국이나 워싱턴 D.C.에 위치한 우래옥과 상호만 동일하지 별개의 업체이며, 여기서 말하는 우래옥은 뉴욕의 문화예술지역인 소호에 위치한 우래옥을 말함.

03) 삼성경제연구소, '한국음식의 상품화 · 국제화 방안(2003.5).

04) 동병상린(www.ddock.co.kr), 아지노모도(www.aginomoto.co.jp), 우래옥(www.woolaeoaksoho.com), 종가집(www.zongga.com), 풀무원(www.pulmuone.co.kr).

05) 자세한 사항은 웹사이트(www.viamichelin.com) 참조.

06) chosun.com. 1005.11.13일.

07) 농림부 보도자료, 2006 3.8.

08) 한국일보, 2006년 1월 26일.

09) 한국일보 2006년 1월 26일.

한국음식, 세계인의 식탁으로

제3장

한국 식품, 미국 시장을 공략하자

제3장

한국 식품, 미국 시장을 공략하자

미국은 식품합중국

미국은 세계 제1위의 식품 생산국이자 소비국이다. 미국에는 세계 각국의 다양한 식품이 다 모여 있다. 그래서 '식품합중국'이라고도 한다. 뉴욕을 '세계요리의 전시장'이라고 한다. 세계 각국의 내로라하는 요리가 다 있기 때문이다. 190여개의 민족이 모여 사는 미국은 '인종의 용광로'라고 하기도 하나 식품 측면에서는 세계의 다양한 식품이 모여 있는 '식품합중국'이라고도 한다. 미국의 음식문화를 퓨전문화 또는 멜팅 팟문화라고도 한다. 각국의 음식문화가 혼합하여 퓨전화되고 있음을 상징적으로 나타내는 말이다. 멜팅 팟이라는 미국의 음식 문화는 어느 나라 음식이든지 배척하지 않고 이를 미국화해 나간다는 점에서 우리는 미국인들의 식품문화의 포용성, 다양성, 국제적 감각을 느낄 수 있다. 그러므로 미국에서 음식의 국제화 여부는 대단히 중요하다. 세계화의 가능성이 미국에서 판가름 난다고 볼 수 있기 때문이다. 세계에서 제일 큰 식품시장인 미국에서 성공하면 한국 음식의 국제화가 가능하다는 이야기이다.

1. 미국 식품시장의 여건과 변화

1) 넓고 큰 미국시장

미국의 식품시장은 넓고 규모도 크다. 우리나라 식품의 소비기반으로 미국은 너무나 중요한 시장이다. 미국 전체의 식품시장규모는 정확하지는 않으나 약 5천억 달러 내지 6천억 달러 시장으로 추정한다.[1] 식품전문지인 FMI(Food Marketing Institute) 자료에 의하면 2003년도 미국인의 개인가처분소득은 8조 2,165억 달러이며 이중 10.1%가 식품소비에 사용되었다고 하고 있다.[2] 따라서 식품소비에 사용된 지출규모는 약 8,300억 달러이라고 볼 수 있다. 규모도 크지만 장기적으로 발전가능성은 더욱 높다. 1990년대 후반 이후에는 우리 식품에 대한 관심도 증대되고 있다. 또 미국에서는 해마다 4천여 종의 신상품과 6천여 종의 성분재배합 내지 라인확장 상품이 소개된다.

미국인에 파고드는 아시아 식품

식품소비는 사회적 · 경제적 요인에 의해 영향을 받으며 미국도 예외는 아니다. 미국내의 아시아계는 영향력도 증대되고 사회경제적 지위도 상승되고 있다. 이들의 구매력도 매우 크고 성장률도 빠르다. 아시아계 미국인들의 연간 구매력은 약 3000억 달러로 보고 있으며 아시아 식품의 소매 판매액은 2000년에서 2004년 동안에 약 27%증가한 것으로 나타났다.[3] 미국의 슈퍼마켓에서 아시아 식품의 종류가 늘어나고 있다. 일반식당 메뉴에서도 아시아 음식을 흔히 볼 수 있다. 미국인의 입맛이 변화되면서 보다 새롭고 참신한 음식에 대한 선호가 증가한다. 그 중에서도 아시아 음식이 인기를 끈다. 지금까지 아시아 음식은 중국식과 일본식 그리고 태국식이 주를 이루었다. 여러 가지 아시아 음식을 혼합하여 새로운 맛을 만들어내는 펜아시안(Pan-Asian) 추세도 인기를 얻고 있다. 아시안 푸드의 정통적인 맛과 지역 음식 추세도 여전히 증가하고 있다.[4] 중국음식은 소비자들의 인기를 꾸준히 차지하고 있으며 중국식당의 수도 41,000개에 이른다. P.F. Chang's 및 Panda Express와 같은 중국식 체인식당도 증가한다. 자연히 아시아 음식재료에 익숙해진 소비자들이 집에서 아시아 식자재의 사용도 증가한다.

1990년대 후반부터 미국인의 건강식에 대한 관심이 증가되고 있다. 미국내에는 다양한 건강식이 있으나, 특히 아시아 식품이 건강식으로 알려져 인기를 끌고 있다. 미국내의 아시아계 인구증가와 미국인의 입맛 변화에 따라 아시아 식품에 대한 수요는 날로 증가한다. 건강식품에 대한 미국인의 관심을 고려할 때 미국시장은 우리에게 무한한 가능성을 제시해 준다. 한국 음식은 건강식이기 때문이다. 우리의 노력과 마음먹기에 따라 얼마든지 미국시장 진출이 가능하다.

아시아지역의 농산물 수입

미국의 농축산물 수입규모는 엄청나다. 2004년에는 882억 달러 수준에 이른다. 아시아 주요 국가로부터의 수입내역을 보면 한국이 약 3억 달러로 전체의 0.3%, 일본이 약 6억 달러로 0.7%, 중국이 47억 달러로 5.3%, 태국이 26억 달러로 3%, 필리핀이 약 8억 달러로 0.7%를 차지한다. 태국의 농산물 수출규모가 26억 달러로 우리나라의 10배 이상 많은 수출을 하고 있다. 태국 식당이 미국에서 성공하기 때문이다. 태국 식당은 국제화에 성공하여 미국에서 본격적인 자리를 잡고 있다. 한국 음식도 미국 소비자들의 본격적인 사랑을 받게 된다면 우리 농산물의 대미 수출이 지금보다 훨씬 늘어날 것이다.

아시아 시장의 농산물 수입 규모

(단위: 백만 달러)

구 분		전체	한국	중국	일본	태국	필리핀
벌크	2000	5,760	3.1	55.4	5.2	426	47
	2004	6,471	3.0	105.4	8.3	540	62
중간재	2000	7,023	13.2	373.3	102	50	207
	2004	10,070	14.9	502.9	97	45	251
소비재	2000	26,190	99.4	382.8	261	301	212
	2004	37,434	214.9	1,006.7	337	497	238
임산물	2000	15,550	5.2	751.7	13	180	33
	2004	23,046	5.8	1,834.1	13	167	38
수산물	2000	9,904	75.8	579.7	152	1,815	148
	2004	11,138	67.3	1,237.1	139	1,357	197
농축산물	2000	38,974	115.8	811.6	368	779	468
	2004	53,976	232.9	1,615.1	443	1,083	552
전 체 (수산물 포함)	2000	64,428	196.9	2,143.0	534	2,774	650
	2004	88,162	306.2	4,686.4	596	2,608	788

자료: 미 농무부

2) 미국 음식문화의 발전과 특징

미국의 음식문화는 기본적으로 다양성에 기초하고 있다. 미국 음식문화의 형성과 배경에는 다른 나라와 마찬가지로 역사적이고 문화적인 다양한 요인이 가미되어 있다. 음식문화 내지 식문화란 "인간의 식생활을 형성하는 양식과 내용, 이에 관련된 사고방식이나 가치"[5]를 말한다. 미국의 음식문화를 그러한 관점에서 보면 매우 복잡하다. 식생활 양식과 내용, 사고방식이 미국의 경우는 민족이나 지역에 따라 너무나 다르기 때문이다. 미국 음식문화는 시기나 지역, 남녀와 소득수준, 그리고 인종과 민족에 따라 각기 다른 특성을 지니고 발전해 왔다. 또 미국의 음식문화는 간단하지가 않다. 혹자는 미국에 음식문화가 어디 있느냐고 하고 미국은 고유한 음식문화가 없다고 주장하는 사람도 있다. 미국은 역사가 길지 않아 음식문화의 뚜렷한 전통을 찾기가 어려운 점도 있다. 미국 자체가 원주민인 인디언과 유럽의 이민족을 비롯하여 아시아, 아프리카, 중남미 등 여러 나라 민족들로 구성되어 있어 음식문화를 간단히 설명하기 어렵다. 시대를 기준으로 미국의 음식 문화를 구분하는 것은 다소의 무리가 있으나, 편의상 원주민의 음식문화, 개척시대의 음식문화, 그리고 음식문화가 정착된 20세기의 음식문화 등으로 구분하여 보자.

(1) 원주민의 음식문화

아메리카 원주민은 약 2만년 내지 5만년 전부터 아메리카 대륙에 거주해온 것으로 추정된다. 이들 대부분이 미시시피강의 서부지역에 살고 있으며, 현재 원주민의 인구수는 전체 인구의 약 1% 정도인 2백만으로 추정된다. 원주민들은 오래전부터 중앙아메리카에 재배된 옥수수, 강낭콩, 고구마, 고추 등을 주로 식용으로 사용하였다. 식생활은 원시시대부터 중세에 이르기까지는 사냥과 채집에 주로 의존하였으나, 점차 육류, 곡류, 채소류, 과일류 등으로 다양화하였다. 식품으로 이용된 주요 농산물은 쌀, 밀, 옥수수, 호박, 콩, 카사바 등이며, 우유나 우유제품은 크게 애용되지 않았다. 특히 옥수수 등 농작물을 재료로 한 음식이 많아 옥수수가루로 쑨 죽이나 빵을 먹기도 하였다. 원주민들의 고유한 식품으로는 과일류는 블루베리, 크란베리 등이며, 채소류는 콩, 옥수수, 호박 등이고 그외에 사슴고기나 칠면조, 게, 시럽, 견과류 등도 사용되었다.[6] 이러한 식생활 패턴은 단순하기는 하나 오늘날 미국 식단에 상당한 영향을 주었다. 콜럼버스가 신대륙을 발견하기 이전의 미국의 음식은 이러한 인디언 음식이 주를 이루었다.

(2) 개척시대의 음식문화

개척시대라 함은 콜럼버스의 신대륙 발견 이후 유럽의 이민자들이 미국에 정착한 시대를 말한다. 콜럼버스가 신대륙을 발견한 1492년 이후 많은 유럽인들이 미국으로 이주하게 된다. 따라서 유럽의 음식문화가 미국의 음식문화에 주도적인 영향을 주게 된다. 개척시대의 미국의 음식문화는 유럽의 음식문화가 기본이 되나, 유럽의 음식은 나라에 따라 또 시대나 계급에 따라 다르다. 대개 유럽 남부에서는 빵과 포도주, 기름(올리브유)이 주로 사용되었으며, 북부에서는 고기와 맥주 등이 주 음식으로 사용되었다. 또 유럽의 음식문화는 종교적인 영향도 받고 기아와 질병의 영향도 받아 다소 변천해 오고 있다.

유럽의 음식도 미국 원주민의 음식으로부터 영향을 받았다. 예를 들어 비프저키(beef jerkey)는 미국의 전통음식이나 원래 인디언들의 식품이고 개척시대의 주요 음식이기도 하다. 미국의 초기 이민시대의 음식은 이와 같은 원주민과 유럽인이 즐겨 먹던 음식이 혼합되었다. 서양 음식이 원주민의 음식과 서로 영향을 주고 받게 된다. 당시에 즐겨 먹던 음식으로는 조개 차우더, 옥수수 수프, 보스턴 포크빈스, 잉글랜드 보일드 디너, 치킨 아라킹, 버지니아 스파이스드 햄, 호박 파이 등이다.[7] 식민시대의 특성상 본국에서 모든 식품을 조달할 수 없으므로 현지에서 생산되는 곡물이나 육류에 의존하지 않을 수 없다. 콜럼버스가 유럽으로 갈 때에는 말, 개, 돼지 등의 가축과 더불어 각종 씨앗과 나무 가지를 가지고 갔으며, 인디언들의 음식풍습도 전해진 것으로 알려진다. 미국 음식에는 인디언 음식과 서양 음식이 상당히 혼합되었다. 이러한 식민지시대를 거치면서 인디언들의 재배작물인 옥수수 등 농작물의 보급이 활발히 이루어지고 이를 원료로 한 다양한 음식이 개발되었다.

원주민들은 백인들에게 다양한 요리기술을 가르쳐 주기도 하였다. 과일과 야채, 낙농제품의 혼합과 가공한 음식 등에서 인디언들의 음식 기술의 영향을 찾을 수 있다. 콜럼버스의 신대륙 발견은 동서반구 사이의 동물군과 식물군의 이동과 전파를 가져왔고, 한편으로는 동서양간의 음식의 교류가 시작된 것으로 이해한다. 신대륙의 발견을 서유럽의 기아, 질병, 종교적 박해 등 어려운 환경으로부터 탈출로 설명하나, 다른 측면에서는 이를 통한 동서양간의 음식문화의 교류가 이루어진데 대해서도 많은 의미를 부여한다.

신대륙으로의 이주가 본격적으로 시작된 것은 16세기부터이다. 16세기에는 영국, 스페인, 네덜란드, 프랑스, 독일 등 유럽 각국에서 본격적으로 미국으로 이주하였으며, 이들을 중심으로 유럽풍의 음식문화가 형성된다. 다만, 이민 초기의 미국 음식은 원주민, 스페인, 프랑스, 영국 등의 음식 영향을 받았으나, 이민 후기에는 세계의 강자로 부상한 영국의 음식문화가 미국 음식문화의 주류를 이루게 된다. 영국계 이주인들은 17세기경부터 뉴잉글랜드, 버지니아, 메릴랜드 지역에 주로 정착하여 영국식 음식문화를 정착시키게 된다. 미국 동북부의 뉴잉글랜드 지역은 식민지시대의 전통문화의 중심지이며, 미국의 전통식품과 전통 식사법의 본거지이기도 하다. 정착된 음식은 훈제된 햄, 베이컨 등의 돼지고기와 육식 메뉴가 주를 이루나, 오이 피클 등 야채 음식도 개발되었다. 영국과 아일랜드인은 대부분 육류와 생선류를 주로 애용하였으며, 양고기, 계란, 우유, 치즈 등도 널리 이용된 식품이다.

독일계 이주민은 18세기에 주로 펜실베이니아 지역에 정착하였다. 소시지, 슈니츠(schnitz) 파이 등은 독일계 이민자의 식품이다. 프랑스에서 이주해온 사람은 주로 프랑스 북부지역인 노르망디와 브리타니 지방에서 이주해 온 사람이 많으며 해산물과 양고기, 채소, 사과 등을 애용하였다. 이탈리아인은 주식으로 파스타(pasta)를 이용하였고, 스페인 사람들은 포도와 올리브 등을 애용하였다. 이 외에도 오스트리아, 헝가리, 폴란드 등 유럽의 여러 지역으로부터 다양한 이주민이 유입되어 각각 고유한 음식문화를 형성하게 된다.

한편, 미국의 음식문화는 아프리카에서 노예로 데려온 사람들의 영향도 받았다. 잡은 고기로 바베큐 하는 법이나 그을려 훈제하는 법도 그러한 과정에서 알려지게 된다. 아프리카인들은 여러 가지 곡물 씨앗을 가져와 미국의 식탁을 풍성하게 하는데 일조를 하였다.

(3) 음식문화의 정착

1900년대 이후 지금까지 미국 음식의 기본 패턴은 육류와 감자이다. 대부분의 미국 가정에서는 육류, 특히 쇠고기와 감자를 가장 많이 애용하였으며, 케이크, 파이 등도 보충적으로 사용하였다. 이와 같은 형태의 미국 음식 패턴이 언제 정착이 되었는지는 분명치 않다. 대개 이민 후기를 거쳐 19세기에 들어서 차츰 정착이 된 것으로 여겨진다. 이때의 음식문화는 농

업발전에도 많은 영향을 받은 바 있다. 미국 농업은 19세기에 들어 본격적으로 발전을 하게 되었으며, 농업의 발전은 풍부한 농산물 생산으로 이어져 다양한 종류의 음식이 만들어지게 된다. 또 농산물의 저장, 보관, 마케팅 등의 관련기술 발달은 미국 음식을 다양하게 하는데 많은 영향을 주게 된다. 농산물의 대량 생산과 농업의 기계화, 식품 가공기술의 발달은 미국 식품의 장점으로 부각되었다. 그 결과 미국 식품은 세계 여러 나라에 진출하게 되고, 많은 소비자들로부터 강한 이미지와 국제적 브랜드를 구축하게 된다.

식사의 패턴에 있어서도 변화가 나타난다. 초기의 미국의 음식문화에 있어서는 계층별로 식사의 패턴이 달라지기도 한다. 중산층은 주로 쇠고기를 소비하였으며, 상류계층은 프랑스풍의 요리를 즐겼다. 1890년경에는 주스와 샐러드가 많이 이용되기도 하였다. 또 18세기경에는 음식 부족으로 여러 가지 어려움을 겪기도 하였으나, 19세기말에는 경제적 여유가 증가되어 우유, 과일, 야채의 소비가 늘어나는 등 음식의 패턴이 다양해지게 된다. 20세기에 들어와서도 이러한 기본 패턴은 유지되나, 영양이라는 관점은 다소 강조된다.

(4) 제1차 세계대전 이후

제1차 세계대전을 계기로 통조림과 각종 가공식품이 발전하였다. 또 간편하게 먹을 수 있는 여러 가지 식품도 늘어났다. 마이크로웨이브 오븐과 같은 가전제품의 발달로 냉동식품이나 통조림 등의 가공식품이 널리 보급되게 된다. 미국의 가공식품은 제1차 세계대전과 제2차 세계대전을 거쳐 폐허가 된 유럽에 대한 식품 지원이나 가난한 후진국에 대한 식품원조를 통하여 미국 식품을 세계에 널리 보급하는데 큰 기여를 하게 된다. 많은 이탈리아인이 20세기초에 미국으로 이민을 오게 됨으로써 파스타가 도입되게 되고, 제2차 세계대전 후는 유럽에 파병 나갔던 군인들이 들어오면서 피자가 널리 보급되게 된다. 또 베트남전 후에는 베트남의 쌀과 국수 등이 도입되어 인기를 끌기도 한다.

이 시대의 정형화된 음식문화는 대체적으로 아침식사는 과일과 주스, 마른 시리얼, 계란, 구운 빵 등이 주가 된다. 점심은 비교적 가벼운 것으로 샌드위치, 수프, 샐러드 등이 이용되었으며, 저녁식사는 고기류가 중심이 되고 감자, 야채, 후식 등이 애용되었다. 식사의 패턴에서 노동자들은 주로 빵, 감자, 양배추, 양파 등을 중심으로 식사를 하였다. 중산층은 영양에 관심을 가지고 고기, 야채 등의 소비를 즐겼으며, 이 시기에 오늘날 미국의 주류를 이루는 식사의 패턴이 정착되게 된다.

제2차 세계대전 이후

제2차 세계대전 후의 여러 가지 음식관련 산업이 발전하기는 하였으나, 한편으로는 음식패턴이 변하기도 하였다. 정크푸드(junk food)와 패스트푸드가 1940년대 이후에 급속히 번창하게 된다. 정크푸드는 1940년대 이후에 식품의 대량생산 열풍으로 대두된 것으로 열량은 높으나 식품으로서 가치는 떨어지는 스낵류, 쿠키, 캔디류의 식품을 말한다. 정크푸드는 값싸고 맛있는 식품의 대량생산으로 인한 일종의 부산물이라고 볼 수 있다.

패스트푸드는 1950년대와 1960년대에 들어와 본격적으로 번창하게 된다. 패스트푸드는 대중을 상대로 간편하면서 빨리 서비스되는 음식으로 햄버거, 프렌치프라이, 핫도그 등을 말한다. 패스트푸드는 건강에 관점을 둔 것이 아니라 미국식 생활양식과 비즈니스의 관점에서 탄생된 일종의 식품 비즈니스의 창조물이라고 할 수 있다. 미국은 1950년대에 들어 풍요의 시대를 구가하였으며, 세계에서 가장 잘사는 나라로 대두되어 여러 가지 식품을 애용하였다. 스테이크 요리와 밀크세이크가 당시에 미국을 상징하는 대표적인 식품으로 애용되었고, 초콜릿과 팝콘이 널리 유행되기도 하였다.

1960년대에 들어와서는 반전운동, 반문화운동의 여파가 식품업계에도 불어왔다. 그리하여 이러한 패스트푸드나 정크푸드에 대응하는 건강식품, 자연식품이 유행하게 된다. 건강식품, 즉 헬스푸드(health food)는 전통적인 가공식품에 반대하여 생겨난 식품의 개념이다. 건강 식품은 채식위주의 식사를 하며, 자연적이고 유기농적인 식품을 선호하는 운동과 연계되어 활발히 발전하게 된다. 1970년대에 들어와서는 식품회사들도 소비자들의 건강에 대한 선호를 감안하여 곡물 시리얼이나 체중을 줄이는 식품 등을 많이 생산하였다.

(5) 미국 음식문화의 특징

육류와 감자 선호

미국인의 대부분이 육류와 감자를 즐긴다. 또 미국인은 기존의 음식의 토대 위에 새로운 재료와 조리방법을 사용하여 다양한 음식을 개발해 낸다. 예를 들어 토푸 라자니아(tofu lasagna), 투나 크롸상 샌드위치(tuna croissant sandwich) 등이 독특한 전통과 새로운 것을 혼합하여 또다른 식문화를 창출해 낸 것이다. 그래서 미국의 음식문화는 퓨전문화(fusion culture)라고 하기도 하고, 멜팅 팟문화(melting pot culture)라고도 한다. 여러 가지 다양한 음식을 서로 혼합한다는 측면에서 퓨전문화가 맞기도 하고, 혼합하여 새로운 것을 만들어 낸다는 측면에서는 멜팅 팟문화가 맞는 것 같기도 하다.

지역적인 특성

미국의 음식문화는 지역적인 특성도 지닌다. 지역적인 특성을 일반화 하기는 어려우나 뉴잉글랜드 지역에서는 오래 조리되는 구운 음식이 주로 애용되고, 동부지역은 지역 특산물인 블루베리(blue berry), 칠면조, 옥수수, 감자, 토마토, 돼지감자, 고추 등을 이용한 음식이 주류를 이루고 있다. 또 미국 동북부의 버터 소비는 다른 도시나 지방보다 약 50~71%가량 높으며, 버몬트주는 메이플 시럽과 호박으로 유명하다. 중서부 지역은 곡창지대로 곡류와 스위스 치즈가 애용되며, 그 외에도 인디애나의 옥수수, 일리노이의 콩, 미시간주의 과일, 미네소타의 버터 등이 지역적인 특색을 나타낸다. 서부지역은 스페인 이주자들이 많으며 올리브, 포도, 시트러스 과일 등이 애용된다. 중서부 지역은 독일인이 많고 유제품이나 도넛, 크림치즈 등이 유명하며 전통 독일음식이 많다.

서부지역은 로키산맥 등 큰 산맥이 있고, 많은 고원과 분지가 있어 농사짓기에 적합하지 않다. 따라서 초지와 목장이 발달하여 소와 말 등 가축의 생산이 많다. 다만, 관개가 잘된 콜로라도, 덴버, 애리조나 같은 지역에서는 과일, 채소, 면화의 생산이 많다. 캘리포니아는 토마토, 샐러드용 채소, 사탕수수, 딸기의 생산이 많으며, 특히 포도 생산량은 세계 제일이며 포도주의 생산도 많다.

남부지역은 아열대 지방으로 농업이 잘 발달하였으며 다양한 채소와 과일 및 가축 생산이 이루어진다. 남부는 미국에서 음식문화가 가장 급속히 발전하는 지역이기도 하다. 남부의 부농들은 많은 노예를 거느리면서 노동력이 많이 소요되는 복잡한 형태의 요리를 즐기기도 하였다. 또 남부지역은 멕시코와 흑인요리가 섞인 아열대 요리가 발전하기도 하는 지역이다. 다만, 루이지애나 지역은 프랑스 요리가 주를 이룬다.

편의성, 실용성, 포용성 강조

미국인들이 식생활에서 추구하는 전통적인 가치는 신속, 편의, 그리고 저렴한 가격이다. 미국 음식은 먹기가 간편하고 편리하다. 간편성과 실용성은 일 중심의 생활습관에서 기인하며, 간편하게 먹을 수 있는 즉석식품, 일품요리, 통조림 등이 발달되어 있다. 또 실용성을 중시하여 식생활에 소비되는 비용, 시간, 노력을 절약하기 위해 냉동식품, 반조리 식품을 많이 먹고 외식을 즐긴다. 대표적인 미국 식품이라 할 수 있는 햄버거, 핫도그 등도 간편성과 실용성에 기초한 음식이나 지금은 전 세계적인 음식이 되었다.

미국음식의 실용성과 편의성은 미국음식의 포용성으로 발전된다. 미국을 대표하는 음식인 햄버거, 핫도그, 프라이드치킨, 스테이크, 통조림, 콜라 등은 다른 나라로부터 전파되어 오거나 퓨전화한 것이 많다. 햄버거는 독일요리인 햄버거 스테이크를 들여와 토마토 케첩을 뿌려먹는 음식으로 프라이드치킨과 함께 전 세계적인 음식이 되었다. 토마토케첩을 흔히 사용하는 것은 미국음식의 특징으로 유럽에서 토마토소스를 사용하는 것과 대조적이다.[8] 뉴욕의 피자는 본국의 이탈리아 피자보다 더 맛있다고 한다. 이탈리아의 스파게티나 파스타는 이미 미국 음식이 되어 버렸으며, 독일의 전통음식인 소시지도 미국식품이 된 지 오래이고, 멕시칸 푸드는 미국 남서부의 본토 음식이라고 한다. 중국요리는 미국인들도 즐겨 먹는 음식으로 자리잡은 지 오래다. 샌프란시스코에서 시작된 중국식 찹수이(Chop suey)는 미국인들의 입맛에 맞게 변형하여 대 공황기의 많은 미국인에게 싼값으로 제공되었다.

미국음식은 다양한 소비패턴의 영향을 받아 꾸준히 변화하고 있다. 주목해야 할 부문은 미국 음식문화의 거대한 포용성이다. 미국 음식의 다양성은 세계 여러 나라의 식품을 쉽게 흡수할 수 있는 요인도 되지만, 한편으로는 세계 어느 나라에나 미국 식품을 수출할 수 있는 장점이기도 하다. 미국의 음식문화는 뚜렷한 특징이 없다고 하는 점은 특징이 너무나 다양하다는 점으로 설명하기도 한다.

미국음식의 편의성과 실용성, 그리고 다양성은 미국 생활의 다채로움과 합쳐져서 식문화의 포용성으로 나타난다. 이러한 포용성은 동서양 음식문화가 미국이라는 나라에서 거대한 꽃을 피울 가능성도 크다는 것을 의미한다. 우리 식문화의 또다른 발전가능성을 미국에서 찾을 수 있다. 현대 음식은 곧 미국음식이라고 할 정도로 전 세계의 음식을 소화하여 새로운 음식문화를 만들어 내는 것이 미국 음식이라고 할 수 있다.

미국의 음식문화를 간단히 말하기 어려운 점도 있다. 역사적 발전과정과 음식의 소비패턴을 중심으로 보면 기본이 되는 것은 영국과 북유럽의 음식이다. 미국도 시대에 따라 식생활이 변화하였으며 다양한 식문화를 가지고 있다. 인디언 시대부터 초기 이민의 시대, 영국, 프랑스, 스페인 등의 지배시대, 그리고 제2차 세계대전을 거치면서 여러 가지 음식문화가 발전되어왔다. 또 미국은 세계 각국의 다양한 음식을 흡수하고 변형하여 새로운 제품을 만들어 세계 식품시장을 석권해 나가고 있다. 식품 분야에서의 미국의 힘은 패스트푸드가 상징적으로 나타낸다. 패스트푸드뿐만 아니라 많은 식품기업의 해외 진출은 또 다른 미국 식문화의 지배라고 할 정도이다. 특히 유전공학의 발전은 미국 식품문화의 우월성을 더욱 높여주는 요인이기도 하다. 식품분야의 미국의 영향력은 "문화의 삼투압 작용"과 같이 제3세계의 전통식품의 영역에도 확대되어 간다. 쏟아지는 미국식품의 홍수 속에서 살고 있는 것이 엄연한 현실이다.

3) 식품 생산부문의 변화

(1) 유기농산물 생산과 수요증대

미국 식품생산부문의 변화 가운데 중요한 것은 유기농산물의 생산과 수요 증대이다. 유기농산물의 재배면적은 2001년 기준으로 234만 에이커에 이르는 바, 이는 전체 농작물 재배면적(8억 2,800만 에이커)의 0.3%에 해당한다. 유기농작물의 재배면적은 1997년에 135만 에이커에 불과하였으나, 2001년에는 234만 에이커로 불과 4년 사이에 74%나 증가하였다.[9] 유기농산물의 재배면적이 증가한 이유는 여러 가지이다. 자원과 환경의 보존욕구, 농약 노출 회피, 높은 수익 등 여러 가지가 있으나, 기본적으로는 소비자들의 건강과 식품안전에 대한 관심 증대와 환경보전에 대한 의지가 강화되기 때문이다. 유기농산물 재배는 1990년대에 미국 농업에서 가장 빠르게 성장한 분야 중의 하나이기도 하다. 유기농산물의 시장규모는 정확하지는 않으나 1997년에는 약 30억 달러, 2000년에는 약 78억 달러, 2003년에는 약 104억 달러로 추정하며, 2004년에는 120억 달러로 전망한다. 2005년 11월 만난 미국 농무부의 유기농 담당 과장은 유기농의 시장규모가 200억 달러 정도라고 하면서 향후 미국의 식품부문의 주류(mainstream)를 이룰 것이라고 강조한다. 유기농의 시장규모는 2004년 기준으로 전체 식품시장의 약 2.4%에 불과하나 증가속도는 매우 빠르다.[10] 즉 전체 식품시장의 증가속도는 약 2%내지 4% 정도이나, 유기농산물의 판매액은 15%내지 20%의 신장률을 보인다. 2003년도의 유기농식품의 판매액은 전년에 비하여 20%이상 증가할 것으로 전망한다.

유기식품 수요증대

유기농산물 뿐만 아니라 유기식품에 대한 수요도 급격히 증대된다. 소비자들의 식품안전에 대한 불안심리는 유기식품에 대한 수요확대로 나타나고 있다. 유기농업을 실시하는 농가수도 급격히 늘어나고 있다. 유기식품은 일차 농축산물은 물론, 소스, 과자, 국수, 수프, 시럽, 커피, 낙농제품 등 가공식품 전반으로 제품생산이 확산되고 있다. 최근에는 유기농산물을 사용한 제품이 주력 품목이라고 할 정도이다. 성장률 측면에서 보면 2002년의 경우 일반 샐러드 제품의 성장률은 12%인 반면, 유기농산물 샐러드 제품의 성장률은 28%이다. 유기농산물 취급 매장 수도 2년 전에는 전체의 53%에서 2004년에는 78%로 늘어났다. 유기농 제품의 배달업도 나날이 번창하는 바, 유기농 제품의 최대 유통업체의 하나인 홀푸드(Wholefood)는 이제 유기농 공급과 더불어 신선함까지 배달한다고 할 정도이다.[11] 유기농 제품을 판매하는 마켓을 찾기 어려운 소비자들의 심리를 이용하여 직접 유기농 제품을 배달해주는 배달서비스도 인기를 끌고 있다.

유기농산물의 판매는 자연식품과 구별하여 따로 유기농산물만 판매하는 경우도 있고, 일반식품 매장에서 다른 농산물과 같이 판매하기도 한다. 유기농산물의 판매처를 보면 전체 판매의 약 49% 정도가 전통적인 슈퍼마켓에서 판매된다. 나머지 약 48%는 건강식품점이나 자연식품점에서 판매되고, 기타 3% 정도가 농민시장 등에서 판매된다.[12] 유기농산물의 매장구성이나 상품의 판매방식 등은 다양하며 지역 혹은 주(state)에 따라 다르다. 주별로 분포형태를 보면 처음부터 미국 전역을 대상으로 신선 유기농산물을 공급하기보다는 우선 몇몇 중심이 되는 시장에 유기농산물을 공급하다가 나중에 전국으로 확대 공급하는 형태를 취하고 있다. 유기농산물에 대한 유통채널은 다양하나 다음과 같은 채널이 일반적이다.

유기농산물의 유통채널

Farm → shipper → wholesaler → natural foods retailer
Farm → shipper → wholesaler → conventional retailer
Farm → shipper → speciality broker → retailer
Farm → shipper → natural foods retailer
Farm → shipper → conventional retailer
Farm → consumer farmer markets, roadside stands, U-pick, community supported agriculture

자료: 미 농무부

유기농산물이 일반농산물에 비하여 얼마나 높은 프리미엄을 받는지는 정확하지 않다. 품목에 따라 다르고 조사시기에 따라서도 다르다. 이를 일반화하기는 어려우며 전반적으로 일반농산물보다 적게는 20~30%, 많게는 100~150% 정도로 높게 판매되고 있다.[13] 미 농무부의 자료에 의하면 브로콜리는 일반농산물에 비하여 30%, 당근은 25% 정도 더 높게 판매되는 것으로 나타난다. 그러나 품목이나 지역, 그리고 유통단계에 따라 다양하므로 일률적으로 몇% 높게 받는다고 단정하기는 어렵다. 유기농산물과 유기농 제품에 대한 생산과 수요는 앞으로도 더욱 늘어날 것으로 본다. 미 농무부는 2000년 3월 7일 유기식품에 대한 표준안을 확정 공포하여 유기식품의 생산 및 라벨링 기준을 전국적으로 통일 시행함으로써 유기농 제품의 확대에 더욱 박차를 가하고 있다.

(2) 안전농산물 생산 강화

최근 미국 농산물 생산부문의 특징은 안전한 농산물 생산을 위한 대책을 강화하고 있다는 점이다. 미국 소비자들의 최근 관심은 식품안전으로 이동하고 있다. 농업분야에서 식품 안전을 강조하는 이유는 생산단계의 식품 안전이 취약할 경우 미국농업 전반에 걸친 경쟁력이 떨어질 수 있다는 우려 때문이다. 미국의 경우 식품안전은 생산단계의 안전과 식품매개(food borne) 병원체의 안전관리로 크게 나누어지고, 이러한 과제는 연방정부 차원에서 중요한 정책과제로 취급되고 있다. 식품안전에는 여러 부처가[14]가 관여하고 있으나, 주로 농무부(동식물검역처, 식품안전검사국), 식품의약청(FDA), 보건복지부 질병관리센터(CDC), 환경처 등이 주요한 식품안전 관련 부서이다.

농산물 생산분야에서 식품안전을 강화하기 위한 대책은 여러 가지이다. 안전한 농산물 생산을 위한 기록관리, 위험 최소화, 작업자의 위생과 훈련, 농장 영농방법 개선, 농업용수의 품질과 관리방법, 관개수 검사실험, 저장시설의 소독, 오염농가 조사 등 다양한 정책이 추진되고 있다. 특히 농약관리를 위해서 환경과 조화를 이루면서 효과적으로 해충을 관리하는 해충통합관리제도(Integrated Pest Management, IPM),[15] 작물재배 시스템에서 위해를 감소시킬 수 있는 해충관리전략(Risk Avoidance and Mitigation Program, RAMP),[16] 각종 안전규제에 합당하면서도 농약 사용을 대체할 수 있는 기술을 개발하는 선택적 해충관리대책(Pest Management Alternatives Program, PMAP), 유기농을 지원하기 위한 대책(Organic Transitions Program, ORG), 신선농산물 안전성 향상을 위한 재배지침(GAP),[17] 생산이력제(Traceability),[18] 식품 표시제(Labeling),[19] 불량식품의 회수(Recall)[20]도 중요한 식품안전을 위한 대책이다.

4) 식품 소비패턴과 최근의 변화

(1) 편의성, 실용성 강조

미국인들은 일 중심의 생활습관에서 기인하는 간편성과 실용성 추구로 간편하고 편리한 음식을 선호한다. 대표적인 미국 식품

이라 할 수 있는 햄버거, 핫도그 등도 간편성과 실용성에 기초한 음식이나 지금은 전 세계적인 음식이 되었다. 간편하게 먹을 수 있는 즉석식품, 일품요리, 통조림 등이 발달되어 있고, 실용성을 중시하여 식생활에 소비되는 비용, 시간, 노력을 절약하기 위해 냉동식품, 반조리 식품을 많이 먹으며 외식을 즐긴다. 미국음식의 실용성과 편의성은 미국 음식의 포용성으로 발전된다. 포용성은 미국 음식의 퓨전화[21]로 나타나며, 세계 각국의 음식을 수용하여 새로운 복합적인 음식문화를 만들어 내는 곳이 미국이다.[22]

(2) 지역별, 인종별, 소득수준별 소비패턴 차이

미국의 음식 소비패턴은 지역이나 인종, 소득수준에 따라서도 차이가 나타난다. 음식비의 지출은 지역에 따라 차이를 나타낸다. 남부지역 가정은 음식비 지출을 가장 적게 하며, 북동부지역 가정의 경우는 음식비 지출이 가장 많다. 미 농무부의 조사결과 남부지역 가구의 경우 주당 평균 37.8달러를 지출하나, 북동부 지역의 경우는 43.3달러를 지출한다. 그 이유는 남부지역의 소득수준이 전반적으로 낮기 때문으로 여겨진다. 지역에 따라 음식비 지출액의 차이가 발생하는 것은 지역적으로 생산되는 생산물의 특성이나 상대가격수준, 그리고 소득수준의 차이에 기인한다고 볼 수 있다.

음식비 지출은 인종별로도 차이가 난다. 흑인의 음식비 지출이

다른 인종보다 적다. 흑인의 경우, 주당 음식비 지출액 규모는 31.1달러이나 흑인이 아닌 가구의 경우는 41.3달러를 지출한다. 흑인의 음식비 지불이 적은 이유도 소득수준이 상대적으로 낮기 때문인 것으로 여겨진다.

음식비 지출은 소득은 물론, 연령별로도 차이가 난다. 고령화에 따른 식품 소비패턴의 변화는 식품의 구매비용이나 구매품목, 외식 지출수준 등 여러 가지 측면에서 차이를 나타낸다. 고령화에 따른 식품 소비패턴의 변화를 미 농무부 조사결과에 의하면 노령인구는 한 주일의 총수입 중 약 8%내지 10%를 음식비에 지출하는 것으로 나타난다. 75세 이상의 노인인 경우는 주당 36.2달러를 지출하며, 65～74세는 41.4달러를 지출하고, 55～64세는 43.4달러를 지출한다. 즉 고령화 될수록 음식비 지출을 줄이는 결과를 나타낸다. 평균적으로 노인들의 음식비 지출 비중은 전체 평균수준인 5%에 비하면 높은 편이다.[23] 반면 25세 이하의 경우 음식비의 지출 비중은 9%, 35세에서 44세는 약 4%를 나타낸다. 구입품목의 경우에도 65～74세 노인의 경우, 음식비 지출 중에서 비알코올성 음료의 구입이 가장 많고 그 다음이 낙농품 및 빵류로 나타나며, 75세 이상의 경우에도 유사한 구매패턴을 나타낸다.

식품 선택기준의 차이

미국인의 식품 선택기준은 인종별로 다소 차이를 보이는 것으로 나타난다. 소비자 마케팅 조사전문기관인 'AC 니엘슨'사가 2005년 8월 미국 및 세계 38개 주요 국가의 소비자를 대상으로 식품 선택기준을 조사한 결과는 다음과 같다. 미국인들이 우선적으로 고려하는 사항은 지방포함량이다. 전세계 평균은 49%이나 미국인은 더 높은 56%를 나타낸다. 미국 소비자들은 비만에 대한 관심과 두려움 때문으로 여겨진다. 반면에 남미지역의 소비자는 칼로리(59%, 전세계 평균 43%)를, 아시아인은 방부제 함유 여부(47%, 전세계 평균 40%)를 가장 우선적으로 고려하는 것으로 나타났다. 또 식품 선택 시에는 지방을 포함, 칼로리(50%), 설탕(48%), 소금(42%) 등을 우선적으로 고려한다. 남미 소비자들은 칼로리와 함께 지방(55%), 설탕(52%), 섬유질(51%) 등을 꼽았다. 아시안들은 방부제외에 지방(45%), 색깔(43%), 칼로리와 식품첨가제(42%) 등을 주요 선택사항으로 택했다. 식품 선택시 지방이 인종별로 고르게 상위를 차지한 것은 비만이 주요 원인으로 여기고 있기 때문인 것으로 분석됐다. 아시안의 경우 식품제조에 대한 신뢰 때문에 방부제 첨가 여부를 가장 많이 고려하는 것으로 분석된다. 미국의 경우는 식품 자체가 가지고 있는 성분의 비율을 중요하게 여기는 반면, 아시아, 남미 지역의 경우 인공적으로 가미된 식품첨가제 및 방부제의 포함 여부를 중요시하는 것으로 해석될 수 있다.

(3) 식품비 지출 비중의 감소

지난 1960년부터 2001년 사이에 나타난 미국의 식품 소비패턴 중 특이할 사항은 개인의 가처분소득 중에서 식품비가 차지하는 비중이 지속적으로 줄어든다는 점이다. 오늘날 미국의 소비자들은 평균적으로 개인소득의 약 10% 정도를 음식비에 지출한다. 이 비중은 과거 1960년대에는 18% 수준이나 지속적으로 감소하여, 1996년에는 11%이하로 하락되고 있다. 1990년대에는 식품소비지출 비중이 거의 11% 수준에서 안정되고 있다. 한편, 이러한 식품비의 지출 감소는 개인의 실질 부가가치가 증대하였다는 측면으로도 볼 수 있다. 실제 지난 1960년부터 2000년 사이에 약 8.5%의 실질 부가가치의 증가를 나타낸다. 개인가처분소득의 증가가 음식비 지출 증가를 능가하기 때문에 상대적으로 가처분소득에서 음식비 지출이 차지하는 비중은 줄어들게 된다.

가처분소득 중 음식비지출의 변화(1960~2001)

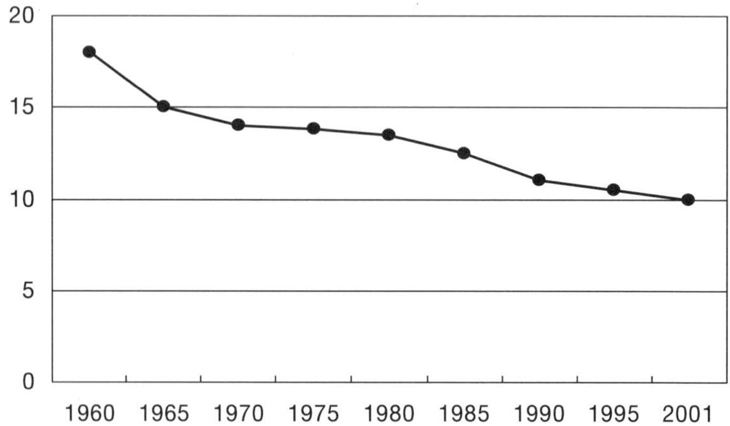

자료 : The U.S. Food Marketing System, 2002, ERS, USDA, 2003, p. 1.

(4) 가정 외식 비중의 변화

최근 미국의 식품소비 지출의 특징으로 가정내 소비지출(내식) 비중이 증가한다는 점이다. 식품의 소비지출내역을 가정외식과 내식으로 구분해보면 1961년의 경우는 내식이 13.5%, 외식이 3.5%의 비중을 차지하였다. 가정 내식의 비중은 점차 줄어들어 1996년에는 6.6%로 하락하였다. 그러나 최근 가정 내식과 외식의 비중이 변하고 있다. 아래 표에서 보는 바와 같이 1997년과 98년을 기준으로 보면 가정외식이 38.8%, 가정내식이 61.2%의 비율을 나타낸다. 과거 1988년과 89년에 비해 가정내식의 비중이 증가한 것을 알 수 있다. 가정 내식이 증가한 이유는 여러 가지이다. 건강에 대한 관심 증가, TV의 영향, 반 조리제품의 보편화 등 다양한 원인으로 여겨진다.

미국의 가정 내식과 가정 외식의 비율

(단위 : %)

구 분	1988~89	1997~98
가정외식	41.1	38.8
가정내식	58.9	61.2

자료: Food Expenditures by U.S. Households, USDA. 2003, p. 5.

가정 내식의 비중 증대뿐만 아니라 구입품목에 있어서도 과거와는 많은 차이를 나타낸다. 식품구매에서 시리얼과 빵류는 과거에는 전체의 약 9.1%의 비중을 차지하였으나, 최근에는 9.6%로 다소 증가하였다. 반면, 육류나 가금류, 어류, 달걀 등은 과거에 비해 다소 감소하였다. 과거에 비해 큰 차이를 나타내는 점은 최근에 들어서 기타 조리제품에 대한 구매가 증가하고 있다는 점이다. 편의성과 실용성을 중시하는 미국인들의 소비패턴이 이미 조리된 제품에 대한 소비를 늘리는 것으로 보여진다.

(5) 육류 소비의 감소

지난 1970년부터 1997년 동안의 미국 주요 식품 소비량 변화에서 나타나는 특징은 적색육,[24] 커피, 음료, 달걀 등의 소비가 감소한다는 점이다. 품목별로는 적색육이 16%감소하였으며 커피가 32%감소하였고, 우유와 달걀이 23%감소하였다. 우유의 소비량이 감소한 이유는 각종 소프트 음료나 과일 음료의 소비 증가가 우유 소비를 대체하였기 때문으로 분석된다. 적색육의 소비량은 지난 1970년에는 1인당 144.9파운드이었으나, 점차 줄어들어 1990년에는 119.5파운드, 2000년에는 113.7파운드, 2003년에는 111.9 파운드를 나타낸다. 2003년의 적색육의 소비량은 1970년에 비하여 33파운드의 소비 감소를 보이고 있다. 적색육의 종류별로 보면 쇠고기 소비량은 1970년에는 약 84파운드이었으나, 1990년에는 약 67파운드를 기록하였고, 이후 계속 감소 추세에 있으며 2000년에는 64.5파운드의 소비량을 나타낸다.

육류의 소비량 변화

(단위 : 파운드/1인당)

구 분	1970	1980	1990	2000	2003
적색육	144.9	136.1	119.5	113.7	111.9
- 쇠고기	84.4	76.4	67.6	64.5	62.0
- 송아지고기	2.5	1.5	1.1	0.5	0.5
- 양고기	2.9	1.4	1.4	0.8	0.8
- 돼지고기	55.2	56.8	49.4	47.8	48.5
가금육	48.2	58.7	62.6	67.9	71.2
- 닭고기	40.1	48.4	48.7	54.2	57.5
- 칠면조고기	8.1	10.2	13.9	13.7	13.7

자료 : Food Consumption, Prices, and Expenditures, 1970~1997. USDA, ERS, 1998. Agricultural Fact Book, USDA. Mar. 2003. USDA, Major Agricultural Indicators, 2005.

적색육 소비감소와는 대조적으로 가금육은 지속적인 소비증가를 나타낸다. 닭고기 소비는 1970년에는 40.1파운드에서 1980년에는 48.4파운드, 1990년에는 48.7파운드, 2000년에는 54.2파운드, 2003년에는 57.5파운드로 계속 증가하고 있다. 가금육 소비가 증가한 이유는 수요측면의 요인도 있고 공급측면의 요인도 있다. 소비자들의 건강에 대한 관심이 증가되어 저 콜레스테롤 육류를 선호하기 때문에 가금육의 소비가 증가하였다고 분석하는 것이 일반적이다. 또 여성노동자의 수가 증가되므로 여성들이 시간절약적인 가금육을 선호하기 때문이라고 한다. 가격측면에서는 가금육에 비해서 쇠고기가 상대적으로 가격이 높아 쇠고기 소비는 줄고 가금육 소비는 늘어난 점도 있다. 가금육의 소비증가를 한두 가지의 요인으로 설명하기는 어려우며 시간, 가격, 소비선호 등 여러 가지 요인이 복합적으로 작용한다고 여겨진다.

(6) 과채류 소비증가

육류의 소비감소와는 대조적으로 과일과 채소의 소비는 증가한다. 미 농무부 자료에 의하면 채소와 과일의 1인당 전체 소비량은 1997～99년의 경우 약 741파운드이다. 이 소비량은 20년 전인 1977～79년의 소비량에 비하면 거의 25%나 증가한 수준이다. 채소류는 20년 전에 비하여 약 24% 증가하였으며 과일류는 약 8%의 소비증가를 나타낸다.

과일의 소비량을 보면 1970년에는 1인당 237.7파운드의 소비량을 나타내었으나 1980년에는 262.4파운드, 1990년에는 273.5파운드, 2000년에는 286.4파운드, 2003년에는 다소 줄어든 274.5 파운드를 나타낸다. 2000년도의 과일 소비량은 1970년대의 소비량보다 12% 높은 수준이다.[25] 품목별로 보면 신선과일의 소비증가가 두드러지는 바, 1997～1999년 사이에 가장 많은 소비증가를 나타낸 과일은 바나나이며 그 다음으로는 사과와 오렌지의 소비가 증가하였다. 1997～1999년의 바나나의 소비는 1977～1979년의 소비량에 비해 약 20%나 증가하였다. 미국에서 가장 많이 소비되는 과일은 오렌지인 바, 오렌지의 소비는 86%가 오렌지 주스 형태로 소비된다.

과일과 채소의 소비량 변화

(단위 : 파운드)

	1970	1980	1990	2000	2003
과일	237.7	262.4	273.5	286.4	274.5
신선	101.2	104.8	116.3	128.0	126.7
가공	136.5	157.5	157.1	158.4	147.8
채소	335.4	336.4	382.8	422.5	416.6
신신	152.9	149.3	167.2	198.0	195.6
가공	182.5	187.2	215.6	224.5	221.0

자료 : Food Consumption, Prices, and Expenditures, 1970~1997. USDA. p. 40.

채소의 1인당 소비량은 1970년에는 335.4 파운드이었으나 1980년에는 336.4파운드, 1990년에는 382.8 파운드, 2000년에는 422.5 파운드, 2003년에는 416.6 파운드를 나타낸다. 2000년의 채소류 소비량은 1970년 소비량에 비하여 약 26%증가하였다. 채소류 소비증가의 대부분은 가공 감자가 차지하고 있으며 전체 채소류 소비량의 27%나 차지한다. 가공 감자는 대부분이 프렌치프라이나 칩용으로 사용된 것이다.[26] 채소류의 소비는 과거 10년 전에는 감자, 상치, 토마토가 중요한 위치를 차지하였으나, 최근에는 양파, 감자, 상추의 순으로 소비된다.

과일과 채소의 소비량이 증가한 원인은 여러 가지이다. 정부의 소비권장정책[27]에도 영향이 있으나, 편의식을 추구하는 소비자들의 소비패턴 변화를 가장 큰 요인으로 볼 수 있다. 소비자의 편의성 추구로 먹기 쉬운 과일의 소비가 증대된다.[28] 또 소비자들의 식사준비 시간절감노력, 각종 식당이나 간이음식점의 발달도 과채류 소비가 증가하는 요인이다. 그외에 소비자들의 소득이나 구매수준의 향상, 새로운 식품이나 외국의 과채류에 대한 호기심 증대, 저장기술 발달과 건강에 대한 관심 증가도 과채류 소비증대 요인이다.

(7) 건강식·동양식 소비증대

건강식과 동양식에 대한 관심이 증대되고 있는 점도 미국 식품소비에서 나타나는 특징이다. 미국 국민의 과반수가 비만으로 분류되고 있고, 고혈압, 당뇨 등 질병이 식생활과 직접적인 관련이 있으며, 모든 사망의 14% 정도가 영양부족, 또는 2차적인 생활행태에 기인한다고 하고 있다.[29] 따라서 건강식에 대한 관심이 지속적으로 증가하고 있으며, 건강식에 대한 관심 증대는 다양한 형태로 나타난다. 유기농산물에 대한 수요증대로 나타나기도 하고, 다이어트 식품에 대한 수요증가나 각종 첨가물 식품에 대한 수요변화로 나타나기도 한다. 건강식에 대한 수요증대는 시대적 상황을 반영하기도 한다. 건강식에 대한 수요증대는 1980년대 이후 식품소비에 있어서 건강은 물론 맛과 향, 그리고 멋이 들어가고, 품질과 격조가 높은 식사를 즐기려고 하는 풍조와도 관련이 깊다. 중산층 이상의 소비자들은 유럽 풍의 홈 메이드 음식이나 고메식품(gourmet food)[30]을 선호하게 된다.

건강식품의 증가에 대하여 미국의 식품과학회가 2000년 미국의 100대 주요 식품업체의 주 연구자(CRO)를 대상으로 조사한 결과, 현재의 연구개발의 영역으로 건강식품 개발분야가 가장 높은 비중을 차지하고 있다는 점에서도 나타난다. 건강식품이 증가하는 이유는 라이프 스타일의 변화로 인한 성인병 증가, 고령화에 따른 건강식품 수요증가, 예방의학 및 대체의학의 발달, 생명공학 기술의 발전, 삶의 질 향상 등 다양한 요인에 기인한다. 미국의 건강식품 시장은 매년 10%이상의 성장을 나타내며 2005년도에는 약 500억 달러를 넘어설 것으로 내다본다.

미국의 건강식품 성장률

(단위 : %)

구 분	1997-1999	2000-2003
Dietary supplement	12-16	11-13
Herb	16-20	12-16
Natural foods	7-12	8-10
Natural personal care	8-12	12-16

자료 : Nutrition Business Journal, 2000, 2002 보건산업백서, p. 429.

건강식을 선호하는 미국인의 소비패턴의 하나로 동양음식에 대한 선호가 증대된다. 육류 중심의 서양음식보다는 건강을 중시하는 동양음식은 건강과 다이어트 측면에서 인기를 끈다. 또 동양음식이 가지는 저렴한 가격, 편의성, 특수성, 그리고 건강 기능성도 중시된다.[31] 다양한 중국음식은 물론, 쓰시, 사시미 등의 일본식 요리, 불고기나 김치 등 한식도 인기를 끈다. 중국 음식은 주로 중류 및 서민층을 중심으로, 일본식품은 상류층을 대상으로 인기를 끌고 있다. 한국 음식은 불고기나 갈비, 김치, 라면 정도가 현재까지 미국인들에게 알려지고 있으나, 최근 우리 음식에 대한 수요가 급속히 늘어나고 있는 실정이다. 다만, 미국인들이 동양음식에 대해 가지는 수요증대를 일시적 호기심으로 보는 평가도 있다.[32]

(8) 최근의 동향과 변화

건강을 중시

미국 식품시장의 밑바닥에 깔린 개념은 '건강'이다. 건강이라는 기본 개념을 바탕으로 인기를 끄는 식품은 콩식품, 유기식품, 기능성 식품이다. 콩식품으로는 두유, 소이버거, 소이버터 등의 콩으로 만든 신종 식품 보급이 확대된다. 캘로그사를 포함한 대기업에서도 시리얼 등의 콩식품을 본격적으로 개발하기 시작하였다. 또 2000년 4월 10일 연방정부는 학교 급식 프로그램에 햄버거 대용식으로 소이버거 제공을 승인하였다.

건강식과 관련하여 흥미있는 조사결과도 발표되었다. 웰빙시대를 맞아 미국인이 비만에 대한 우려로 기름진 음식을 피할 것이라는 우려와는 달리 여전히 패스트푸드를 선호하고 있다는 점이다. 2005년 10월 NBC 방송의 보도에 의하면 켄터키프라이드 치킨(KFC)이나 도넛의 판매가 증대하고 있다는 것이다. 이는 비만이 각종 성인병의 주범이므로 패스트푸드를 멀리하라는 권고와는 달리 패스트푸드의 소비가 줄지 않고 있다는 것이다. 즉 살찐 사람이 미국인의 주류를 이루고 있는 현실[33]을 나타낸다는 것이다.

원스톱 쇼핑선호

최근 미국의 주류마켓도 타 인종을 대상으로 다양한 상품을 선보이고 있고 고객유치를 위하여 매장내의 비디오 가게, 건강식품 코너 등 "shop in shop"을 설치하여 원스톱 쇼핑이 가능하도록 하고 있다. 또 최근 미국 식품시장에서 정보화가 빠르게 진행되고 있다. 정보화의 변화는 식품 주문에서도 나타나는 바, 온라인 식품주문 시장이 지속적으로 성장하고 있다. 과거 10년 전만 해도 생소하기만 했던 온라인 식품주문이 갈수록 늘어나 2004년에는 25억 달러의 판매를 기록했다고 전문조사기관인 주피터리서치가 발표했다. 미국의 전체 식품시장 규모에 비하면 아직 0.4% 정도밖에 미치지 않는 금액이나 2010년경에는 100억 달러이상으로 커질 것으로 예상했다. 그러나 성장가능성이 크다는 점에서 각종 식품업체에서 온라인주문 고객 늘리기에 한창이다. 한인식품업체들 역시 최근 온라인 주문판매 서비스를 실시하고 있다.

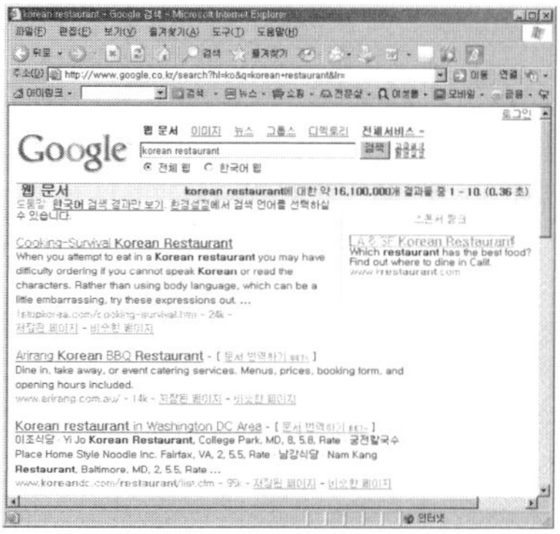

인터넷 쇼핑시대

이제는 쇼핑도 인터넷 시대이다. 미국 소비자들도 인터넷을 통하여 입맛에 알맞는 식당을 찾고 있고 인터넷 검색업체도 증가한다. 주요 검색업체인 구글(local.google.com)과 야후(local.yahoo.com)가 지역 정보검색 기능을 강화하여 한국 식당도 일목요연하게 정리해 놓고 있다. 또 인터넷에서 소문을 듣고 식단을 찾는 사람도 많다. 따라서 전화번호, 주소, 길찾기, 업소평가 등 필요한 정보를 잘 활용하여 인터넷에 올려놓아야 한다.

■ 히스패닉 소비증가

일반적으로 미국은 백인과 흑인이 주를 이루나 소수민족도 급격히 늘어난다. 소수민족 중에서 히스패닉계의 진출은 두드러진다. 히스패닉은 스페인어를 사용하는 라틴 아메리카 사람 전반을 일컫는 말이다. 히스패닉은 거의 미국 전역에 걸쳐 종사하고 있으며, 이들이 없으면 미국의 생산활동이 중지될 정도라고 한다. 2000년 인구조사에 의하면 히스패닉계는 총인구 2억 8천만 중 약 13%인 3천 5백만에 이른다. 불법체류자까지 합치면 엄청난 규모에 이를 것이다. 최근에는 히스패닉의 숫자가 더욱 늘어나 전체인구의 14%인 4000만명에 이를 것으로 추산한다. 이들의 구매력도 대단하다. 히스패닉의 구매력은 현재 약 7,000억 달러에 이를 것으로 추정되나, 2010년에는 약 1조 달러로 늘어나 전체 미국의 구매력의 10%를 차지할 것으로 내다본다.

(9) 2005년 식생활지침

바람직한 식생활을 추진하기 위한 미국의 노력은 권장식생활지침[34]의 제정에서 잘 나타난다. 2005년도의 지침에서 강조하는 사항은 지나친 칼로리 섭취를 제한하고, 신체활동을 권장함으로써 개개인의 건강을 강화하는데 초점을 두고 있다. 이 지침은 미국인의 주요 사망 및 질병 주요 원인은 건전하지 못한 식생활과 신체활동 부족에 따른 에너지 과잉 섭취로 인한 비만과 연관되어 있다고 보고 이를 방지하기 위하여 식생활에서의 지침을 제시한 것이다. 2005년 권장식생활지침은 2005년 1월 12일 발표되었으며, 9개 항목으로 구분하고 있고, 균형있는 영양섭취, 정상체중 유지, 운동 등 신체활동 강화 등을 주요 내용으로 하고 있다.

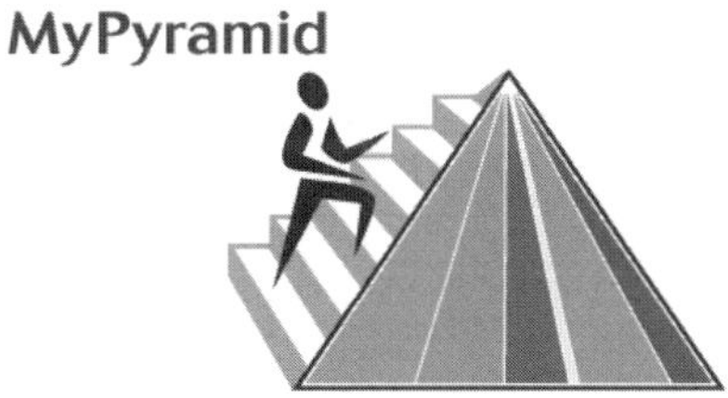

2005년 4월 20일 미 농무부는 2005년 1월에 발표한 미국인의 권장 영양지침에 근거하여 새로운 영양 및 생활지침인 MyPyramid라는 지침을 발표하였다. 이 지침은 건강하고 균형잡힌 생활을 영위하기 위하여 개인별로 구체적으로 어떠한 식품을 섭취하며 어떠한 운동이 필요한가를 제시해 주는 프로그램이다. 이 프로그램은 약 8,000가지의 음식과 600개 형태의 운동활동을 제시해 주면서 그 가운데 개인별 특색에 알맞은 권장지침을 선택하도록 하고 있다.[35)]

5) 식품기업의 형태와 경영전략

(1) 미국 식품기업의 위상

일반적으로 식품기업은 소수의 선진국에 집중되어 있으며, 식품무역도 몇몇의 선진국에 집중되어 있다. 미국 식품기업의 위상은 세계 상위 15개 식품회사 중에서 7개가 미국 식품회사라는 점에서도 알 수 있다. 2002년 기준으로 상위 50개 식품회사의 소매 판매액을 지역별로 보면 북미가 41.9%, 서유럽이 24.7%, 라틴아메리카가 32.8%, 아시아태평양 지역이 17.8%를 차지하고 있다.[36)] 북미와 서유럽 지역의 식품기업이 전 세계의 식품시장을 석권하는 실정이다.

슈퍼마켓 분야에서 상위 15개 식품회사가 차지하는 내역을 보면 1위는 Kroger group(미국), 2위는 Royal Ahold NV(네덜란드), 3위가 Safeway Inc(미국), 4위가 Albertson's Inc(미국), 5위가 Tesco PIc(영국)가 차지한다. 상위 5개 회사 중 미국 기업이 3개나 차지하고 있다. 하이퍼 마켓이나 편의점의 경우에도 상위 회사는 미국회사가 차지하고 있다.

세계식품 시장에서의 상위 회사 내역, 2001

순위	Supermarkets	Hypermarkets	Convenience stores
1	Kroger Group(미국)	Wal-Mart Stores Inc(미국)	7-Eleven Inc(미국)
2	Royal Ahold NV(네덜란드)	Carrefour SA(프랑스)	Flying J Inc(미국)
3	Safeway Inc(미국)	Costco Wholesale Corp(미국)	Carrefour SA(프랑스)
4	Albertson's Inc(미국)	Daiei Inc, The(일본)	Lawson Inc(일본)
5	Tesco Plc(영국)	Centres E Leclerc(프랑스)	Quik Trip Corp(미국)
6	Carrefour SA(프랑스)	Auchan Group(프랑스)	Pantry Inc, the(미국)
7	Delhaize ' Le Lion's SA(벨기에)	AEON Co Ltd(일본)	Yamazaki Baking Co Ltd(일본)
8	J Sainsbury Plc(영국)	Metro AG(독일)	Family Mart Co Ltd(일본)
9	ITM Entreprises SA(프랑스)	Ito-Yokado Co ltd(일본)	Casey's General Stores Inc(미국)
10	Publix Super Markets Inc(미국)	Meijer Inc(일본)	Casino Guichard Perrachon(프랑스)

자료: Euromonitor, 2004.

(2) 식품기업의 인수·합병(M&A)과 통합

미국 식품기업은 인수와 합병, 통합, 해외 진출 등 다양한 경영전략을 구사하고 있다. 경영전략의 변화는 인수·합병과 통합, 구조조정 등 여러 부문에 걸쳐 이루어지며 이러한 전략 변화를 통해서 식품마케팅을 촉진하고 경쟁에서 우위를 확보하고자 한다. 경영전략의 변화뿐만 아니다. 식품업계는 소비자 선호조사, 신제품 개발, 자체 구조조정 등 전방위에 걸친 노력을 기울이고 있다. 식품기업의 경영전략 변화는 식품제조업, 식품도매업, 식품소매업 등 여러 부문에서 이루어진다.

식품제조업

미국 식품제조업은 고용이나 부가가치 측면에서 미국 경제에서 매우 중요한 위상을 차지한다. 식품제조업의 고용인구는 2000년 기준으로 167만명[37]이며 부가가치는 1997년 기준으로 1,931억 달러이다. 식품제조업 분야에서도 식품업체간에는 인수 · 합병이 다양하게 일어난다. 식품제조업 부문의 인수 · 합병은 1999년의 경우 269개 회사에 이르며 이 숫자는 일정하지는 않으나 2000년에 198개이다. 이러한 인수합병은 식품기업간에 이루어지는 경우도 있으나, 다른 기업에 의해 합병되는 경우가 있다. 2000년도의 경우 인수 · 합병된 전체 198개의 기업 중 171개 회사는 식품업계에 의한 인수 · 합병이며, 27개사는 식품 회사가 아닌 다른 기업에 인수 · 합병되었다. 식품제조업에서 인수 · 합병이 일어나는 이유는 규모의 경제, 범위의 경제, 전문화된 생산방법, 자본집약적인 기술, 고생산성, 수직적 통합의 효율 등을 위해서이다. 식품가공업과 음료분야는 다소 비효율적이라는 점도 인수 · 합병의 이유가 된다. 때로는 식품소매업의 통합에 대응하기 위해서도 인수 · 합병을 실시하기도 한다. 슈퍼마켓 체인들이 규모의 경제와 운영의 효율을 높이기 위하여 다양한 통합을 하고 있으므로 이러한 식품 소매업계의 통합에 대응하기 위해 식품가공업도 다양한 형태의 인수 · 합병을 실시하고 있다. 인수 · 합병을 통하여 기업의 이익을 증대시키고, 시장점유율을 높일 수 있다.

식품도매업

미국 식품도매업 분야는 1980년대 이후 Supervalu사, Fleming 사 등 대규모 회사들이 등장하였다. 이들 식품도매회사들도 수직적 통합 또는 수평적 통합을 통해 다양한 변화를 추구한다. 식품도매업의 특징은 주로 새로운 회사의 구입을 통하여 판매면에서 우위를 확보하는 점이다.[38] 타 식품 도매회사를 구입함으로 이익을 증대시키며 사업의 효율성도 높일 수 있다. 이러한 구입을 통한 통합으로 인하여 상위 회사의 순위도 바뀌게 된다.

미국의 상위 15개 식품 도매회사의 판매액

(단위 : 10억 달러)

회 사	1997	1998	1999	2000
Supervalu Stores, Inc.	17.2	17.4	20.3	23.2
Fleming Companies, Inc.	15.4	15.1	14.7	14.5
C & S Wholesale Grocers	5.05	6.1	6.1	7.1
Wakefem Food Corporation	4.6	5	5.5	5.8
Giant Eagle	2.2	4	4.2	4.2
Nash Finch Company	4.5	4.3	4.1	3.96
Spartan Stores, Inc.	2.49	2.7	3.2	3.5
Roundy's, Inc.	2.6	2.6	2.7	3
Associated Wholesale Grocers	3.1	3.2	3.4	3.2
Unified Western Grocers	3.2	3	3.1	3.1
Di Giorgio Corp.	1.1	1.2	1.4	1.4
Purity Wholesale Grocers	ne	1.2	1.5	1.3
Grocers Supply Co., Inc.	1.2	1.4	1.4	1.4
Associated Food Stores	ne	0.86	1.1	1.3
Associated Wholesales, Inc.	1.1	1.09	1.2	1.1
Total	63.74	69.15	73.9	78.06

자료 : Supermarket News, various issues. USDA, Food Marketing System p. 16.

식품소매업

소매단계의 식품업체들도 다양한 변화를 나타낸다. 그로서리 스토어(grocery stores), 슈퍼마켓(supermarkets), 편의점(convenience stores)등 소매 식품업체도 통합을 하고 있다. 식품소매점은 통합을 통해 몇 개의 업체에 집중화되는 추세를 보이고 있다. 즉, 집중화를 통해 경쟁력을 높이는 효과를 가져오기 때문이다. 식품소매업도 통합의 결과로 상위업체에 의한 시장집중률이 해마다 높아지고 있다. 식품소매 업체가 숫자는 줄어들고 있으나 규모면에서는 점차 대규모화되어가 상위 업체에 의한 집중률이 높아간다. 1997년과 2000년 사이에 상위 4개 업체[39]에 의한 시장 점유율이 18.2%에서 27.4%로 증가하였다.

식품소매업체의 통합목적은 전 단계인 도매업계의 인수·합병에 대응하기 위한 것도 있고, 자체적으로 소매단계 내에서 경쟁력을 높이기 위한 목적도 있다. 전통적인 식품소매업은 다양한 다른 업태로부터 도전에 직면해 있는 바, 특히 여러 형태의 소매점의 등장[40]으로 경쟁이 더욱 치열해지고 있다.

식품소매업계의 변화 가운데는 슈퍼마켓의 변화가 두드러진다. 과거 슈퍼마켓은 식품점 판매의 대부분을 차지할 정도로 중요한 위치를 차지하였으나 점차 쇠퇴하고 있다. 그 결과 슈퍼마켓의 숫자는 해마다 줄어들고 있다. 슈퍼마켓의 숫자는 1958년에는 15,185개였으나 점차 증가되어 1967년에는 23,305개, 1977년에는 29,699개로 증가하였다. 그러나 1987년을 고비로 점차 줄어들고 있다. 1987년에 26,227개인 슈퍼마켓은 1990년에는 25,004개, 1995년에 24,749개로 점차 감소하는 추세이며, 2000년에는 24,640개에 머물고 있다.

이와 대조적으로 편의점 판매는 지속적으로 증가한다. 편의점의 판매액도 증가하고[41] 수도 늘어난다. 편의점의 수는 1992년에는 53,783개이었으나 1997년에는 55,125개로 다소 증가하였다. 편의점은 간편성과 편의성을 추구하는 미국인의 소비패턴에 부응하여 지속적으로 발전할 전망이나. 최근 사동차 가스나 산난한 생필품 등을 판매하는 간이 편의점이 생겨나 편의점 분야도 경쟁이 치열해지고 있다. 이러한 변화에 대응하여 식품소매업은 사전포장이나 셀프서비스 등을 통한 비용 절감으로 노동생산성을 증가시키기도 하고, 셀프 체크아웃 통로의 개설, 온라인 거래 등 기술혁신도 추진하고 있다.

식품서비스업

식품서비스업계도 업계간 또는 품목간에 다양한 형태의 통합이 일어나고 있다. 식품서비스업의 통합형태는 다양하며 지역적으로 통합이 되는 경우도 있다. Arby's, Burger King, Pizza Hut, Long John Silver, KFC, Taco bell 등 많은 회사가 다양한 형태의 변형을 가하고 있다. 이러한 식품서비스업계의 통합추세는 앞으로도 계속될 것으로 여겨진다. 식품서비스 업계간의 통합으로 인하여 상위기업 집중률이 높아지고 있는 바, 상위 4개 식품서비스업계의 비중은 1994년에는 15%에 불과하였으나 2001년에는 27%를 차지하고 있다.

식품서비스업의 최근 특징은 프랜차이즈 되는 비율이 증가한다는 점이다. 2000년 기준으로 가장 큰 5개의 식당 프랜차이즈는 Mcdonald's, Burger King, Wendy's, Taco bell, Pizza Hut 등이다.[42] 따라서 시장 집중률을 보면 상위 50개 레스토랑이 미국 전체 식품서비스 판매액의 39%를 차지하고 있다.

식품서비스업계도 소비자 수요에 부응하여 다양한 판매전략이나 경영개선 방안[43]을 추진하고 있다. 또 비용을 줄이기 위하여 기업 규모를 줄이거나 영업범위를 조정하기도 한다. 예를 들어 전통적인 소매업체인 Safeway와 Kroger사도 품목공급을 늘리기 위하여 대규모 슈퍼마켓을 건설하였다. 슈퍼마켓에서 공급되는 품목의 수는 1980년도의 경우는 평균 13,000개이었으나 2001년에는 37,000개로 증가하였다. 이는 소비자들의 다양한 요구에 부응하기 위함이다.

(3) 신제품 개발에 역점

소비자들의 구매패턴이 변함에 따라 식품기업들은 다양한 신제품의 개발에 역점을 둔다. 소비자들은 과거와 같이 1차 농산물을 구매해서 직접 요리하던 구매패턴에서 탈피하고 이미 조리된 식품을 직접 구매하는 형태로 변해간다. 또 소득수준도 높아지고 인구의 고령화도 급속히 진전되고 있어 이에 부응하는 제품에 대한 수요가 늘어난다. 일반적으로 미국 소비자들에게 편의성이 가장 중요한 식품 구매조건인 바, 최근에는 시간의 압박으로 더욱 편의성이 강조된다. 또 품질과 다양성, 가치를 중시하는 구매패턴을 보이기도 한다. 소비자들의 다양해진 소비패턴에 대응 대응하기 위해 식품업계는 별도판매 공간을 구축하는 등 여러 가지 방안을 추진한다.[44)]

미국 소비자들이 선택할 수 있는 식품의 종류는 2000년의 경우 약 4만개에 이른다. 과거 1990년대에는 약 2만 5,000개 정도이었으나 해마다 늘어나는 추세이다. 이러한 수많은 식품이 시장에 판매되고 있으므로 소비자들의 관심을 끌기가 쉽지 않다. 소비자들의 관심을 끌기 위해서는 차별화된 제품을 내 놓아야 한다. 소비자들의 건강에 대한 관심을 고려하여 칼슘 첨가물, 저 콜레스테롤 제품, 유기농 제품 등 다양한 신제품이 출하되고 있다. 칼슘 첨가물의 경우는 1995년 21개 제품에서 1999년에는 119개, 2000년에는 158개로 늘어난다. 유기농 제품의 경우는 동 기간 중 538개에서 844개로 늘어났다. 이외에도 저 콜레스테롤 제품, 섬유제품 등 각종 첨가물 함유 제품이 늘어나고 있다.

첨가물 함유 신제품의 수

(단위 : 개)

구 분	1995	1999	2000
칼슘첨가	21	119	158
보존제 비포함	167	346	269
저 콜레스테롤	163	244	189
섬유소 첨가	40	67	81
저 소금	205	97	131
유기농	538	783	844
완전 자연식	407	522	1,130
저 칼로리	1,161	302	261
저 설탕	422	74	61
저 지방	1,914	481	1,057

자료 : New Products News, ERS/USDA. 2003. p. 9.

2. 미국에 부는 한류 열풍

1) 한국 음식의 성공가능성

한국 음식의 국제화 가능성은 미국에서 찾아야 한다. 다른 나라보다 미국에서 한국 음식의 성공가능성이 높다. 식품시장도 넓고 크며 한류 열풍도 불어오고 있고 한국 음식의 우수성이 미국인에 파고들기 때문이다. 미국에서 한국 음식의 성공가능성이 높다는 점은 중요한 의미를 지닌다. 가장 냉혹하고 치열한 시장경제의 원리가 작용하는 곳이 미국이다. 이곳에서 다른 나라의 음식을 제치고 한국 음식이 성공적으로 정착한다는 점은 경제적 측면에서도 성공가능성이 높다는 이야기이다. 그 이유를 살펴보자.

한류 열풍은 생활 전반에 불어와

아시아지역에서 부는 한류 열풍이 미국 본토까지 불어오고 있다. 한국 음식의 성공가능성은 한류 열풍으로 더욱 높아지고 있다. 한류 열풍은 하와이에 몰아쳤다고 하였는데, 이제 하와이를 넘어 뉴욕, 로스앤젤레스, 시카고, 워싱턴 D.C.에 이르기까지 미국 전역을 강타하고 있다. 한류열풍은 영화나 드라마에서 많이 나타나나 음식에서도 활발하다. 갈비나 불고기, 김치가 더 이상 미국인에게 특별한 음식이 아니다. 된장찌개나 미역국을 좋아하는 미국인들이 많이 늘어나 이제 한국 음식은 건강식으로 알려지고 있다.

한류 열풍은 음식만이 아니다. 한류 열풍은 극장은 물론 안방까지 침투하고 있다. 한국영화를 보는 사람이 늘어나고 케이블 TV의 황금시간대에 한국 드라마가 방영된다. 인기드라마 대장금의 최종 드라마는 10만명이 시청하였으며, 미국의 저명한 TV 프로그램의 인기를 상회하였다고 한다. 한국 영화의 미국내 리메이크 판권수입만도 엄청나다고 한다. 한류는 이제 단순한 아시아적 현상만은 아니다. 한류 열풍이 불기 이전에도 한국 식품기업이 한국 음식의 고급화, 국제화를 추진하여 상당한 성공을 거두고 있다. 한국 음식의 열풍의 근원이 무엇인가? 한국 음식의 고유한 특수성, 한국 음식이 가진 맛과 멋, 그리고 인간적인 면을 찾는 미국인이 늘어나기 때문으로 여겨진다.

노래방도 한류열풍

한류 열풍은 최근 미국인의 생활전반에 파고든다. 특히 한국식 노래방에서 이루어지는 노래방 문화를 즐기는 미국인들이 많아진다. 먹고 마신 다음에는 노래를 즐기는 것이 사람들이 가진 공통적인 기호가 아닌가 싶다. 이런 점을 보면 한류 열풍은 일시적인 열기가 아니라 현지인의 생활 깊숙이 파고드는 문화로 정착해가는 느낌이다. 드라마만이 아니라 한국 한국영화와 음악 CD의 판매도 증대되고, 한국식 대중목욕탕이나 사우나도 타 인종들로부터 많은 사랑을 받고 있다. 목욕문화에 호기심을 지닌 외국인이 뉴욕의 한국 목욕탕 출입이 늘어난다. 한국에서 인기를 가지는 찜질방도 외국인에게 호기심을 증대시킨다. 한인 미용실도 외국인의 호응을 받고 있다. 뛰어난 기술과 친절한 서비스를 무기로 하기 때문이다. 음식 외에도 한국 제품이나 한국 특유의 문화들이 타 인종에게 인기를 끌고 있다.

한국 음식에 대한 열풍

한국 음식에 대한 미국인의 열풍도 대단하여 주요 언론의 한국 음식에 대한 보도가 증가된다. 김치는 미국인을 비롯하여 타 인종들의 입맛을 사로잡은 지 이미 오래이다. 지금까지 필자의 경험으로 미국인을 한국 식당에 초청하여 실패한 사례는 없다. 불고기와 김치는 미국인에 어느 정도 알려져 있으나 다른 음식도 차츰 인기를 높여간다. 한국 비빔밥은 특히 미국인이 좋아하는 음식이다. 비빔밥이나 돌솥 비빔밥에 입맛을 들인 미국인은 꼭 다시 한국 비빔밥을 찾는다. 한국 음식 가운데는 비빔밥이 대 유행하고 있다. 비빔밥이 왜 인기를 끄는지 정확히 알 수는 없으나 대부분은 건강에 좋을 것 같다는 인식을 가지고 있다고 한다. 2002 월드컵이후 많은 사람들이 한국음식, 특히 매운 김치에 대하여 강한 인상을 받았다고 한다. 어느 CNN 기자는 김치의 특성을 거론하면서 "김치는 여러분이 생각하는 것보다 훨씬 더 맛있다"고 강조하였다.

뉴욕 맨해튼의 성공한 한인식당의 경우 미국 손님이 전체의 절반을 넘어서고 있다. 인기 있는 한인식당들은 갈수록 타 인종들의 발길이 잦아지고 있다. 로스앤젤레스 지역은 특별히 한국 음식에 대한 인기가 높다. "코리아타운으로부터 전지역으로 퍼지는 한국 음식"이라는 기사가 실리기도 하였다. 라면과 두부도 인기를 끈다. 두부는 값싸고 고단백이며, 저칼로리 식품으로 특히 흑인들에게 각광받는다. 인스턴트 라면도 여러 인종에게 인기를 끌고 있다.

한국 음식이 미국에서 성공할 수 있을 것인가? 지금까지는 주로 한국 교민을 상대로 해 왔는데, 교민이 아닌 주류 미국인을 상대로 안정적인 소비기반을 구축할 수 있을 것인가? 일부에서는 한국 음식의 국제화는 매우 어렵다는 비관적인 전망을 내놓기도 한다. 물론 한국 음식이 독특한 맛이나 현재와 같은 상태의 메뉴, 그리고 불친절한 식당서비스로는 근본적인 한계가 있다고 한다.

그러나 한국음식의 성공가능성은 여러 곳에서 나타난다. 한국 음식은 몇가지만 고치면 얼마든지 국제화 가능성이 있고, 세계적인 음식으로 자리잡을 가능성이 있다. 미국 주류 사회의 관심을 받고 있고, 언론의 한국 식품에 대한 기사도 부쩍 증가하고 있다. 뉴욕타임스 같은 미디어들이 한국 음식을 건강식으로 소개하면서 한식에 관심을 갖는 고객들이 늘고 있다.[45] 미국에서 보면 한국 음식이 세계적인 음식으로 성공할 가능성이 크다. 미국인의 최근 음식 수요 패턴에서도 한국 음식의 진출가능성을 찾을 수 있다. 한국 음식은 건강식이나 기능식으로 알려져 소비를 얼마든지 증대시킬 수 있다. 무엇보다도 한국 음식에 담겨진 문화적인 멋이 미국인의 호기심을 자극하기 때문이다.

한국인의 증가

미국의 인구는 2003년 기준으로 약 2억 9천만명이다. 세계인구의 4.6%, 한국 인구의 6배에 이르는 많은 인구를 가지고 있다. 미국은 여러 인종으로 구성된 나라이다. 인종별로 보면 백인이 압도적이며 전체 인구의 75.1%를 차지한다. 다음이 흑인으로 12.3%, 인디언과 에스키모가 0.9%, 아시안이 3.6%, 기타가 약 5.5%를 차지한다. 히스패닉은 인종 개념은 아니나 전체 인구의 약 14%를 차지한다.

미국에 살고 있는 우리나라 교포의 숫자는 정확하지 않다. 시민권자, 영주권자, 체류자를 합한 재미 교포의 숫자는 2005년 기준으로 약 208만명에 이를 것으로 추정한다. 전체 미국 인구의 약 0.7% 정도를 차지한다. 지역별로는 로스앤젤레스에 65만, 뉴욕에 49만 정도가 거주하는 것으로 추정되나, 정확하지는 않고 최근 그 숫자가 늘어나고 있다.

맨해튼에 본부를 둔 국제교육연구소(IIE)가 발표한 자료에 의하면 2004년도 유학생 중 한국 학생은 총 5만 2,484명이다. 전체 유학생 57만 2,509명의 9.2%를 차지한다. 인도(79,736명), 중국(61,765명)에 이어 우리나라는 3위를 차지한다. 조기 유학의 실태는 정확히 파악되지는 않으나, 한국의 교육부 자료에 의하면 1999년에는 1,839명이나 2001년에는 7,944명으로 2년 사이에 4배가 넘게 증가하였고, 2003년에는 아마 1만명이 넘을 것으로 추정된다.[46]

이와 같이 늘어나는 유학생 숫자까지 합치면 한국인의 숫자는 적은 규모가 아니다. 우리 고유의 한국 음식을 찾는 고객도 상당하다는 점이다.

교포의 문제를 거론하는 이유는 우리 식품의 세계화 가능성 때문이다. 지금까지 우리 농산물이나 식품의 대미 수출은 교포를 위주로 거래를 해 왔다. 이제는 우리 농산물과 식품도 우리 교포 위주의 시장에서 탈피하여 타 인종을 대상으로 해야 한다. 우리 교포가 2백만 남짓하지만, 약 3억에 달하는 타 인종 전체의 입맛을 연구하고 이들의 입맛에 맞도록 우리 식품을 현지화하는 것이 우리 농업과 식품의 수출을 위해 매우 중요한 과제이다. 또 백인을 상대로 직접적인 시장개척이 어렵다면 히스패닉이나 흑인을 상대로 이들 입맛에 맞는 많은 신제품을 개발해야 한다. 장기적으로 이들의 입맛을 우리 식품에 맞추어 놓을 때 우리 농산물이나 식품의 안정적인 소비 기반을 구축할 수 있기 때문이다.

2) 한국식품 소비증가

고객의 다양성

한국 식품의 성공가능성은 미국인의 한국 식품에 대한 소비증가에서 볼 수 있다. 특히 1999년 중반 이후에는 한국 음식이 미국 주류 사회의 주목을 받기 시작하였다. 최근 대도시의 한국 농산물 판매점에 가보면 외국인이 상당히 많다. 과거에는 한국 식품점의 고객이 주로 한국인이거나 중국, 대만 등 일부 아시아인이 대부분이었다. 지금은 달라졌다. 한국 식품점의 주 고객이 한인에서 타민족 위주로 변하고 있다. 중국, 인도, 베트남, 히스패닉은 물론, 백인도 상당하다. 대형 판매점에 가보면 타민족 손님이 한국 식품을 사는 것을 쉽게 볼 수 있다. 사발면은 편의점인 세븐 일레븐과 대형 식품 소매업체에서도 인기리에 판매되고 있다. 현재 미국의 라면시장의 규모는 약 7억5천만 달러로 추정된다. 이러한 시장을 두고 다양한 제품이 출시되고 있다. 라면업체의 진출도 활발하다. 한국 라면은 특히 라틴계에게 인기가 있는 바, 매콤한 맛에 간편하게 끓여먹을 수 있기 때문이다. 풀무원 두부도 여러 외국계 슈퍼마켓으로 진출했다. 홍콩마켓, 중국마켓, 일본마켓에서도 과자와 라면을 비롯해 다양한 한국식품을 판매하고 있다. 한인이 운영하는 슈퍼마켓의 외국인 고객 비율은 30% 내지 40%에 이를 것으로 본다. 라면의 경우는 한인과 라티노가 약 50

대 50의 비율을 이룬다고 한다. 매장내의 각종 시식회에도 미국인들의 참여가 증대된다. 신선한 생선, 야채, 과일 등 한국인이 선호하는 식품에 대하여 한인뿐만 아니라 히스패닉 등 타민족 고객이 증가하고 있다.

구입품목의 다양성

미국인이 한국 마켓에서 구입하는 품목은 다양하다. 면류나 떡, 햇반, 김밥, 김치, 소스류 등 다양하다. 최근에는 세련되고 다양해진 디자인 제품에 대한 수요가 늘어나고 새로운 브랜드의 쌀, 유기농 만두 등 신제품에 대한 수요도 증가하고 있다. 라면과 양념소스, 불고기, 잡채, 만두, 떡, 각종 반찬류에 대한 고객도 꾸준히 증가하고 있다. 외국계 슈퍼마켓보다 저렴하게 판매한다는 장점도 작용을 한다. 특히 신선한 생선과 야채나 과일 등을 저렴하게 판매한다. 다양한 건강식도 인기가 있고, 라면과 두부 등 완제품뿐 아니라 각종 소스류도 인기가 높다. 불고기 양념 소스, 김치 양념소스, 비빔밥 양념소스 등 직접 요리를 할 수 있는 다양한 소스류도 많다. 따라서 미국 소비자를 겨냥한 소스류의 개발이 중요하다. 양념 소스 재료로 마늘 가루를 사용하기도 하고, 고소한 맛을 내기 위해 깨를 갈아 넣는 등 소비자의 입맛에 맞는 다양한 제품을 개발해야 한다. 식품점뿐만 아니라 식당에서도 다양한 음식이 소비자들의 호기심을 증대시킨다. 전주비빔밥, 햇반, 김밥 등도 인기를 끌고 있고 이들 제품의 매출이 지속적으로 증가한다.

음식 중에서 간편화된 음식이 최근 인기를 끈다. 불고기와 잡채, 만두, 떡, 각종 반찬류 등을 시식하며 조리된 한국음식을 구입하는 외국인들이 증가하고 있다. 매장내에서 개최되는 다양한 시식회도 타민족이 한국음식을 경험할 수 있는 중요한 기회이다. 이들은 상대로 다양성에 부응하는 마케팅 전략이 필요하다. 미국인의 식품

구매에서 다양성은 한국 식품의 성공가능성을 직접적으로 나타낸다.

지금까지는 한국 음식 가운데 국제화 가능성이 높은 품목으로 김치와 장류를[47] 들었다. 그러나 국제화가 가능한 품목은 너무 많고 이미 성공한 음식도 있다. 종가집 김치, 햇반, 풀무원 두부, 우래옥, 서라벌, 놀부집 등이 상품을 국제화하거나 고급화하여 성공한 사례라고 하였다. 순두부집 등 한국음식을 찾는 외국인의 발걸음이 늘어나고 있다. 라면이 주요한 품목이나 그 외에도 과자류, 국수류, 인삼제품 등도 성공가능하다. 건강식품, 기능성식품, 유기농식품, 간편식품 등 다양한 식품도 가능성이 있다. 콩식품으로는 두유, 소이버거, 소이버터 등의 콩으로 만든 신종 식품은 상당한 인기를 끌고 있다. 갈비와 불고기 양념인 '코리안 바비큐'도 인기를 끌고 있고, 돼지불고기 양념인 '스파이시 코리안 바비큐'도 슈퍼마켓과 식당 체인점을 중심으로 진출하고 있다. 이제 미국인의 생활양식과 식품소비패턴에 부합하는 신제품이 개발되기만 하면 얼마든지 시장은 확보될 수 있다. 앞으로는 포장개선, 마케팅 지원, 홍보 등에 신경을 써야 한다.

3) 한국 식품업체의 진출 증가와 경영전략 변화

한국 식품업체의 활발한 미국 진출은 우리 음식의 국제화 가능성을 더욱 높여 준다. 치밀한 시장조사와 사업성을 검토한 한국의 식품기업이 활발하게 미국시장에 진출하고 있다. 여러 곳에 마켓이나 현지법인을 설립하여 성공적인 운영을 하고 있다. CJ 아메리카,

풀무원 USA, 농심 아메리카 등 다수의 한국식품 기업은 미국의 주류 식품기업과 경쟁을 할 정도이다. 풀무원은 미국의 로스앤젤레스와 뉴욕에 두부공장을 운영하고 있고, 로스앤젤레스에는 대규모의 공장을 세우고 있다. 농심도 로스앤젤레스에 라면공장을 설립 추진 중이며, CJ는 미국에 별도 법인 CJF를 설립하여 쌀라면 등을 수출하고 있다. 남부햄도 로스앤젤레스, 뉴욕, 시카고 등에 현지 유통업체와 제휴하여 활발히 햄 수출에 나서고 있다. 한인 김치업체도 성장과 발전을 하고 있다. 종전의 아리랑, 빙그레, 전주, 한가위 등의 업체 중심에서 최근 종가집, 동원, 베지퀸도 참여하여 경쟁이 더욱 치열해진다. 농심제품은 미 서부 최대의 마켓체인 중 하나인 '세이프웨이'에 직판되어 전국적인 판매망을 확장하고 있다.

현지인 고용

한국 식품기업들이 경영전략도 바뀌었다. 사업현지화나 주류 마케팅 진출을 위해 현지인 채용을 증대한다. 기업의 현지화는 해당지역의 문화와 사업환경을 잘 알며, 완벽한 영어를 구사할 수 있는 현지 인력을 활용하는 것이 중요하다. 간부급에 현지인을 발탁하는 경우도 많다. 풀무원USA가 재정·회계담당 부사장을 현지인으로 파격적인 발탁을 하였다. 한국인이 아닌 현지인을 법인장으로 기용한 것이다. CJ베이커리는 지역 매니저로 타점 매장 매니저 출신을 영입하였다. K글로벌 세일즈 매니저는 수프제조업체 출신의 미국인이다. 농심 아메리카의 샌프란시스코와 휴스턴, 멕시코시티의 3개 지역 지점장은 한인이 아닌 사람이다. 샘표 푸드서비스는 직원 25명 중 22명이 비 한인이다. 이같이 현지인을 고용하는 것이 기업 현지화를 앞당기고 한국 식품의 현지화를 조기 정착시키는 길이다.

규모의 대형화

한국 식품점의 규모 대형화도 눈에 띈다. 고객들도 중국인, 베트남인, 히스패닉, 미국인 등 다양한 인종으로 늘어난다. 판매하는 제품의 수도 1만 가지 이상이 된다. 한인 슈퍼마켓 업소들은 초창기 매장 규모가 1만 스퀘어피트 정도였으나, 최근 개장하는 식품매장들은 대부분이 4만 내지 5만 스퀘어 피트 이상으로 규모를 확대하고 있다. 고객 수가 늘어나고 제품의 수가 많아지면서 매장면적의 확대는 불가피하다. 기존 매장규모로는 제품 확보와 진열에 한계가 있다. 매장의 규모가 증대될 뿐만 아니라 매장의 수도 꾸준히 늘어나고 있다. 한국 식품점의 경우 업소내의 진열대가 좁거나 업소 주변의 주차장시설도 협소하여 고객의 불평을 초래하는 경우가 많다. 한인 식품점도 이제는 한인이나 동양계 거주지를 벗어나 외곽지역으로 진출하고 있다. 규모의 대형화와 현지 거주인 생활공간으로의 진출은 한국 식품점이 가진 장점으로 대두되기도 한다.

고객서비스 강화

과거에는 한인들이 주된 고객이라 한국식품 위주로 매장을 구성하였다. 이제는 중국, 인도, 베트남, 히스패닉, 미국인 등 고객층이 다양해지면서 제품의 구성 또한 다양해지고 있다. 즉, 인종마다 주로 찾는 상품들이 다르므로 타인종 고객들의 수요에 알맞게 제품 구색을 다양화하고 있다. 자연히 매출의 확대도 이루어진다. 고객요구를 맞추기 위해서는 그들의 특성을 잘 알고 있는 타인종 직원을 채용해 전담 배치하는 것은 물론, 고객서비스를 적극 강화해 나가고 있다. 제품 설명도 한 가지 언어가 아닌 다양한 언어로 제공해주고 있다. 고객들의 눈높이를 맞추고자 노력하는 것이다. 판매방법도 종래의 한인위주의 마케팅전략을 넘어서 본격적인 주류사회로 진입한다. 최근 미 주류 마켓의 온라인 장보기가 본격화됨에 따라 한인업체들도 이에 대한 준비를 하고 있다.

한국 식품업체의 미국 진출을 부정적으로 평가하는 사람도 있다. 식품의 원료를 외국산으로 사용할 경우 우리 농산물과 경합할 수 있다는 점 때문이다. 그러나 우리 농산물이나 식품에 대한 장기적인 소비기반을 확보한다는 측면에서 보면 긍정적인 효과가 훨씬 더 많다고 본다. 한국 식품기업이 성공적으로 미국 시장에 정착함으로써 한국 음식의 국제화 가능성을 더욱 증대시킬 수 있다.

3. 식품수출을 증대하자

1) 수출동향과 전망

우리나라 농식품의 미국 수출규모는 2000년에는 1억 4,580만 달러이며 당시 국가전체의 대미 수출액의 0.4% 수준이었다. 대미 농식품 수출액은 점차 증가하여 2001년에는 1억 7,260만 달러, 2002년에는 2억 1,390만 달러, 2003년에는 2억 2,320만 달러, 2004년에는 2억 8,470만 달러를 달성하였다. 2005년에는 약 2억 8,030만 달러 수준에 이르는 것으로 전망한다.[48] 2004년의 대미 농산물 수출규모는 우리나라 전체 농산물 수출액의 13.7%를 차지한다. 그러나 수출금액보다는 수출하는 품목이 많고, 최근 꾸준히 증가하고 있는 데서 대미 수출이 가지는 중요성이 있다. 미국은 인구가 2억 9천만이나 되는 거대한 시장이며, 식품시장의 규모는 약 6천억 달러이나 된다. 시장이 크고 넓다는 점과 앞으로 무한한 증대 가능성이 있다는 점에서 미국시장은 우리에게 매우 중요하다.

우리 농식품의 수출액을 가공식품과 신선농산물로 나누어 보면 수출액의 대부분이 가공식품이다. 2004년도의 경우 전체 농산물 수출액인 20억 8,500만 달러 중 신선 농산물 수출이 전체 수출액의 26.3%를 차지하며 금액으로는 5억 5,000만 달러이다. 가공식품의 수출액은 15억 3,500만 달러로 전체의 73.6%를 차지한다. 2005년에도 비슷한 추세를 보인다. 2005년도 전체 농식품 수출액 22억 2,150만 달러 중 신선 농산물은 6억 820만 달러로 전체의 27.4%, 가공식품은 16억 1,330만 불로 전체의 72.6%를 차지한다. 이같은 추세는 미국 수출에 있어서도 비슷하다. 대미 농식품 수출의 주요 품목과 내역을 알아보자.

(1) 가공식품

미국에 대한 주요 수출품목은 라면, 과자류, 배, 로얄제리, 음료, 국수, 소주 등이다. 곡류나 두류, 서류 등의 수출액은 그리 크지 않다. 곡류의 수출금액은 2003년도의 경우 162만 달러이다. 반면 과실류는 1,560만 달러, 채소류는 867만 달러, 화훼류는 272만 달러의 수출실적을 나타낸다. 또 채소류나 과실류, 가공품의 수출규모는 해마다 늘어나고 있어 이들 품목을 중심으로 한 대미 수출증대 방안을 마련해야 한다.

가공식품의 대미 수출액은 2004년에 1억 3천만 달러 정도이다. 가공식품의 미국 수출은 라면이나 국수, 장류 등 여러 가지이나, 라면이 주를 이루고 있다. 라면류는 대미 농산물 수출에서 1위를 차지하는 주요한 품목이다. 라면 수출액은 2002년에는 3,481만 달러, 2003년에는 3,707만 달러이다. 2004년도의 수출액은 4,144만 달러로 전년보다 11.9% 증가한 실적이다. 스낵류의 수출전망도 밝다. 스낵류는 맛과 포장 개선, 제품의 다양화와 고급화, 중국계 시장진출 확대, 지속적인 주류마켓 진출, 새로운 마켓의 개장 등으로 상승세가 지속될 것으로 전망된다. 가공식품의 미국 수출은 미국 주류 마켓으로의 진출이 확대되고, 다양한 제품이 개발되면 지속적으로 증가할 것으로 예상된다.

음료

음료류의 대미 수출도 지속적으로 증가할 것으로 본다. 음료류의 2004년도 미국 수출실적은 365만 달러로 2003년의 265만 달러에 비하여 크게 증가하였다. 기능성 건강음료에 대한 미국인의 수요가 증대되고 있으며, 특히 알로에 음료, 현미음료, 건강음료 등이 히스패닉을 포함한 타민족 시장에서 인기를 끌고 있다. 미국내 드링크 시장의 수출가능성도 크다. 드링크류는 동아제약의 박카스가 부동의 1위를 고수하고 있으나, 일양약품의 원비도 인기가 있다. 최근 광동제약의 '비타 500'이 드링크 시장에 도전하고 있다. 소스류의 미국 현지 적응도 증대된다. 건강식품에 대한 관심 증가로 차나 매실제품에 대한 관심도 높아진다. 장류의 수출 전망도 밝다. 2004년의 고추장의 대미 수출액은 376만 달러, 간장의 수출액은 204만 달러, 된장의 수출액은 184만 달러 수준이다.

주류시장의 약진

주류시장도 약진하고 있다. 소주의 2004년 수출액은 564만 달러이며 2003년에의 538만 달러 규모에 비해 증가하였다. 교포마켓을 중심으로 백세주가 인지도를 높여 점차 시장점유율을 높여가고 있

다. 맥주의 수출액은 180만 달러 수준이다. 미국 시장에 진출한 한국 주류는 차별화된 제품이 부족하고 현지 마케팅능력이 떨어져 다소 어려움을 겪고 있다. 그러나 한국산 소주에 대한 타민족의 소비증가와 한국계 대형 슈퍼마켓의 개장, 그리고 슈퍼마켓내의 주류판매 허가 등으로 판매가 증가될 전망이다. 향후 수입 주류의 다양화 및 꾸준한 대미 수입증가가 예상된다.

전통주류도 인기

한국산 전통주가 최근 미국 한인사회에서 각광을 받고 있다. 전통주류의 강점은 각종 한약재나 과실·곡류 등을 사용하여 소비자들의 건강에 대한 관심을 끌고 있기 때문이다. 건강에 관심을 가진 소비자들에게 웰빙으로 어필하겠다는 판매전략으로 수출이 증가된다. 2003 년에는 백세주, 2004년에는 복분자주가 히트상품으로 대두되었다. 전통 주류의 종류도 다양해졌다. 기존의 매실주, 산사춘외에도 머루주, 오가피주, 나주배술, 흑미주, 백하주, 국화주, 다래주, 인삼주 등 많은 종류가 추가되었다. 또한 전통주는 술의 도수도 부담이 되지 않을 정도이며 소주보다 약한 13% 정도이다. 전통주는 외형과 사용재료에서도 많은 개선을 가해 소비자들의 인기를 끈다. 백세주는 반투명에서 고급스러운 이미지의 투명 병으로 외형을 업그레이드 하고 사용재료도 구기자, 오미자, 인삼 등 12가지로 늘어났다. 복분자주도 보해, 선운산, 제주의 세 종류가 경쟁을 하였으나 동백 복분자주까지 가세했다. 도수도 각양각색인 바, 보해가 15%, 선운산과 제주가 16%, 동백 복분자주가 17%로 다양해지고 있다. 전통주 종류가 다양해지고 새로운 상품이 시장에 나타나는 것은 그만큼 전통주 시장이 커지고 있기 때문이다. 아직까지 백세주나 복분자주에 버금가는 폭발적인 반응을 얻은 전통주는 없지만, 전통주에 대한 소비자들의 관심은 지속적으로 증대되는 추세에 있다.

다양한 소주 브랜드

최근 미주지역에서 유통되는 소주 종류가 기존의 3~4개에서 참소주, 잎새주, 마음의 궁 등 10여 개로 증가하고 있다. 소주제품도 본격적인 브랜드로 경쟁하는 시대인 것이다. 소주제품은 순한 소주 내지 기능성 소주가 인기가 높으나 성분 함유를 강조하는 홍삼이나 숙취 예방 기능을 강조하는 순한 소주도 인기가 증대되고 있다. 소주가 타민족에게 인기가 높은 이유는 한국의 대표음식으로 알려진 불고기와 갈비를 먹을 때에는 함께 당연히 소주를 마시는 것으로 인식하게 되기 때문이다. 색다른 문화에 호기심이 많은 젊은 계층에서는 소주 칵테일도 인기를 얻고 있다.

(2) **채소류 및 김치**

웰빙추세에 채소류도 인기

웰빙을 추구하는 미국 소비자들의 소비패턴으로 채소류의 대미 수출 전망이 밝다. 신선채소의 미국 수출규모는 2004년에는 355만 달러 수준이다. 채소류중 유기농 깻잎과 새송이 버섯 등 고급 채소류의 판매가 호조를 나타낸다. 2004년도의 건조 채소류의 대미 수출액은 115만 달러이며, 전년도 비하면 18.7%의 증가를 나타낸다. 건조 채소류는 농협제품의 수입이 증가하고 있으나, 중국산과의 가격경쟁력이 점차 심화되고 있다. 채소 종자류의 수출액은 2004년 기준으로 224만 달러로 2000년의 68만 달러에 비하여 크게 증가하였으며, 같은 해 조제 저장채소의 수출액은 224만 달러에 이른다.

채소류는 품질이나 신선도 면에서 다소 어려움도 있으나 수출

가능성도 많다. 웰빙을 추구하는 미국인의 선호 추세 때문이다. 웰빙 농산물의 대표적인 품목은 버섯이다. 한국산 버섯은 미국산이나 중국산보다 신선도나 영양 면에서 경쟁력이 있어 한인 주부들은 물론 외국인도 좋아한다. 특히 새송이 버섯은 비타민이 풍부하고 항암효과와 콜레스테롤 감소효과가 높다. 반면 칼로리가 없어 다이어트에도 좋다는 평가를 받고 있다. 한국산 버섯류는 사철 공급이 가능하여 시장점유율이 점차 증가할 것으로 예상된다.

박과류 수출시장 열려

호박, 오이, 수박, 참외 등 박과류에 대한 대미 수출길이 2005년부터 열렸다. 박과류를 비롯한 채소류는 지역적인 상황이나 수급여건에 영향을 많이 받는다. 그 반면, 지역과 기상 상황을 잘 이용하면 수출가능성도 밝다. 채소류의 경우 주 생산지인 캘리포니아나 플로리다 지역의 기상여건이 악화되면 전체적인 미국 생산이 부족해진다. 자연히 한국산 채소류의 수출전망이 높아진다. 따라서 채소류 수출에서는 시장 정보에 많은 노력을 기울여야 한다. 또 상추, 버섯, 깻잎 등 틈새 품목의 수출가능성도 높다. 주류 마켓에서도 한국산 버섯과 깻잎 등의 수입량을 늘리고 있다. 채소류는 미국의 소비패턴과 시장상황을 고려한 다양한 틈새품목을 개발하는 것이 중요하다.

김치시장의 경쟁 심화

김치의 대미 수출은 매우 중요하나 수출실적은 그리 좋지 않다. 2002년도의 김치 수출실적은 190만 달러이며 2003년에도 203만 달러이다. 2004년도 김치수출액은 전년보다 다소 줄어든 119만 달러의 실적을 나타낸다. 김치는 건강식품으로도 인기를 차지하고 있고, 조류인플루엔자에 효과가 있다는 언론보도로 미국 내의 김치소비가 증대되는 추세이다. 우리가 우려하는 김치의 독특한 맛에 대해서는 소비자들의 거부감이 거의 없다[49]는 판단이다. 한국산 김치를 수출하는 업체는 정안농산, 두산김치, 영성상사, 동원 F&B 등 5~6개의 식품업체가 주를 이루고 있다. 향후 미국의 주요 마켓에서 한국산 김치시장이 확대되고 김치소비도 증가추세에 있으므로 역점적으로 수출시장을 개척해야 한다. 우리 김치가 미국의 주류 시장에 제대로 자리잡기 위해서는 고급화·다양화해야 하고, 미국인들의 입맛에 맞도록 현지화해야 한다.

한국 김치는 업체들 간의 시장경쟁도 치열하다. 뉴욕지역의 경우에는 '김치전쟁'이 붙었다고 할 정도이다. 한인 김치 전문업체는 7~8개 업체가 있으나 치열한 경쟁을 벌이고 있다. 종전의 김치 공급업체는 아리랑, 빙그레, 전주, 한가위의 4개 업체가 주를 이루나, 여기에 종가집, 동원, 베지퀸 등 3개 한국 대형 업체들이 가세하고 있다. 한정된 김치시장을 놓고 업체간에 치열한 경쟁을 벌이고 있는 실정이며, 다양한 판매전략으로 차별화하기도 한다. 뉴욕시장에 가장 먼저 진출한 종가집 김치는 2003년부터 한인마켓은 물론 미국의 대형 슈퍼마켓 체인업체인 샵라이트도 납품을 해오고 있다. 동원김치 역시 H마트와 독점계약을 맺고 뉴욕과 뉴저지, 펜실베이니아, 버지니아, 조지아 등으로 진출하고 있다. 유산균 김치로 유명한 베지퀸도 최근 금강산식당과 합작으로 현지 생산 판매체제를 구축하고 독도김치란 브랜드로 본격 시판에 들어갈 예정이다. 독도김치는 기능성을 강조하면서 한인 시장은 물론 미국인들을 대상으로 제품을 적극 알리고 있다. 김치업체들은 경쟁이 심화됨에 따라 신제품 개발과 설비개선을 통해 품질을 높이고 있다. 판매방식도 그동안 한인 마켓 위주의 판매에서 벗어나 주류시장으로 판로를 넓혀가고 있다. 아리랑김치는 샵 라이트 등 미국계 식품체인점들과도 납품협상을 진행하고 있고, 기술개발을 위해 첨단공법의 포장기술을 도입하고 있다. 빙그레김치는 수년 전부터 중국계 식품점 체인인 '홍콩마켓'에 납품을 하면서 맨해튼과 뉴저지 일대 스시 요리점들을 대상으로 홍보를 강화하는 등 일본마켓 공략에도 나서고 있다. 전주김치와 한가위김치 등도 한인 소형 식품점들과 식당들을 대상으로 한 틈새시장을 개척해 나가고 있다. 김치시장은 경쟁은 심화되나 시장확대 가능성이 크다. 김치의 미국 수출을 증대하기 위해서는 업체와 정부차원의 종합적인 대책이 필요하다.[50)]

(3) 한국산 파프리카 미국 수출길 열려

우리 농산물에 대한 미국 수출길이 최근 꾸준히 열리고 있다. 미 농무부 동식물검역국(APHIS)은 그동안 금지하고 있었던 한국산 파프리카(Pepper)[51)]의 미국 수입을 허용하는 규정안을 2006년 5월 22일자 연방관보에 게재하였다. 한국산 파프리카에 대한 미국 수입은 지난 1999년 우리 정부가 요청한 이후 수차에 걸친 협의와 촉구, 그리고 미 농무부의 병해충 위해평가(PRA: Pest Risk Analysis)를 거쳐 최종적으로 안전하다고 평가하여 수입을 허용한 것이다.

미 농무부의 발표는 한국산 파프리카의 미국 수출이 2006년부터 본격적으로 가능하다는데 큰 의미가 있다. 다만, 한국의 파프리카 재배 농가는 미국이 요구하는 조건을 충족해야 한다. 그래야 미국에 수출할 수 있다. 미국이 요구하는 조건은 병해충이 없도록 특별히 재배하고 관리하는 것이다. 2006년 6월 이후 이 조건을 충족하면 본격적으로 미국 시장에 파프리카를 수출할 수 있다. 한국의 파프리카 수출은 지금까지 주로 일본시장을 대상으로 하였으나, 이제 미국 시장에도 진출하게 됨으로써 우리 농업의 수출산업화에 크게 기여할 것으로 예상된다. 2004년도의 한국산 파프리카 수출량은 1만 7천톤, 금액으로는 4천 900만 달러 수준이다. 또, 국내적으로는 파프리카를 부가가치가 높은 농가소득 작물로 육성할 수 있으며, 세계인의 입맛에 맞는 본격적인 고급상품으로 만들어 나갈 수 있다. 나아가 WTO/DDA 협상, 쌀 값 하락 등으로 시름에 처해 있는 우리 농업부문에 "우리 농산물의 본격적인 미국시장 개척"이 가능하다는 자신감을 주기도 한다.

미국에서 파프리카는 거의 미국 전역에서 생산되고 있으나, 주된 재배지역은 캘리포니아와 플로리다 주이다. 미국 전체의 파프리카 재배면적은 2004년 기준으로 약 23,100 헥타, 생산량은 840,150톤, 생산액은 5억 7,600만 달러 수준이다. 미국의 파프리카 수입량은 2004년 기준으로 약 82,000톤이며 금액으로는 약 2억 달러에 이른다. 주요 수입국은 캐나다, 네덜란드, 멕시코, 이스라엘 등이다. 따라서 이들 국가와의 경쟁에서 우위를 확보해야 하는 바, 특히 가격이나 품질, 소비자 선호 등에서 경쟁력을 갖추어야 한다. 같은해 미국산 파프리카 수출량은 94,152톤이며(1억 2,600만 달러)이며, 대부분 캐나다로 수출되고 있다.

(4) 과실류

배 수출은 매우 중요

배는 대미 농산물 수출에서 중요한 위치를 차지한다. 배의 2004년도 미국 수출액은 1,466만 달러이며 2005년에는 2,161만 달러이다. 배는 단일 품목으로 수출액이 1,500만 달러를 능가하는 중요한 품목이다. 최근 수출실적을 보면 2002년에는 1,554만 달러를 기록하였고 물량으로는 6,551톤에 이른다. 2003년도의 배 수출액은 1,182만 달러(5,598톤)의 실적을 기록하여 전년보다 다소 줄어든 실정이다. 2004년도의 배 수출 금액은 1,544만 달러이나 물량으로는 7,158톤에 이른다. 배 수출은 매년의 기상상황이나 국내 수급여건, 미국의 가격 등 다양한 요인에 영향을 받는다.

한국산 배의 대미 수출에서 최근 '휘모리'라는 공동 브랜드가 고품질 배로 인정받고 성공적인 진출을 하였다. 배는 품질관리가 미흡하거나 병해충이 발생하여 통관과정에서 문제가 되기 쉽다.[52] 또, 업체 간 경쟁이 치열하여 불공정 가격으로 시장을 교란시키는 경우도 있다. 배의 수요자는 주로 교포 위주로 시장이 제한적이라는 한계도 있고, 미국 현지에서도 품질 높은 배가 생산되고 있어 경쟁이 점차 치열해지나, 수출증대에 지속적으로 노력해야 할 것이다.

향후 현지 마켓과 연계하여 판매망을 늘리고 각종 전시회나 판매전을 통하여 배 홍보를 강화해야 한다. 배의 홍보는 시식행사나 과채류 전문지 광고 게재, 기타 수출홍보 행사가 있다. 무엇보다도 배는 품질 고급화가 우선적으로 요구되며, 아울러 공격적인 마케팅도 중요하다. 헌츠 포인트 농산물 도매시장, Shop Rite, Pathmart, King Kullen 등 주류 마켓에서 홍보행사를 지속적으로 실시해야 한다. 또 Packer지 등 과채류 전문지에 광고를 게재하여 한국 배의 인지도를 높이는 것도 중요하다.

포도의 대미 시장이 2005년부터 열리어 경북 영천지역과 경기도 화성지역의 포도가 미국 시장으로 수출을 시작하였다. 포도는 아직까지 교민 위주의 소비라는 한정된 시장을 가지고 있으나, 점차 미국 주류 소비자들에게 인지도를 높여나가야 한다.

감귤은 병해충관리 철저를 기해야

감귤의 미국 수출은 초기 단계이다. 한국 감귤은 일부 수출이 추진되다가 2002년 한국내의 감귤 괴양병 발생으로 수출이 중단된 상태이다. 우리 감귤은 미국시장에서 충분히 가능성을 가지고 있다. 앞으로는 스페인산이나 모로코산 감귤과의 경쟁이 점차 치열해질 것으로 예상된다. 2003년의 경우 스페인산 감귤이 대량 유통되었다. 내수의 부족량을 채우기 위해 이스라엘이나 모로코로부터 감귤이 수입되기도 하였다. 최근 중국산 감귤의 품위가 눈에 띄게 좋아지고 있다. 한국산 감귤이 타국산과의 경쟁에서 이기려면 수확후 저장, 포장, 운송 등의 개선을 통해 유통기한을 최대한 연장해야 한다. 현지에서의 전문 분배업자와 독점적인 계약을 체결하여 고정 거래선을 확보하는 것도 중요하다. 또 감귤도 다른 과일과 마찬가지로 현지 홍보를 강화해야 한다. 감귤 홍보를 위해서는 전문지 등을 통한 홍보와 감귤류 수입선 관리 등 다양한 홍보전략이 필요하다. 미국은 9 · 11 테러를 당한 이후 농산물 검역을 강화하고 있다. 따라서 한국산 감귤에 대한 농약이나 해충 등에 대한 관리를 철저히 해야 한다.

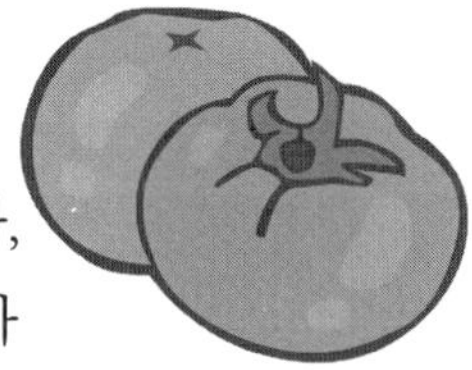

단감의 수출 호조

단감은 그간 대미 수출이 허용되지 않았으나, 꾸준한 노력으로 2004년부터 본격적인 수출이 가능해졌다. 2004년에는 울산 울주, 경남 창원 등 5개 산지에서 직송한 한국산 단감이 로스앤젤레스 지역에 출하되어 좋은 반응을 얻고 있다. 단감은 12월부터 본격적으로 출하되어 로스앤젤레스, 뉴욕의 총 40개 마켓에서 판매되어 소비자들의 인기를 끌고 있다. 우리나라 단감은 육질이 사각사각하고 시원한 청량감이 있어 소비자들의 반응이 좋다. 또 한인들의 입맛에도 맞다는 평가이다. 단감의 가격은 3개들이 봉지 단위로 파운드당 2달러 정도이며, 이스라엘 단감보다 약 10% 비싼 편이다.

(5) **인삼류**

인삼종주국 위상 흔들려

미국에 대한 인삼 수출은 주로 인삼가공품이다. 인삼가공품은 주로 홍삼조제품, 인삼음료, 백삼조제품 등이 주를 이룬다. 2004년도의 인삼제품의 대미 수출액은 백삼조제품이 136만 달러, 홍삼이 130만 달러, 백삼분이 119만 달러, 인삼음료가 86만 달러 수준이다. 인삼은 건강관련 품목으로 인지도도 높고 대미 수출이 가지는 중요성은 크나 기대만큼 전망은 밝지 않다. 또 우리 인삼제품은 중국산 인삼 및 미국산 인삼뿌리와의 가격경쟁이 치열해지고 있다. 미국도 위스콘신주를 중심으로 인삼 재배가 많으며 인삼가공품도 다양하다. 인삼은 우리나라가 종주국이라고 해 왔으나, 종주국의 위치가 흔들리게 된지는 오래 전부터이다. 특히 현지 백인들에게는 한국 인삼에 대한 홍보가 아직까지 미비한 상황이며 한국산 인삼의 승열

작용 등 잘못된 인식도 많다. 한국산 인삼의 대미수출에서는 잔류 농약의 검출가능성에 유의해야 한다. 'Korean Ginseng'으로 라벨 표기된 중국산 인삼제품에서 농약이 발견되어 FDA의 압수명령을 받은 사례도 있다. 인삼제품은 건강이나 안전에 대한 규제가 강화되어 검역이나 통관에서 애로가 많다. 또 한국산으로 위조된 제품도 많아 한국산 이미지에 손상이 우려되므로 특별한 관리가 필요하다. 2005년 5월 위스콘신주 상하원의원은 미국산 인삼의 위조 방지를 위해 인삼에 대하여 원산지표시를 실시하는 법안[53]을 제출해 놓고 있는 상태이다. 또 인삼의 주요 소비층이 한국 교민이나 중국계에 한정되어 시장을 대폭 늘려나가는데 어려움이 있다. 향후 중국산 및 미국산과의 가격경쟁에서 이기고 대미 수출증진을 위해서는 인삼제품에 대한 체계적인 교육 및 홍보활동이 필요하고, 한국 인삼의 위조판매 방지에도 역점을 기울이는 등 종합적인 대책이 필요하다.

(6) 원예작물 및 화훼류

원예작물의 대미 수출액은 금액은 크지 않으나 가능성이 많다. 난초의 경우는 2004년에 187만 달러를 수출하였으며 선인장도 48만 7천 달러에 이른다. 호접란의 경우에는 주류시장에 대한 유통망을 개척하기 어려운 점도 있다. 선인장의 경우도 수출가능성이 크다.

화훼의 대미수출 전망도 밝다. 화훼는 미국의 시장수요량에 맞춘 공급시기 조정이 필요하며, 판매망 구축과 미 주류 마켓에서의 한국 양란 판촉전 등 지속적인 홍보행사가 필요하다. 또 미국의 양란 업체들과의 교류를 통해 한국산 양란의 우수함을 선전하고 한국 양란의 품질관리 노력도 필요하다.

한국산 농산물 미국 수출현황

(단위: 천 달러)

구분	2003	2004	2005.7
면류	36,783	46,646	29,636
음료류	14,506	15,855	11,322
해조류	6,109	6,253	5,446
소주등 주류	5,388	6,228	3,740
신선채소	3,484	3,654	3,995
아이스크림	2,017	2,002	1,607
인삼뿌리	1,811	2,170	2,338
고춧가루	1,085	1,032	773
밤	839	839	121
배	12,122	12,122	4,328
맥주	1,306	1,332	746
원예작물, 절화	2,615	2,143	2,352
건조채소	975	1,155	754
조제저장채소	3,510	2,960	1,779
종자류	1,570	2,196	930
스낵류	14,638	15,358	8,993

자료: 뉴욕농업무역관, 2005

2) 히트농산물과 인기 식품

(1) 저 탄수화물 제품

미국인의 최대 관심은 비만과 과체중 방지이다. 미국에서는 해마다 약 40만명이 비만이나 운동부족으로 사망한다. 비만이 사망의 원인으로 두 번째를 차지한다. 비만을 방지하기 위해 여러 가지 방안이 추진되고 있으나, 가장 일반적으로 식생활을 개선하고자 노력한다. 그 방안으로 저 탄수화물 메뉴가 인기를 끌고 있다. 시카고에 있는 식품연구회사(NPD)에 의하면 현재 약 1천만명의 미국인이 저 탄수화물 위주의 다이어트 요법인 애트킨스 다이어트[54]를 실시하고 있다. 세계적 규모의 식당체인인 TGI 프라이데이스가 최근 애트킨스 식품회사와 파트너십을 맺고 미국 520개 체인점에 저 탄수화물의 애트킨스 메뉴를 내놓기로 결정하였다.[55] 저 탄수화물 다이어트의 유행과 함께 육류를 가미한 저 탄수화물 다이어트 육가공품[56]도 개발되고 있다.

'황제 다이어트'에서 '원숭이 다이어트'로

최근 저탄수화물 다이어트의 인기가 시들해진 가운데 황제 다이어트 창시자 로버트 애트킨스사가 설립한 회사가 파산을 신청하기도 한다. 빵과 파스타 등 탄수화물 섭취를 줄이는데 초점을 맞추는 '황제 다이어트'는 고기 등 지방을 좋아하는 사람들 가운데 선풍적인 인기를 얻었다. 그러나 영양전문가들로부터 지방 섭취가 지나치게 많고 과일 및 채소 섭취를 소홀히 한다는 비난을 받아왔다. 황제 다이어트에 대한 인기가 시들해지면서 애트킨스회사는 채무가 3억 달러로 늘어나며 파산신청을 하기에 이른다. 일부 식품분석가들은 "저 탄수화물 다이어트"는 처음부터 거품이 끼어 있었다고 하기도 한다.

최근 미국에서 '원숭이 다이어트'가 인기를 끈다. 원숭이가 주로 먹는 견과류와 곡류가 섬유질과 단백질이 풍부하여 콜레스테롤 수치를 저하시키는데 탁월한 효과가 있다는 연구결과 때문이다. 원숭이 다이어트는 아침은 시리얼과 과일, 점심식사는 야채샌드위치, 저녁 식단은 구운 두부와 가지, 양파, 피망 등의 야채와 보리밥 등이다.

(2) 유기농 제품

미국 소비자들의 식품안전에 대한 불안심리는 유기식품에 대한 수요를 확대시키고 있다. 유기농 제품은 일차 농축산물은 물론, 소스, 과자, 국수, 수프, 시럽, 커피, 낙농제품 등 가공식품도 많다. 이제는 유기 농산물을 사용한 제품이 주력 품목이 되고 있다. 2002년 일반 샐러드제품의 성장률은 12%인 반면 유기농산물 샐러드 제품의 성장률은 28%로, 유기농산물 취급 매장 수도 2년전 53%에서 현재는 78%로 늘어났다. 유기농 제품의 최대 유통업체의 하나인 홀푸드(Wholefood)는 이제 유기농 공급과 더불어 신선함까지 배달한다.[57] 유기농 제품의 배달업도 나날이 번창한다. 유기농 제품을 판매하는 마켓을 찾기 어려운 소비자들의 심리를 이용하여 직접 배달해주는 배달서비스가 인기를 끌고 있다. 미 농무부는 2000년 3월 7일 유기식품에 대한 표준안을 확정 공포하여 유기식품의 생산 및 라벨링 기준을 전국적으로 통일하여 시행함으로써 유기농 제품의 확대에 더욱 박차를 가하고 있다. 유기농의 인기 증가에 부응하여 유기농을 원료를 사용하여 만든 신제품 "Organic V8"이라는 신제품이 캠밸스프사로부터 판매되어 인기를 끌고 있다. 한편, 유기농 케첩이 함암효과가 있다는 농무부 연구결과가 발표되기도 하였다.

(3) 새로운 아이디어와 소형포장 제품

2000년대 미국 식품업계를 강타한 대표적인 신상품은 하이즈(Heinz)사의 초록색, 보라색 케첩과 치키오프시(Chicken of Sea)의 파우치백 포장참치이다. 전자는 식품업계에 신선한 색채바람을 일으켰고, 후자는 수산물 캔의 고정관념을 깨뜨렸다. 새로운 아이디어 제품은 미국 식품시장을 항상 긴장하게 한다. 또 채소류를 다듬어 알맞게 잘라 개봉 후 바로 식탁에서 소스만 뿌려서 먹을 수 있게 만든 샐러드 포장제품도 인기를 끌고 있다. 미국의 거대 식품회사인 크라프트(Kraft)사는 "사우스 비치 브랜드"라는 신상품 라인을 출범시켰다. 저 탄수화물식의 일종인 사우스비치 다이어트는 탄수화물을 줄이는 대신, 단백질과 채소류를 다량 섭취하는 메뉴이다. 여기에는 시리얼, 식사 대용식, 시리얼 바, 냉장 샌드위치, 냉동 앙트레 및 피자 등에 아침, 점심은 물론 간식까지 다양한 신제품이 선보이고 있다.

(4) 편의 식품과 샐러드 포장품

미국인은 이동 중에도 많은 음식을 먹는다. 저녁식탁에서 뿐만 아니라 학교에서, 직장에서 또는 이동 중에 먹을 수 있는 제품이 인기가 있다. 특히 1회용으로 포장된 샐러드 제품의 인기가 높아진다. 점점 더 복잡해지고 시간에 쫓기는 현대인들의 생활양식으로 인해 바로 먹을 수 있도록 포장된 제품이 인기를 끈다. 또 시간을 절약하는 제품들에 대한 수요가 증가하고 있는 추세이다. 꺼내어 바로 샐러드를 만들어 먹을수 있도록 잘게 자른 양상치도 인기이다. 그 외에도 학생들의 식습관을 개선하려는 선생과 부모, 건강한 식생활을 지향하는 소비자들의 선호를 이용한 다양한 제품이 등장한다.

편의성을 추구하는 미국인은 간편한 식품을 선호한다. 간편식의 선호 추세는 일차 농산물에도 영향을 미쳐 샐러드, 당근, 샐러리 등을 비롯해 손질된 각종 포장제품이 보편화되고 있다. 휴대가 간편한 소형포장에 영양성분이 다량 함유된 스포츠바 또는 에너지바는 식품업계에서 현대인의 삶의 양식을 반영한 가장 대표적인 식품으로 간주된다.

또 다듬고 알맞은 크기로 잘라 씻어 놓아 개봉하여 바로 식탁에서 소스만 뿌리면 먹을 수 있도록 가공된 샐러드 포장제품이 인기이다. 과거 10년 전만 해도 찾아볼 수 없었던 샐러드 비닐봉지 포장제품은 현재는 20억 달러의 시장규모를 형성하는 중요한 상품이다. 식품업계에서는 샐러드 포장제품의 성장가능성이 아직도 높은 것으로 판단한다. 그 이유는 일회용 포장제품, 부가가치를 높인 제품, 샐러드 종류의 확장, 유기농산물 시장 등에서 그 잠재력이 전망되고 있기 때문이다. 그 외에도 큰 것보다는 작은 것을 선호하는 추세도 늘어나 미니 캔, 미니 병으로 만든 식품도 인기를 끌고 있다.

샐러드 포장제품의 성장은 포장기술의 발달과 맥을 같이한다. 채소의 호흡률과 온도는 종류마다 천차만별이어서 샐러드 제품의 성분으로 함께 포장하기에 문제가 있는 채소류가 많다. 그래서 현재 시판중인 샐러드 제품은 단일 채소류나 신선도 하락에 상호 큰 영향을 미치지 않는 몇 가지 채소 위주로 구성되어 있다. 생산업체들의 판촉지원 활동도 활발하게 이루어지고 있다. Fresh Express사의 경우 자사 제품을 구입하는 소비자들에게 샐러드제품 하나를 공짜로 주는 인센티브 프로그램을 실시하고 있다.

(5) 건강식품, 기능성 식품, 성육촉진 식품

최근 건강식품과 기능성 식품에 대한 수요가 늘어난다. 과거 1990년대 초반에는 'fat free, cholesterol free, salt free'로 표기되어 식품에서 지방이나 콜레스테롤 등 문제가 되는 성분을 제거하던 것이 지배적인 추세였다. 최근에는 섬유소, 항산화제, 맛, 지방 등 특정한 기능을 발휘하는 성분을 첨가하는 기능성 식품으로 대체된다. 휴스턴에 소재하는 Minute maid 사는 콜레스테롤 수치를 내리는데 도움이 되는 오렌지 주스를 개발하였다.[58] 미국사회에 만연한 콜레스테롤 수치를 내리는데 착안하여 신제품을 개발한 것이다. 또 다이어트 음료의 인기도 높다. 전통적인 콜라의 점유율은 떨어지고 다이어트 콜라의 판매비율이 늘어난다. 시장의 베이비 붐 세대의 노령화에 따라 자몽, 오렌지 주스에 섬유소, 칼슘, 비타민 등을 강화한 주스, 지방의 풍부한 맛은 간직한 채 콜레스테롤을 제거하거나 섭취를 방해하는 성분을 첨가시킨 베네콜, 테이크 컨트롤 등의 마가린 제품, 인삼, 은행잎 성분, 항산화제 등을 첨가한 제품 등 다양한 기능성 제품이 개발되고 있다. 한편, 영국에서는 복분자가 성욕촉진 식품, 즉 "sex food"로 간주되어 인기가 급상승하고 소비가 늘어난 경우도 있다.

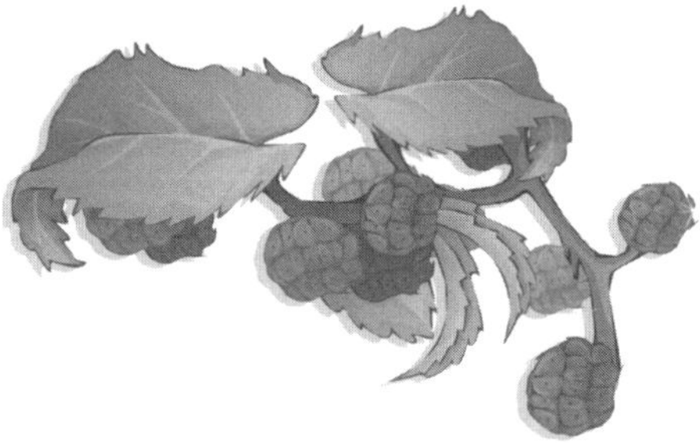

(6) 민족음식

전통적으로 각 민족음식은 미국적 식품문화 형성에 중요한 역할을 해왔으며 민족식품 자체도 최근 미국인의 주목을 받기도 한다. 민족음식이 미국인에게 인기를 끄는 이유는 여러 가지이다. 호기심도 있고 미국이 가지는 포용성과 다양성도 민족음식이 자리잡는 계기가 된다. 멕시코와 태국 음식의 영향으로 소스류를 중심으로 한 매운 맛이 하나의 흐름을 형성하고 있는 것도 그러한 사례이다. 동양음식에 대한 선호는 콩식품을 중심으로 일어난다. 우리나라의 순두부집에 외국인의 발길이 늘어나고 있다. 민족음식은 이탈리아, 중국, 멕시코, 일본, 태국식에 이어 쿠바나 카리브해 연안지역의 음식도 부상한다.

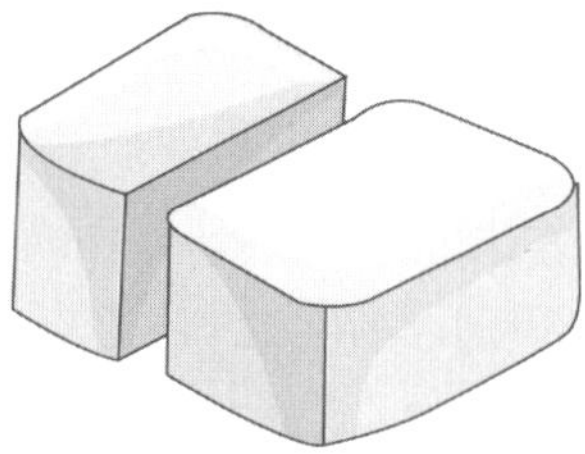

3) 미국시장 공략방안

(1) 고품질로 승부하자

미국시장에서 가장 요구되는 것은 고품질의 고급 상품이다. 먹는 것에 고품질의 고급상품이 있느냐고 하는 사람도 있으나, 식품이야말로 고품질로 승부해야 한다. 지금까지 우리가 인식하는 미국시장에 대한 수출은 배, 감귤, 채소 등 1차 농산물을 중심으로 판매전략도 저가 품목의 다량 수출전략을 추진하였다. 또 판매대상도 우리 교포를 위주로 하였다. 이제는 이러한 소극적인 수출전략에서 탈피하여 고급품목을 생산하여 미국의 주류사회를 대상으로 하는 수출전략이 필요하다.

수출업체도 이제는 저가판매보다는 독특한 맛이나 고유한 품질을 가진 고급 상품을 개발하여 고가에 판매하여야 한다. 중국산 원료를 사용한 한국 식품도 많이 수입되고 있다. 따라서 중국에서 생산된 원료보다 한국산 원료를 사용한 고급 품질을 수출하여야 우리 상품이 경쟁력을 가질 수 있다. 아울러 정부도 고품질 제품을 만들기 위한 정책을 추진해야 한다. 품목별로 기존의 수출단지에 대하여 종합적인 검토를 하여, 자금지원, 인센티브 부여 등 제도개선과 인프라 지원을 재검토하여 고품질 농산물을 만드는 정책을 추진하여야 한다.

(2) 신상품을 개발하고 틈새시장을 개척하자

미국시장을 공략함에 있어 다양한 수요자의 특성에 알맞은 신상품을 개발하는 것이 중요하다. 한국산 식품은 미국인의 입맛에 맞는 신상품이 없다고 하는 사람도 많다. 그러나 미국인은 입맛과 취향이 맞으면 얼마든지 소비해 주는 소비계층이다. 미국의 경우, 지역이나 인종에 따라 식품 소비패턴에 차이가 많이 나고 또 추수감사절이나 크리스마스 등 계절별로도 수요의 변화가 나타난다. 우리 식품도 미국인의 입맛에 맞는 다양한 신상품을 개발하여 본격적인 주류시장에 진입할 시기이다.

아울러 깻잎이나 상추 등 틈새품목을 개발해야 한다. 교포시장에서 깻잎은 10장에 1달러 정도이다. 품질과 물량만 안정적으로 확보한다면 얼마든지 시장개척 가능성이 큰 품목이다. 깻잎이나 상추는 교포시장으로, 팽이 버섯은 일본이나 중국 시장으로 진출 가능성이 크다. 특히 미국인의 특수버섯에 대한 수요는 지속적으로 상승한다. 표고, 느타리 등 특수버섯의 판매량은 양송이 버섯 판매량의 2배 이상이 된다.[59] 따라서 틈새시장을 연구하고 적극적으로 개발해야 한다.

(3) 김치는 고급화, 다양화하자

우리 김치의 중요성이나 시장 개척 가능성은 새삼 강조할 필요도 없다. 따라서 지속적인 소비기반 구축을 위하여 김치는 더욱 고급화하고 다양화해야 한다. 미국에서의 김치는 공장김치, 수입김치, 전문 판매점 김치, 식당이나 마켓김치 등 다양한 형태의 유통이 이루어진다. 캔 김치가 출시되어 미국 소비자들의 인기를 끌고 있기도 하다. 김치의 형태는 동치미, 깍두기, 열무김치, 부추김치 등 여러 가지가 있으나 배추김치가 가장 많다. 김치는 지역과 인종에 관계없이 얼마든지 시장 개척이 가능한 품목이며 실제 미국 내에서의 김치 소비가 증대된다. 일부 조사에 의하면 김치의 소비층을 보면 한인이 80~85%, 중국, 월남, 일본 등 아시아계가 10~15%, 현지 미국인은 5~6% 정도 소비하는 것으로 추정한다. 김치의 소비가 점차 타 인종으로 늘어가는 것은 김치 수출의 가능성을 나타낸다.

김치 퓨전요리의 시연회, 시식회 등도 수시로 개최해야 한다. 미국에서의 김치 소비는 식관습의 차이나 유통상의 애로도 많으므로 안정적인 소비기반 마련을 위해서는 다양한 시장조사와 홍보가 동시에 이루어져야 한다. 김치 홍보행사는 타민족을 대상으로 시식행사, 김치 만들기 행사 등 특별 홍보방안이 마련[60]되어야 한다. 현재 일부 업체가 미국인의 입맛에 맞는 다양한 제품을 개발하고 있으나, 더욱 많은 종류의 김치제품 개발이 필요하다.

미국 육류수출연합이 일본에서 김치로 돈육을 홍보한 점을 살펴보자. 일본은 세계 최대의 돈육 수입국으로 미국은 일본 돈육 수입시장의 31%를 점유한다. 미국육류수출연합에서는 자국산 돈육 홍보에 김치를 적극 활용하였다. 돈육과 김치를 함께 먹는 식습관이 인기를 모으고 있는 점에 착안, 미국산 돈육으로 만든 김치찌개가 더 맛있다는 점을 소비자들에게 중점 홍보한 것이다. 그 결과 2004년 일본의 미국산 돈육 수입량은 전년대비 16% 증가한 31만 톤에 이른다.

(4) 주류 판매에도 힘을 기울이자

우리 식품 중 미국시장으로의 진출 가능성이 높은 것 가운데 하나로 주류를 들 수 있다. 주류의 경우는 미국내의 판매가 매우 까다로우며 거의 모든 주에서 판매가 제대로 되지 않고 있다. 그러나 교포를 중심으로 한 주류 소비층은 소주 등 전통 한국 주류에 대한 수요기반을 확실히 지키고 있어 일정한 수요기반이 있다. 또 최근에는 주류의 판매 제한이 완화되는 분위기이다. '소주는 영혼의 술'이라는 미국 언론의 보도도 있었다.[61] 최근에는 백세주의 진출도 두드러진다.

소주의 인기는 한인타운내 술집에서 소주를 병째 주문하는 외국인들에게서도 찾을 수 있다. 또 레몬 소주, 오이 소주와 같은 칵테일 소주를 찾는 외국인도 있다. 소주를 베이스로 해서 칵테일을 제공하고 있는 업체들에게서 한국 소주에 대한 외국인의 관심이 증대되고 있음을 알 수 있다. 소주는 일본이나 한국에선 음식점에서 반주로 먹던 술이라는 인식이 지배적이지만, 미국 젊은이들은 소주를 칵테일화해서 즐기고 있다. 2005년 12월 7일 뉴욕에서 개최된 한국 술 시음회에서는 문배술, 한산 소곡주, 머루주, 가야산삼주, 복분자술 등 다양한 술이 소개되었다. 많은 외국인들이 제조법과 원료를 문의하는 등 호기심을 나타내었다. 최근 한인 소비자들은 점심 반주용으로 '반병소주'도 선호하고 있기도 하다. 따라서 우리 전통술의 맛과 영양, 그리고 향기와 특성을 살린 주류의 미국 수출을 증대해야 한다. 주류의 대미 수출은 국내 농가소득 증대에도 크게 기여할 것으로 여겨진다.

(5) 미국의 식품시장과 거래 관습을 알자

최근 미국인의 식품 소비패턴에 바탕을 이루는 개념은 건강이다. 건강식에 대한 수요가 늘어나 미국 식품시장은 건강식으로 이동하는 것 같다. TV나 잡지에서도 건강과 다이어트를 위한 다양한 식품을 소개하고 있다. 정책 당국자나 식품업체도 소비자들의 건강식에 대한 관심 증대에 대응한 대책을 추진해 나가고 있다. 채소를 넣은 샌드위치나 샐러드 뷔페도 늘어난다. 앞서 언급한 바와 같이 미국인의 식품 소비 패턴은 육류가 중심이나 햄버거, 샌드위치 등 간편식도 많다. 최근에는 과일과 채소의 소비량도 증대되고 있다. 미국인은 시간에 쫓기는 생활을 하는 사람이 많으므로 간편식이 늘어나고 있다. 이러한 추세에 맞추어 햄, 치즈, 쿠키 등이 함께 포장된 도시락, 먹기 편한 요구르트 등 아동용 이동식과 가정식 대용식품, 냉동식품 등이 부상한다.

기능성 식품, 유기농 식품도 인기를 끌고 있다. 상류층이 유기농 식품을 선호하며, 유기농 전문점인 Whole Food Market와 Wild Oats Super 등이 빠르게 성장한다. 또 과거에는 식품에서 문제가 되는 지방이나 콜레스테롤 등을 제거하던 추세에서 요즈음은 섬유소, 항산화제, 맛 등 특정한 기능을 발휘하는 성분을 추가하는 기능성 식품이 인기를 끌고 있다. 콩 종류의 식품이 건강을 추구하는 추세에 부합하므로 두유, 소이버그, 소이버터 등 다양한 제품이 늘어난다.

미국도 고령화 사회로 이동해 가므로 고령화에 부합하는 노인식에 대한 수요도 늘어난다. 노령화 추세에 따라 자몽이나 오렌지 주스에 섬유소, 칼슘, 비타민을 강화한 주스 등 여러 가지 기능성 식품이 인기를 끌고 있다. 따라서 장기적으로 우리 식품도 건강식, 간편식, 기능성 식품으로 전환하여 미국인의 소비패턴에 맞추어 나감으로써 안정적인 소비시장을 구축할 수 있다.

미국시장과 거래관습의 이해

미국시장에 진출하기 위해서는 우선 미국의 식품시장 구조를 잘 알아야 하고 동시에 유통상인의 역할과 기능, 거래관습 등을 이해해야 한다. 미국의 식품시장 구조는 복잡하다. 많은 유통상인이나 체인이 존재하고 이들은 각각 고유한 역할을 하고 있다. 미국의 식품시장 구조에 대해서는 앞에서 자세히 설명하였다. 영세한 한국계 수입업자들이 미국의 주류 시장에 진출하는데 가장 큰 애로점이 마케팅 능력의 부족이다. 현지 판매에서 시장을 확보하고 경쟁력을 갖추기 위해서는 마케팅이나 홍보차원에서 이들에 대한 지원방안을 강구해야 한다. 현지 마케팅을 강화하기 위해서는 현지 대형 유통업체와의 판촉행사를 개최하는 등 다양한 전략적인 협력방안도 필요하다.

미국의 농산물 거래에서는 일반 공산품과 다른 거래관행이 많다. 수출 농산물 거래는 L/C 거래를 거의 택하지 않고 신용거래에 의존하는 수가 많다. 농산물이 공산품과는 다른 특수성 때문이다. 또 농산물 거래에 있어서는 한번 거래를 한 바이어와는 다소 손해가 나더라도 지속적으로 거래하는 관습이 있다. 이를 무시하고 일회성 거래에 치중한다든지, 조금 손해가 난다고 하여 바이어를 바꾸게 되면 반드시 실패한다.

또 미국의 식품유통에서는 다양한 에이전터(agent)가 존재하므로 에이전터의 경험과 노하우를 적극 활용해야 한다. 또 브로커라고 하면 우리나라의 경우에는 불합리한 역할을 하는 중개업자로 이미지가 좋지 않다. 그러나 미국은 브로커가 유통과정에서 중요한 역할을 한다. 물론 정당한 수수료를 받고 합법적으로 활동을 한다. 이들은 대형 유통업체에 안정적으로 물품을 공급하기도 하고 품질관리를 하며 상품진열은 물론 각종 정보를 공급한다. 또 미국시장이 대부분 체인화되어 있어 브로커 없이는 식품시장에 진출하기 어렵다. 브로커를 잘 활용할 줄을 몰라 실패하는 사례도 많다. 또 미국의 농산물 취급업체는 신용평가를 철저히 하여 평가내용을 토대로 거래가 이루어진다. 최소한 3단계 이상의 신용평가를 받으면 안정적인 거래가 이루어질 수 있다. 따라서 브로커를 잘 활용하고 신용을 높여야 성공할 수 있다. 그 외에도 미국은 각 주마다 식품에 대한 가격표시제가 달리 시행되는 경우가 많다. 가격표시 위반에 대한 처벌규정도 다르므로 식품관련 법규의 내용이나 변경에도 관심을 기울여야 한다.

(6) 히스패닉을 중시하자

히스패닉을 중심으로 라면 등 면류에 대한 수요가 급격히 증가한다. 히스패닉 소비자가 한국식품 매장에서 차지하는 비중은 25% 이상으로 한국인 비중(60%)의 거의 절반 이상을 차지한다. 육개장, 사발면 등 다소 매운 면류를 즐겨하는 히스패닉이 증가한다. 한편, 히스패닉의 우리 식품에 대한 소비증가는 종류를 불문한다. 육개장이나 사발면을 즐겨 먹는 히스패닉들의 모습은 흔히 볼 수 있다. 사발면을 취급하지 않지만 업주가 히스패닉 종업원을 위해 매주 두세 박스씩 사발면을 준비해 놓고 있는 곳도 있다. 라면만이 아니다. 히스패닉 시장에서 1위를 달리고 있는 것은 박카스이다. 박카스는 에너지 드링크 시장에서 미국 최고의 상품인 '레드불'을 제치고 나섰다. 기타 알로에 음료, 한국산 곡물 음료 등 음료류도 빠르세 미국시상을 자지해 나가고 있는 품목들이다. 한국계 업체에 근무하는 히스패닉을 중심으로 한국 식문화에 익숙해지면서 이들의 구매력은 상당할 것으로 여겨진다. 업체에서는 히스패닉 종업원들이 고추장을 핫소스 대신 사용하는 것은 흔히 볼 수 있다. 순두부집 등 일부 한인식당에는 메뉴판에 스페인어를 병기하기도 할 정도로 히스패닉의 한국 식문화 수용 속도는 빠르게 진행되고 있다.

히스패닉계는 동양계 다음으로 한국식품에 대한 선호도가 높으며 대체적으로 매운 맛을 좋아하는 우리 음식과 친숙한 편이다. 한인 마켓에 가보면 많은 외국인이 우리 식품을 찾는 것을 쉽게 볼 수 있으며, 특히 히스패닉계의 소비가 많은 것을 볼 수 있다. 히스패닉계가 식품판매에서 차지하는 비중은 25%이상으로 한인 비율(60%)의 절반을 차지하며, 이들로부터 사랑받고 있는 한국산 제품은 라면 뿐만 아니라 음료, 담배, 건강 보조기구 등 제품종류도 다양하다.[62] 최근 조지아주 토마스빌(Thomasville)에 있는 Flowers Foods 사는 히스패닉 시장을 위하여 스낵 케이커 13종을 개발하여,[63] 현재 캘리포니아, 플로리다, 뉴 멕시코 지역에서 히스패닉을 대상으로 시판되어 인기를 끌고 있는 점을 참고해야 한다. 히스패닉은 화려한 원색 계열을 좋아하며 입소문을 중시한다. 이들을 대상으로 우리식품을 보급하고 장기적으로 우리식품의 소비계층으로 유도해 나가야 한다. 지금까지 우리 식품은 우리 교포의 입맛을 맞추는데 중점을 두어 왔다. 앞으로는 우리 교포는 물론 히스패닉을 비롯한 타민족을 대상으로 우리 식품을 공급해야 한다. 간단하게 한국식당의 메뉴판에 스페인어를 병기하는 것도 좋은 방법이다.

정부의 과제

미국에 대한 농수산물 수출 증대를 위해서는 수출업자의 지속적인 노력이 선행되어야 하나 정부의 노력도 중요하다. 정부의 농산물 수출 대책이 재검토되어야 한다. 수출품의 규격과 품질을 강화하고 포장이나 디자인도 개선하며, 수출박람회를 획기적으로 고쳐나가는 등 여러 분야에서 개선이 필요하다. 또 시장동향이나 수급상황에 대한 정보도 신속히 파악하며, 단기적인 수출전략에서 벗어나 장기적이고 안정적인 우리 식품의 소비기반을 구축하는 것이 필요하다.

시급히 개선해야 할 분야로 까다로운 미국의 수입규제에 대비해야하고, 미국의 관세나 통관체계에 효율적으로 대처해야 한다. 이외에도 홍보방법도 개선해야 하고, 식품산업을 육성해야 하며, 전통식품의 개발등 식품 수출증대를 위해 개선해야할 분야는 너무나 많다.

(7) 품목별 수출전망 재검토

미국의 세계 최대의 농산물시장이다. 이러한 시장에 대하여 제대로 된 검토와 유익한 정보 제공은 매우 중요하다. 미국 자체 내에서도 다양한 채소와 과일이 생산되지만, 비생산시기에는 칠레나 호주, 뉴질랜드, 유럽 등 세계 각국에서 수많은 농산물이 연중 공급되고 있다. 따라서 특정 품목에 대한 가격이나 수급여건이 수시로 바뀌므로 사전에 경쟁국가의 수출전망을 치밀하게 검토해야 한다.

배, 감귤, 채소, 인삼, 화훼 등의 1차 농산물을 미국시장에 수출하기 위해서는 여러 가지 제약이 많다. 수출한 후에도 시장 여건이 좋지 않으면 애써서 수출해 놓고 손해 보는 수도 많다. 그러므로 사전에 충분한 자료와 정보를 가지고 시장여건을 검토해야 한다. 수출전망은 개별업체가 품목별로 충분히 검토해야 하나 정부차원에서도 품목별 전망을 종합적으로 재검토하여야 한다.

(8) 수입규제 대비와 수출협상에 역점

대미 농산물 수출에 있어서 특별히 중요한 것은 미국의 식품에 대한 규제강화에 철저히 대비하는 것이다. 미국은 2001년 9월 11일

테러를 당한 이후, 각종 테러로부터 국가를 지키고 국민의 생명과 안전을 보호하기 위해 국가 여러 부문에서 조직, 제도 및 법을 개정하여 각종 규제를 강화하고 있다. 특히 식품안전을 위하여 바이오 테러 대응 법률을 제정하여 식품수출입에서 규제를 대폭 강화하였다. 앞서 언급한 대로 식품업체의 등록제도, 수입식품의 사전통보, 그리고 기록유지 및 검사 등에도 철저히 대비해야 한다. 바이오 테러에 대비한 준비는 수출업체가 주도적으로 하여야 하나, 정부에서도 관심을 가지고 지속적으로 점검해야 한다. 아울러 우리 농산물이나 식품의 수입을 제한하고 있는 미국의 각종 규제가 완화될 수 있도록 다양한 노력을 기울여야 한다. 특히 현재 추진 중인 한미간 자유무역협정(FTA)에서 미국 농산물의 수입증대에 대비하는 것은 물론 우리 농산물의 수출증대에도 역점을 두고 협상을 추진해야 할 것이다.

(9) 식품홍보의 개선

미국인의 입과 눈을 녹이자

한국 음식의 홍보방법을 개선해야 한다. 미국시장에 대한 홍보는 지속적으로 실시하되, 다른 나라 농산물과 차별화된 홍보를 실시하여야 한다. 현재 추진하는 식품박람회나 전시회를 우리 식품의 마케팅의 장소로 적극 활용하되, 현지 스포츠 행사와 연계하거나 수출홍보 사절단 파견, 현지 간담회 및 홍보대사 활용 등 다양한 홍보 아이템을 개발하여야 한다. 또 해외공관을 적극 활용하여 정·관계와 식품업계 및 주요 소비자를 대상으로 우리 농산물의 선물행사도 적극 실시해야 한다.

이제는 식품홍보도 전문적인 홍보 마케팅을 본격적으로 실시해야 할 시점이다. 홍보방법도 전통적인 방식을 떠나 문화와 연계한 식품홍보를 실시해야 한다. 예를 들어 워싱턴의 스미스소니언 박물관에서는 영화, 음식 등 한국문화를 소개하는 프로그램을 추진하는 것도 방법이다. "난타"를 공연하고 신나는 요리공연을 보도록 하는 것은 한국 문화와 식품을 동시에 홍보한 것으로 좋은 홍보 사례이다. 워싱턴 한국 대사관에서는 외교관과 정부관계자를 대상으로 2005년 12월 초 김치 시식회를 가져 외국인의 인기를 끌었다. 한국음식으로 차려져 한국문화를 총체적으로 알릴 수 있는 축제를 개최하여 홍보하는 방안도 강구되어야 한다.

스미스소니언 박물관

농산물의 생산 및 수출에 관한 정보와 우리 음식의 명칭이나 재료 등을 수록한 종합적인 홍보 리플릿이나 책자의 배포가 중요하다. 영문으로 만든 서적으로는 농수산물유통공사에서 제작한 "Food for Thought"나 신희수씨가 저술한 "Growing up in a Korean Kitchen"이 있다. 숙명여대의 한영실 교수가 저술한 "Invitation to Korean Cuisine"도 소중한 음식 책자이다. 향후 더 많은 전문가가 참여하여 우리 음식을 소개하고 홍보하는 책자를 다양하게 발간하여야 한다. 농산물과 식품에 대한 홍보는 농림부만이 아니라 해외문화원, 한국관광공사 등이 공동으로 참여하여 종합적인 홍보프로그램을 개발하고 국민 모두가 관심을 가진 국가이미지 제고 사업으로 발전시켜야 한다.

(10) 전통식품 보호와 식품산업 육성

장기적으로 우리 농산물이나 식품의 수출증대를 위해서는 전통식품을 보호해야 한다. 전통식품을 보호하기 위해서는 Codex화를 확대 추진하고 전통식품과 관련된 지적재산권을 보호[64]해야 한다. 김치는 2001년 7월 Codex에서 국제식품으로 인정받은 바 있다. 간장이나 인삼제품에 대해서도 국제식품 규격을 추진 중에 있는 바, 다른 전통식품에까지 확대하여 우리 식품이 조기에 국제식품규격을 인정받아야 한다. 아울러 전통식품의 국제화를 위해서는 다양한 명품을 개발해야하고 개발된 명품의 홍보를 강화해야 한다. 이미 개발된 "뼈 없는 삼계탕", "즉석 불고기", "김치 인삼치즈" 등의 명품을 체계적으로 연구하여 국내외에 효과적으로 홍보해야 한다. 또 국내시장이 협소하여 식품관련 기계의 개발이 잘되지 않고 있다. 정부차원에서도 독자적인 식품관련 기계를 개발할 수 있는 여건을 조성해야 한다. 식품업체와 생산 농민, 또는 식품업체간에 각종 국내외 자료와 정보를 신속히 교환하고 활용할 수 있는 체계를 구축하는 것도 중요하다.

장기적으로는 식품산업에 대한 연구개발과 투자를 확대해야 한다. 식품산업에 대한 투자는 아직까지 기업의 규모에 비하면 낮은 실정이고 연구기관의 수도 80여 개에 불과하다. 식품기업은 물론 정부에서도 식품산업에 대한 연구개발과 투자를 확대해야 한다. 아울러 식품관련 기관간에 유기적인 협조체제를 구축하여 유사 중복업무를 조정하고 과잉투자를 방지해야 한다.

미국 식품시장에 본격적으로 진출하기 위해 필요한 것은 우리 음식과 식품에 대한 자부심을 갖는 일이다. 영양면에서 우수하고 건강에도 좋으며 높은 문화적 향취를 지닌 우리 음식은 세계적인 문화자산이다. 또 우리 음식도 외국인의 입맛에 맞게 변형되거나 발전시킬 수 있다. 얼마든지 세계화하여 국제시장에 진출할 수 있는 것이 우리 음식이라는 확고한 자신감을 가지는 것이 가장 중요하다. 우리 식품은 세계화가 어렵다고 비관하거나, 농산물 수출로는 가능성이 없다고 하는 소극적이고 패배주의적인 생각을 버려야 한다.

우리 음식의 보급과 확산은 한국 식문화의 수출이다. 세계에서 가장 큰 시장인 미국에서 여러 민족의 식품이 경쟁하고 있다. 건강식품과 기능식품, 자연식품을 찾는 최근의 미국인의 식품 소비추세는 우리에게는 너무나 좋은 여건이다. 이러한 여건을 최대한 활용하여 미국 식품시장에 우리 음식이 확고히 자리잡도록 해야 한다. 세계 제일의 미국 식품시장에 우리 식품이 자리잡기 위해서 식품업계와 생산 농민, 학자나 연구기관, 그리고 정부에서 해야 할 일은 너무나 많다. 한국 음식의 국제화는 개방화에 직면해 어려움에 처해 있는 한국농업을 살리는 길이다. 한국 음식과 우리 식문화의 우수성을 세계에 알리는 것은 국가이미지를 높이는 시대적 과제이기도 하다.

---

01) 일부에서는 5,690억 달러로 추정하기도 하나, 대개 미국의 식품시장 규모를 약 6천억 달러로 보면 된다.
02) FMI(Food Marketing Institute), U.S. Grocery Shopper Trends 2005, p. 10. 동 자료에 의하면 2003년의 개인가처분소득(8조 2165억 달러)중 10.1%가 식품소비에 사용되었으며, 이중 6.1%가 가정내 소비에, 4.0%가 가정외 소비에 지출된 것으로 나타난다.
03) The Washington Post, 2005.4.25. 동지는 아시안 푸드는 2001년 2억 8,520만 달러의 시장규모에서 2004년에는 3억 1,000만 달러로 증가하였다고 보도.
04) 시장조사전문기관인 “Packaged Facts”의 미국의 아시아 식음료시장(The U.S. Market for Asian Foods and Beverages) 보고서.
05) 최혜미 · 박영숙, 21세기 식생활관리, 교문사, 200,1 p. 254.
06) 곽동경, “미국의 전통식생활문화의 형성과 적응을 통한 발전”, 한국식생활문화학회, 1998년도 추계학술심포지엄, p. 34.
07) 구난숙외 3인, 세계속의 음식문화. 2001년 교문사. p. 153.
08) 구난숙 · 권순자 · 이경애 · 이선영, 세계속의 음식문화, 교문사, 2001, pp. 152~157.
09) U.S. Organic Farming in 2000~-2001. USDA 2003. p. 15.
10) 중앙일보 미주판, 2005.11월 5일자.
11) 한국일보 미주판, 2004.3.5.
12) Recent Growth Patterns in the U.S. Organic Foods Market. USDA.2002. p. 2.
13) 유기농산물의 프리미엄은 품목에 따라 매장에 따라 다르다. 일반 매장에서는 11%에

서 121%까지에 이르는 경우도 있고 자연식품 매장에서는 50%에서 167%까지에 이르는 경우도 있다. 일반 슈퍼마켓에서는 신선 유기농산물에 대한 평균 프리미엄은 36.8%이고 그 범위는 11~67%이나, 다른 곳에서는 평균 47.9%이었고 범위는 0~121%이다.

14) 식품안전에 관하여 이렇게 여러 부처가 관여하다 보니 자연히 일부 분야에서는 소홀해지기 쉽다. 이점에 대해서는 미국 회계처(GAO)도 지적하는 바, 현재의 수입식품검사 시스템이 감시와 대책 사이에 갭이 존재하며 매우 취약하다고 한다. GAO는 특히 외국산 동식물 질병을 차단하는데 제 일선인 항구에서 검사 건수가 줄어드는데 우려를 표명하는 바, 항구에서 동식물 검사건수는 2002년 40.9 백만 건에서 2004년에는 37.5 백만 건으로 감소하였다(유통공사 뉴욕 농업무역관, 2004).

15) IPM은 해충에 대한 관리기준 설정, 모티터링, 예방, 관리 등을 주로 실시한다.

16) 생산성이나 수익을 유지하면서도 환경과 건강에 위해를 끼치지 않고 해충을 관리할 수 있는 시스템을 말한다.

17) 농산물의 미생물 오염은 농장에서부터 식탁까지 어디에서든지 일어날 수 있다. 농장에서의 미생물 위험을 줄이는 방법 중 하나는 농장 주인과 모든 일꾼들의 노력으로 농산물에 대한 식품매개 병원균의 위험을 줄이는 것이다. 이를 위해 농장과 포장공장에서 수행할 수 있는 실질적이고 합리적인 우수 재배 및 제조지침이 우수재배지침(GAP)이다.

18) 생산이력제는 농산물과 식품 등의 구매자들에게 안전과 품질을 증명할 수 있도록 농산물의 생산, 유통과정의 이력을 표시하는 제도이다. 따라서 안전하지 않거나 품질이 떨어지는 상품의 생산과 출하를 최소화하는 정책이다. 생산이력제는 생산, 저장, 유통 등에서 가장 효율적인 관리가 이루어지도록 할 수 있고, 상품의 신뢰성을 제고하여 차별화도 가능하며 식품안전과 품질관리도 가능하다.

19) 미국 내 가공식품에 대한 표시는 함량과 영양뿐만 아니라 안전한 사용법, 생산과정 등에 관하여도 표준화된 정보를 제공하도록 되어 있으며, 식품표시사항의 내용은 소비자, 기업, 제3자, 정부 등이 모두 관여한다.

20) 미국에서는 식육제품의 회수는 법률적으로는 연방식육검사법(Federal Meat Inspection Law)과 식품안전검사국령(FAIS Directive 8080.1, Rev.3 1/9/00 Recall of Meat and Poultry Products)에 근거하고 있다. 또한 소매단계에 대해서는 주정부가 담당하고, 식육제품 및 계란제품 이외의 식품에 대해서는 식품의약품청이 담당하고 있다. 미국의 특징은 사업자의 자율성에 크게 의존한다는 점에 있다.

21) 미국을 대표하는 음식인 햄버거, 핫도그, 프라이드치킨, 스테이크, 통조림, 콜라 등은 다른 나라로부터 전파되어 오거나 퓨전화한 것이다. 햄버거는 독일요리인 햄버거 스테이크를 들여와 토마토케첩을 뿌려먹는 음식으로 되었으며, 뉴욕의 피자는 본국의 이탈리아 피자보다 더 맛있다고 하고, 이탈리아의 스파게티나 파스타는 이미 미국음식이 되어 버렸다. 샌프란시스코에서 시작된 중국식 찹수이(Chop suey)는 미국인들의 입맛에 맞게 변형된 것이다.

22) 김기숙 · 김미정 · 안숙자 · 이숙영 · 한경선, 식품과 음식문화, 교문사, 2001, p. 232.

23) 노인의 경우, 음식비 지출의 거의 73%를 가정내의 식사에 사용된다. 외식비의 지출은 75세 이상의 경우는 주당 9.8달러이며 이는 65~74세보다 거의 30%나 낮은 수준이다. 반면 45세에서 54세의 가정의 경우는 주당 17.1달러를 외식비에 지출한다.
24) 육류는 적색육과 가금육, 어류까지를 다 포함해 소비량을 나타내기도 하나, 여기서는 어류를 제외한다. 적색육은 쇠고기, 송아지고기, 돼지고기, 양고기를 말하며, 가금육은 닭고기, 칠면조 고기를 말한다.
25) Agriculture Fact Book. USDA. Mar. 2003. p. 18.
26) Amber Waves. USDA. Sep. 2003, p. 4.
27) 건강유지를 위하여 균형적인 식단을 적극 권장한 결과 과일과 채소의 소비가 증대되고 있다. 예를 들어 균형 권장식단(Food Guide Pyramid)은 암 발생을 줄인다고 하고 있으며, 균형적인 식사를 위하여 1일 5~9회의 과일이나 야채 섭취를 권장하고 있다.
28) 예를 들어 신선과일 중 바나나가 가장 많이 소비되는 이유는 값이 싼 점도 있으나 먹기 쉽기 때문이라고 한다. 편의성을 추구하는 추세는 사과의 경우도 마찬가지이다. 미국인에 있어서 가장 대중적인 과일은 먹기에 가장 편리한 과일이다.
29) America's Eating Habits, E. Frazao, 1999, USDA, p. 5.
30) 고메식품은 전통적인 식품으로서 가치, 맛, 향 등을 가지면서 소비자들의 변하는 욕구, 기대, 색깔, 신선도 등을 고루 갖춘 식품을 말한다.
31) 20세기는 유럽식의 고메식품이 번창하였으나, 21세기는 아시안 고메식품이 미국인에게 인기를 끌 것으로 오래전부터 예상하였으며, 특히 중국, 한국, 일본, 태국 등 아시아의 음식은 건강을 우선적으로 고려한다는 점이 미국 소비자들의 수요증대 요인으로 본다.
32) 2005년 5월 27일자 워싱턴 포스트지는 미국 음식전문가의 의견을 인용하여 한두 번의 호기심으로 다른 나라의 음식을 찾을 수 있지만, 좀처럼 기본적인 패턴은 잘 바꾸지 않을 것이라고 주장한다(We are explores with our diet and adventurous in our eating but extremely resistent to change).
33) 남성의 경우는 10명 가운데 9명이, 여성의 경우는 10명 가운데 7명이 과체중 상태임.
34) 균형적인 식생활과 적정한 신체활동을 통해 건강을 증진시키고 주요 만성질환을 감소시키기 위하여 미국은 5년 주기로 권장식생활지침(Dietary Guideline for Americans)을 발표한다. 물론 이 지침은 의무사항은 아니나 국민의 식생활에 관한 종합적인 지침이라는 점에서 매우 중요하다. 지침의 제정작업은 농무부와 보건후생부가 공동으로 담당하며, 학교나 연구기관의 전문가의 참여와 수차에 걸친 토론, 그리고 공청회 등을 통하여 마련된다.
35) 농무부의 조핸스 장관은 이 프로그램을 강조하면서 "MyPyramid is about the ability of Americans to personalize their approach when choosing a healthier lifestyle that balance nutrition and exercise"라고 한다(www.mypyramid.gov 참조).
36) Euromonitor, 2004.
37) USDA, Employment and Farming, 2003, p. 5.
38) 현재 미국의 상위 식품회사 중에서 다른 식품회사의 구입에 가장 열심인 회사는

Richfood Holding사이며, 2002년의 경우 Nash Finch 회사도 111개의 슈퍼마켓을 구입하였다. Fleming사는 식품분배에 집중하기 위해서 회사소유의 전통적인 슈퍼마켓을 매각하고 있으며, Supervalu사는 소매업에 집중하기 위해 소매업체를 구입하는데 중점을 두고 있다.

39) 식품소매업의 상위 4개사는 Kroger, Albertson's, Safeway. Wal-mart사이다.

40) 예를 들어 superstore, combination food and drug stores, warehouse and limited assortment stores, superhouse stores, and hypermarkets 등 다양한 형태의 소매점의 대두되어 소매업계간의 경쟁을 더욱 치열하게 만들고 있다.

41) 편의점 판매액은 2000년의 경우 485억 달러의 판매액을 기록하였으며 이 금액은 1999년보다 2.7% 증가한 수준이며, 1997년의 판매액보다 9.3% 증가한 수치이다.

42) 맥도널드사는 미국 전역에서 12,804개의 식당을 운영하고 있으며 전체의 85%가 프랜차이즈 되었고, 2000년도의 미국내의 판매액은 196억 달러에 이른다. Tricon Global's Taco Bell은 판매시설의 80%를 프랜차이즈 하였으며, KFC는 75%, Pizza Hut은 전부를 프랜차이즈 하였다. Burger King은 2000년에 85억 달러의 판매를 기록하였으며, 전국에 8,326개의 판매시설을 갖추고 있으며 94%를 프랜차이즈하였다.

43) 예를 들어 쇠고기와 돼지고기, 닭고기 등을 가장 많이 구입하는 맥도널드사는 최근 동물 복지지침(animal welfare guideline)을 마련하여 이러한 동물의 취급시에 인도적인 방법으로 하도록 하고 있다. 세계에서 가장 큰 닭고기 식당 체인인 KFC사도 최근 이러한 지침을 따르도록 하고 있다. 최근에는 맥도널드사는 자사에 육류를 공급하는 업체로 하여금 성장촉진제의 사용을 점차적으로 줄여 2004년까지 전면 금지하도록 하였다.

44) 예를 들어 500대 소매업체 가운데 하나이며 중요한 유통회사인 Nash Finch사는 새로운 히스패닉 슈퍼 개념을 도입하고 있다. 이들은 중서부에 시범적으로 히스패닉 슈퍼를 개설하고 별도의 판매공간을 제공하여 늘어나는 히스패닉 시장을 공략하고 있다. 또 1948년 설립된 맥도널드사는 그동안 햄버거, 치즈버거 등 6가지의 패스트푸드로 경쟁력을 가져 왔으나, 최근에는 yogurt parfait, grilled chicken salad, bagel 등 40개가 넘는 제품을 추가로 공급하는 등 영업을 다양화하고 있다.

45) 중앙일보, 미주판, 2005.5.2.

46) 중앙일보, 2003년 11월 5일자.

47) 농촌생활연구소, 농촌생활과학, 2000, 하계호.

48) 농산물 수출입자료는 조사시기나 조사대상, 조사품목의 범위와 조사기관에 따라서도 차이가 많다. 미국 농무부 자료에 의할 경우 우리나라 농축산물의 2005년도 대미 수출액은 2억 1,100만 달러이다.

49) 뉴욕농업무역관, 2005.5.6.

50) 김치의 HS code는 2005.90.9700 이며 관세는 일반의 경우는 11.2%이고 GSP나 NAFTA 등의 경우에는 무세이다. 김치의 통관 소요일수는 평균 5~7일 정도이며, 관세와 통관비를 포함하여 통관비용은 물품대의 3~5% 수준이다.

51) 파프리카는 신선 농산물로 미국에서는 Bell pepper 또는 Pimentos라고도 하며 녹색,

붉은색, 노랑색 등이 있다. 파프리카는 독특한 모양과 색채는 물론, 풍부한 영양 성분을 함유하고 있어 볶음요리나 샐러드 등 각종 요리에 다양하게 사용되며, 계층이나 연령을 막론하고 인기가 높은 신선채소이다.

52) 2004년 10월 미국의 신선농산물에 대한 검역강화로 인해 일부 통관보류 사태가 발생하였다. 또 2004년 수출초기에 한국산 배에서 금지 병해충이 발견되어 다수의 컨테이너가 통관이 거부되는 사태가 발생하였다. 2004년 12월에 다시 통관이 재개되었으나, 그 결과 뉴욕지역의 수입량이 감소하였다.

53) Russ Feingold 상원의원과 Obey 하원의원이 캐나다산이나 아시안산 인삼이 위스콘신산(Wisconsin-grown)으로 표시하는 것을 방지하기 위하여 4월 20일 발의하였으며, 법안의 명칭은 Ginseng Harvest labeling Act of 2005 이다.

54) 애트킨스 다이어트는 1972년 미국에서 최초로 저 탄수화물 다이어트책을 출간하여 저 탄수화물 식품을 소개한 애트킨스 박사의 이름을 딴 것이다.

55) 뉴욕 중앙일보 2004.1.4.

56) 신시내티에 소재한 Hillshire Farm사의 미트볼과 스모키, 네브라스카 소재 ConAgra사의 Pemmican Steak Tips, 플로리다 소재 Clearwater 사의 Sundried Tomato & Herb Sausage 등이다(Prepared Foods, 2004.1월).

57) 미주 한국일보 2004.3.5.

58) Preparedfoods, 2003.12.

59) The Packer, 2004.1. 19.

60) 김치에 대한 현황 및 수출증대 방안은 김재수의 "김치수출 확대방안"(식품유통학회, 2002, 제19권 제2호) 참조.

61) 데일리뉴스가 2005년 1월 30일자 음식섹션에서 소주가 뉴요커들에게 각광받고 있다고 하면서 소주에 대해 자세히 설명하고, 소주는 숙취가 없는 술이라고 소개했다.

62) 중앙일보, 미주 2005.5.2.

63) Prepared foods, 2004 1월.

64) 전통가공식품의 수출확대방안에 관한 연구, 중앙대학교 산업경영연구소, 농수산물유통공사, 2002, pp. 147~149 참조.

한국음식, 세계인의 식탁으로

제4장

한국 식품산업을 이해하자

제4장

한국 식품산업을 이해하자

한국 음식을 국제화하는 것은 한국 식품산업 발전과 직결된다. 한국의 식품산업은 나름대로 많은 발전을 하였으나 산업전반에 걸쳐 개선 여지가 많다. 식품산업에서 다루어야 한 과제는 매우 광범위하다. 식품의 생산은 물론 유통과 소비, 수출입 그리고 식품업체와 종사자 등을 다루어야 한다. 특히 식품안전이나 식품행정, 식품의 국제화 등 식품분야에서 다루어야 할 과제는 너무나 많다. 식품분야에서 다루어야 할 과제는 식품산업의 범위를 어떻게 설정하느냐에 따라 다르다. 중요한 것은 우리나라 식품 산업의 문제가 무엇인가를 제대로 진단하는 것이다. 식품기업이나 정부, 식품소비자, 식품생산자 등 각자가 해야 할 일이 각각 다르다. 정부가 할 일이 있고 식품업체나 연구기관이 할 일이 따로 있다. 식품기업이 중점적으로 해야 할 일을 정부가 하는 일은 없는가? 증가되는 소비자들의 식품안전에 대한 요구에 대해서 각자가 제대로 할 일을 하는가? 이러한 문제에 대한 진단과 처방을 제대로 하는 것은 매우 중요한 국가적 과제이기도 하다. 우선 우리나라 식품산업의 현황과 구조를 살펴보자. 식품산업의 현황과 구조는 식품산업의 개념으로부터 식품산업의 발전과 경제적 위상, 식품의 소비와 생산, 식품의 유통, 그리고 식품 수출입 현황을 중심으로 살펴본다.

1. 식품산업의 개념과 특징

1) 식품산업이란

식품산업을 이해하기 위해서는 우선 식품의 개념을 알아야 한다. 식품이란 무엇인가? 간단히 정의를 내리기는 어렵다. 식품은 영어로는 푸드(food)이나 그 뜻은 다소 포괄적인 의미를 가진다. 우리나라의 식품위생법에서는 식품을 "의약품을 제외한 모든 음식품"이라고 하고 있다. 즉 사람이 먹는 음식물을 전반적으로 통칭하여 식품이라고 하고 있다. 인간이 먹기 위하여 요리하거나 또는 그대로 먹을 수 있는 모든 재료를 식품이라고 한다. 때로는 인간이 필요로 하는 한 종류 이상의 영양소를 함유한 천연물 또는 가공물로서 우리가 섭취할 수 있는 물질을 말하기도 한다. 그러나 현실적으로 식품이나 식품산업이란 용어는 매우 다양하게 사용되고 있다.[1)] 여기서는 넓은 의미의 사람이 먹는 먹거리 전반을 식품으로 규정하고자 한다.

(1) 식품시장과 식품산업

식품시장

시장이란 동대문시장, 남대문 시장, 가락시장 등 물리적인 공간에 기초하여 다수의 사는 사람과 다수의 파는 사람이 모여서 사고 파는 장소가 고전적인 의미의 시장이다. 경제학적 관점에서는 시장이란 재화와 용역이 교환되는 추상적인 공간개념으로 이해한다. 넓은 의미로 시장은 상품거래가 이루어지는 모든 관계를 나타내는 개념이기도 하다. 현실적으로 시장의 개념을 정확하게 정의하기는 매우 어렵다. 시장은 꼭 장소가 있어야 하는 것은 아니며 참여자가 많아야 되는 것도 아니다. 장소가 없어도 된다. 가상의 사이버 공간에서도 거래는 이루어지며 소수의 사람에 의해서도 시장이 이루어진다. 그러나 시장의 개념을 지나치게 구체적으로 정의하거나 또는 너무 추상적으로 정의하는 것은 현실 식품산업의 구조를 분석하는데 도움이 되지 않는다. 이러한 점을 감안, 식품시장은 좁은 의미로는 식품의 거래가 이루어지고 가격이 형성되는 지리적 장소를 의미한다고 하자. 넓은 의미로는 특정한 장소의 개념을 떠나 거래조직 전체뿐만 아니라 식품의 거래가 이루어지는 모든 관계를 의미한다고도 할 수 있다.

식품산업

식품산업의 개념도 정확하게 규정하기는 쉽지 않다. 간단히 식품의 생산과 유통, 식품제조, 식자재 등을 다루는 산업이라고 할 수 있다. 넓은 의미에서 식품산업은 식품가공업은 물론 원료농산물의 수집·중개업, 운수·보관업, 식품제조기계 또는 용기·포장제조업, 외식산업 및 식품 도·소매업을 포괄한다.[2] 식품정책의 대상이나 범위가 변화고 있고 식품정책이 주요한 이슈가 되기 때문에 식품산업의 정의를 제대로 내리는 것은 중요하다. 식품산업을 식품을 다루는 산업이라고 하였는데, 식품을 다루는 산업은 식품제조업, 식품

유통업, 외식업, 식품수출입업 등 다양하다. 식품을 생산하고 유통하는 농림수산업이 포함되는지에 대해서는 논란이 있으나 당연히 포함된다고 여겨진다. 식품산업은 식용으로 생산된 1차산물인 농수산물의 생산과 수집, 가공, 포장, 판매 등 복잡한 유통경로를 거쳐 행해지는 제반 경제행위를 수반하는 업체들의 집합체[3]로 정의한다. 때로는 농수산식품들의 각 유통단계에서 행하는 경제행위를 수행하는 업체를 총칭[4]하여 말하기도 한다. 따라서 식품산업의 개념을 "식품의 생산, 유통, 수출입 등을 대상으로, 부분 균형적인 분석이 가능하고, 다른 기업의 반응을 고려할 수 있은 시간적·공간적·제도적 범위"를 식품산업이라고 넓게 정의를 내리는 것이 타당하다.[5]

식품경제

식품경제란 식품의 생산, 유통, 소비 등을 다루는 경제학이라고 할 수 있다. 경제활동의 목적을 소비에 두고 있다면 식품경제의 목적은 소비자가 원하는 식품소비를 실현하는 것이다. 안전하고 맛있는 식품을 가능하면 싸게 공급하는 것이 식품시스템의 기본적인 목적이다. 과거의 식품경제학은 식품의 생산측면 즉 농산물 생산이라는 농업측면에 중점을 둔 연구가 주로 행해졌다. 따라서 농산물 생산을 위한 요소인 토지, 노동, 자본 등에 관한 연구나 농업생산을 증대하기 위한 비료, 농약, 농기구 등 농업자재나 농업기술 향상을 위한 생산성 증대 등에 중점을 둔 연구가 식품경제의 주요 연구과제였다. 최근에는 식품의 소비가 가정에서 주로 이루어지므로 가정경제와도 관련한 연구가 많으며, 식품이 주로 영양을 다루므로 영양학적인 연구와도 관계가 많다. 따라서 식품경제학의 범위는 식품학, 경제학, 영양학, 가정학 등 다양한 학문의 영역에 걸친다고 할 수 있다.

2) 식품의 분류

식품은 사용되는 재료나 재료의 근원, 형태 또는 목적에 따라 여러 가지로 분류된다. 재료의 근원에 따라 분류하면 식물성 식품과 동물성 식품으로 나눌 수 있다. 주요 영양성분에 따라 전분질 식품, 단백질 식품, 지방질 식품 등으로 분류될 수 있다. 이외에도 천연식품 · 가공식품 · 음료 등으로 나눌 수도 있고, 주식류 · 부식류 · 기호식품 · 조미료 등 목적에 따라 분류할 수 있다. 또 식품산업은 투입원료를 기준으로 제분, 유가공, 유지가공, 수산물가공 등과 같이 구분할 수 있다. 일반적으로 원료농산물을 다루는 1차 식품산업과 가공농산물을 다루는 2차 식품산업으로 나누기도 한다. 때로는 신선농축산물, 가공식품, 식자재 산업 등으로 나누기도 하나, 대체적으로 1차 농산물과 가공식품으로 구분하는 것이 대부분이다. 그러한 분류가 식품에 대한 전반적인 이해를 높이는데 적당하다.

가공식품

가공식품이란 식품의 원료인 농산물, 축산물, 수산물의 특성을 살려 보다 맛있고 먹기 편하며 오래 보관할 수 있도록 변형시킨 식품을 말한다.[6] 개념상으로는 가공식품은 '인간의 식생활에 유용하도록 농수축임산물을 가공한 음식물[7]'로 정의하고 있다. 간단히 식품의 원료인 농산물, 축산물, 수산물의 특성을 살려 보다 맛있고 먹기 편하며 오래 보관할 수 있도록 변형시킨 식품을 말한다.

가공식품의 종류는 원료나 가공기술 등에 따라 다양하며, 가공정도에 따라 1차가공과 2차가공으로 나눌 수 있다. 1차가공은 단순가공이라고도 하며 농축수산물인 가공원료로부터 식품소재인 쌀, 밀가루, 녹말 등을 생산하는 도정, 정맥, 제분, 도축 및 도계 등을 말한다. 2차가공은 이들 1차가공품을 원료로 하여 미숫가루, 빵, 포도당, 햄, 즉석삼계탕 등을 제조하는 것을 말한다. 가공식품 제조시 사용되는 식품첨가물은 식품위생법에 의해 "식품을 제조·가공 또는 보존함에 있어 식품에 첨가·혼합·침윤, 기타의 방법으로 사용되는 물질"이라고 정의된다. 현재 우리나라에서 식품첨가물로 허가되어 있는 품목은 화학합성품이 396종, 천연첨가물이 179종으로 『식품첨가물공전』에 수록되어 있다. 식품첨가물은 식품과 함께 매일 섭취하므로 안전성이 매우 중요하다. 따라서 엄격한 독성시험 등 품질검정 과정을 거쳐 인체에 무해한 경우에 한하여 필요한 성분의 규격과 기준 등을 정하여 사용이 허가된다.

3) 식품산업의 특성

먹는 문제를 다루는 산업

식품산업은 인간생활에 가장 기본이 되는 먹는 문제를 다루는 산업이다. 인간은 하루도 음식이나 식품을 먹지 않고 생활할 수 없다. 그만큼 식품은 우리 인간에게 없어서는 안되는 중요한 상품이며 다른 상품과 근본적으로 다르다. 식품은 원료가 부패하거나 변질되기 쉽고, 생산이나 공급이 풍흉과 계절, 지역에 따라 영향을 많이 받는다. 식품은 필수품이면서 기호품이기도 하다. 따라서 영양적인 측면과 더불어 맛이나 향기, 멋 등 감성적인 측면도 중요하다. 또 식품은 인간이 섭취하는 것이므로 생명 및 건강과 직결되어 안정적인 공급과 더불어 안전성도 매우 중요하다.

먹는 문제를 다루는 식품산업은 과거는 물론 현재에도 조금도 소홀히 할 수 없는 중요한 국가적 과제이다. 21세기를 "음식의 시대" 내지 "식품전쟁의 시대"라고 표현하는 것도 식품산업이 시대를 불문하고 국가와 민족의 생존권을 확립하기 위해서도 매우 중요한 산업이기 때문이다. 특히 본격적인 개방화・국제화가 진전되는 오늘날, 식품산업의 중요성은 날로 더해간다. 우수한 식품을 개발하고 문화적이며 경제적인 경쟁력을 가지게 하는 것은 다가오는 미래의 국가 생존전략을 위해서도 매우 중요한 과제이다.

산업적 특수성

식품산업은 식품으로서의 특성과 함께 산업으로서의 특성도 가지고 있다. 식품산업은 중소기업과 대기업이 병존하며 중소기업의 비중이 높다는 구조적인 특성을 가진다.[8] 식품산업은 대량생산체계가 적당하지 못할 경우도 있다. 식품산업은 원재료 비중이 크고 부가가치율이 낮으며, 원료가 부패나 변질되기 쉬워 시장범위가 지역적으로 한정되고 업체도 분산되어 있다. 식품산업은 연구개발비가 적은 반면, 광고 선전비가 많다. 그 이유는 업체규모가 작아 신제품 개발에 대한 투자가 부족하고, 제품차별화 및 신제품 정보전달을 위한 판촉비용이 증가되기 때문이다. 식품산업은 수익의 안정성과 유통・서비스 부분이 중요한 위치를 차지한다.

국민경제적 중요성

식품산업은 국민경제적으로도 매우 중요한 역할을 수행한다. 식품산업은 1차적인 생산부문 뿐만 아니라 가공이나 유통 등 관련 부분에 대해 미치는 영향이 매우 크다. 독자적인 경제행위로서의 식품산업에 관계되는 모든 경제활동은 국가경제의 다른 부문에도 큰 영향을 미친다. 최근에는 여성 취업기회의 확대와 도시화의 진전으로 식품소비가 더욱 다양화되고 편의화되어간다. 또 외식과 가공식품의 소비가 크게 늘어나고 있다. 따라서 식품산업의 중요성은 더욱 늘어나고 있으며, 최근의 식품산업은 새로운 소비문화를 창조한다는 점에서 그 역할을 새로이 평가한다. 식품이 문화의 한 영역으로 대두되고 식품을 통한 식문화 수출이 강조되기 때문이다. 식품산업이 가지는 국민경제적 연계성은 개방화와 국제화가 진전될수록 더 커진다.

식품산업이 다루어야 할 과제는 다양하다. 최종 수요자에게 양적으로 질적으로 안정적인 식품을 공급해주는 것이 일차적으로 중요하다. 그 외의 중요성도 매우 높다. 식품산업은 농업과의 연계성 측면은 물론, 식품안전이나 위생, 국민경제에 기여하는 부가가치, 문화인류학적 역할 등 여러 가지 측면에서 중요성을 높여가고 있다.

2. 식품산업과 농업

한국 음식이나 식품의 중요성은 농업과의 관계에서 더욱 두드러진다. 지난해 우리 농산물 수출액은 22억 달러이다. 전체 수출액에 비하면 그리 크지 않은 규모이나 농업분야에서 가지는 의미는 매우 크다. 식품의 수출증대는 당면한 우리 농업의 어려움을 해결하는데 도움이 되기 때문이다. 이제 농산물을 단순히 생산하여 판매하던 시대는 지나갔다. 이를 가공하고 변형시키며 고급음식으로 만들어 나가야 한다. 그래야 수출가능성이 높고 장기적이고 안정적인 농산물소비기반을 구축할 수 있다. 우리 음식을 국제경쟁력이 높은 문화상품으로 만들어 나가는 것은 농업을 한 차원 높은 단계로 발전시키는 계기가 될 것이다. 음식과 문화가 결합한 종합적인 '문화상품'을 개발해 나가는 것은 국제화된 오늘날 우리 국가나 국민의 위상을 높이는 계기도 된다.

음식은 인류의 최고의 기쁨

전세계 인류를 주식을 기준으로 구분하면 크게 쌀로 지은 밥을 먹는 민족과 밀가루로 지은 빵을 먹는 민족으로 나눌 수 있다. 빵을 먹는 서구인은 많은 사람이 비만이나 성인병으로 고생을 하고 있다. 밥을 주식으로 먹는 민족은 건강이나 영양면에서 상대적으로 고생을 덜하고 있다. 그런 점에서도 밥은 우리에게 매우 중요하다. 우리가 밥을 먹는 이유는 무엇인가? 간단히 배고픔을 극복하기 위해서일 것이다. 그러나 밥을 먹는 또 하나의 이유는 배고픔을 극복하는 것 외에 다른 즐거움이 있기 때문이다.

식사의 즐거움은 여러 가지가 있다. 시각적, 미각적, 감각적, 사회적, 심리적 즐거움을 준다.[9] 인간이 식량을 확보하고 음식을 먹고 마시는 행위는 단순히 육체적인 욕구를 충족하기 위한 것만은 아니다. 식품취득행위는 단순한 영양소의 공급 이상의 의미를 가지고 있다. 인간의 식품확보행위가 동물과 다른 점은 삶과 죽음, 그리고 종교나 생활양식 등 모든 분야에서 특별한 의미를 갖기 때문이다. 먹는 음식이 가지는 의미에 대하여 존스 홉킨스 대학의 인류학자인 시드니 민츠 교수는 "음식은 우리가 얻을 수 있는 최고의 기쁨"이며 "우리들 인간에 있어서 먹는다는 것은 절대로 순수하게 생물학적일 수가 없다. 인간이 먹어온 음식에는 그것을 먹는 사람들의 과거와 연결된 역사가 담겨 있다[10]"고 한다. 또 그는 식품이 인간의 본능적인 욕구를 충족해 줄 뿐만 아니라, 권력을 창출하며, 문화를 발달시키는 요소라는 점을 강조한다. 먹기 위해서 사느냐? 살기 위해서 먹느냐? 해묵은 질문이나 명쾌한 답은 없다. 만물의 영장인 인간이 일방적으로 먹기 위해서 산다고 하면 너무나 비참하다. 그러나 이러한 판단도 먹을 식품의 확보가 되어 있는 상태에서의 느끼는 감정이지, 며칠을 굶거나 또는 식품의 확보가 절대적으로 어려운 환경에서는 다르게 느껴질 수 있다.

1) 식품취득의 역사적 의의

사회사(社會史)의 형성은 식(食)의 획득과 분배에서 출발한다. 배고픔을 극복하고 먹고사는 문제를 해결하기 위한 인간의 노력과 과정이 인류의 역사라고 한다. 다른 말로 표현하면 인류의 역사는 굶주림을 해결하는 과정이라고 할 수 있다. 인간이 지구상에 태어나 가장 먼저 하는 행위는 식품을 확보하기 위한 노력이다. 갓 태어나는 아기는 어머니의 젖이라는 고급 식품을 먹으면서 삶을 시작한다. 인간은 태어나서 죽을 때까지 식품을 취하며 살고 있으되 가능한 한 좋은 식품을 취하고자 노력한다. 그러나 인간은 매일 음식을 먹기 때문에 그 고귀함을 잘 알지 못하고 단순한 본능적인 행위로 인식되기도 한다.

식품수급의 행태를 사회문화적이고 경제적인 복합기능으로 인식하기도 한다. 우리의 식품 수급행태를 "우리가 오랫동안 환경에 적응하기 위한 최적화 행위를 거듭해온 결과로 축적된 역사적 개념"[11]이라고도 한다. 이러한 식품을 획득하기 위한 과정을 권태원[12]은 "생명을 담보로 한 먹거리의 경험적 탐색작업이야 말로 인류의 생존을 위한 기나긴 투쟁이었다"고 하고 있다. 식품의 수급이나 식품 섭취행위는 복합적이고 다차원적 기능을 가진다. 나아가 식품산업이나 식품획득 행위는 타 분야에 다양하고 중요한 영향을 준다. 식품을 영양학적으로 분석하거나 식품의 안전성을 강조할 때에는 식품이 인간의 육체에 영원히 남아 있다는 점을 강조한다. 김숙희 외[13]에 의하면 영양학의 가장 기본이 되는 철학은 자기가 먹은 식품은 자기가 된다는 점을 강조한다. 즉 "food becomes you"라고 할 정도로 식품을 중요시하는 것은 다른 말로는 "식품이 바로 인간"이라고 인식해도 될 정도로 중요하다는 뜻도 된다.

식품을 얻기 위한 행위는 식욕이라는 가장 기본적인 인간의 욕구를 해결하는데 의의가 있으나 그 이상의 많은 가치를 지닌다고 하였다. 식품을 얻기 위한 인간의 활동은 그 사회의 지리적, 경제적, 사회적 여건은 물론 문화적 여건과도 밀접한 관계를 가진다. 음식을 확보하기 위한 분쟁이 야기될 경우 이를 처리하기 위한 제도나 관리할 조직이나 국가의 변화도 일어나게 된다. 인구의 크기나 그 인구를 먹여 살리는 지역에 따라서 농업인이나 유목민이 될 수도 있다. 때로는 어떤 사회형태를 갖추느냐 하는 것도 결정되며, 정치, 경제, 예술, 종교에까지 영향을 준다.

먹는 것을 확보하기 위한 노력의 산물로 다양한 음식문화가 창출된다. 음식이 확보 여하나 확보 정도에 따라 빈부차이를 가져오기도 하며, 식탁으로 자기의 사회적 지위를 과시하기도 하기도 한다. 식사의 내용과 형식도 차이가 나며 식생활 패턴도 달라지게 된다. 식탁에서의 다양한 예법도 차이가 난다. 음식의 맛을 돋우기 위한 향신료나 커피, 차등 의 다양한 기호품도 발달하게 된다. 기호품의 발달은 사회문화 여러 면에서 많은 변화를 가져오게 된다.[14]

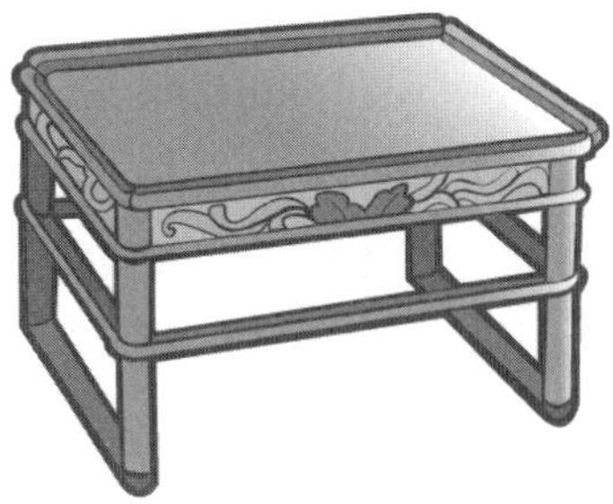

기아와 포식으로 점철된 인류의 역사

인류의 역사에서 식량부족에 의한 두려움과 고통에서 벗어난 것은 그리 오래되지 않는다. 불과 수십년 전까지도 식량문제로 국가간 또는 지역간 갈등과 다툼이 있었으며, 지금도 식량문제로 고통을 받고 있는 국가가 많다. 과학과 기술이 발달하여 식량 생산이 획기적으로 증가하였으나, 여전히 굶주리고 배고파서 고통을 받는 사람이 수천만에 이른다. 잘사는 선진국에서는 남아돌고 못사는 후진국은 모자라 죽을 지경이다. 그야말로 기아와 포식으로 점철된 인류의 역사는 식품을 확보하기 위한 인간의 투쟁과정이라고도 할 수 있다. 역사적으로 보면 식품을 확보하기 위한 인류의 노력은 인구증가로 인해 더욱 치열해졌다. 특히 산업화 이후에는 인구의 급속한 증가로 늘어난 인구를 먹여 살리는데 필요한 식량자원을 확보하기 위해서 국가간에 치열한 전쟁을 벌이기도 하였다.

식량부족은 동서양을 막론하고 공통적으로 해결해야 할 국가적 과제였다. 유럽의 경우 15세기에서 19세기에 걸쳐 급속한 인구증가와 식량부족으로 인하여 극심한 기근과 고통을 겪었다. 식량부족에 시달려온 유럽의 중세는 한마디로 기근의 시대라고 할 정도이다.[15] 만성적인 식량의 부족은 일종의 공포라고 할 지경이었으며 전염병과 함께 유럽대륙을 휩쓴 망령으로 기억된다. 식량부족으로 인한 고통은 중국 등 아시아 지역에서도 마찬가지이며 중남미에서도 그러하다. 식량문제는 21세기에 들어선 오늘날에도 전 세계 모두가 나서서 해결해야 할 과제이다. 일부 선진국에서는 식량생산이 과잉이나 전 세계 인구의 83%를 차지하는 개발도상국은 여전히 식량부족에 직면해 있다.[16] 향후 식량확보를 위한 국가간의 갈등과 경쟁은 더욱 치열해질 것이다.

인구의 증가에 따른 식량부족은 농업분야 내부에서도 많은 변화를 가져오게 된다. 농사를 짓는 다양한 기술이 발달되었으며 토지와 산림을 확보하기 위한 지역간, 국가간, 계층간의 갈등이 야기되기도 한다. 식품을 확보하고자 하는 인류의 노력은 가족의 구성원을 넘어, 마을이나 종족, 나아가 국가의 생성과 변화에도 영향을 미쳤다. 온 세계는 빵으로부터 시작하였다는 말과 같이 인류역사와 문화의 시작이 먹는 것에서부터 출발하였다. 그런 관점에서 보면 인류역사의 종말도 먹을 것이 소멸되는 시점이 아닌가 싶다.

2) 식품산업과 농업과의 연계

농업의 역사적 의미

과거의 농업을 간단히 말하면 식물의 재배와 동물의 사육이라고 말할 수 있다. 이때의 농업은 먹고 살기 위한 식품을 확보하기 위하여 자연을 상대로 한 인간의 도전으로 볼 수 있다. 생존에 필요한 식품을 확보하기 위해서 초기에는 자연에 널려 있는 작물의 채집이나 동물의 사냥에 의존하였다. 그러나 사냥이나 채집으로는 늘어나는 인구나 증가하는 식품수요를 충족하기 어려웠다. 안정적인 식품 확보를 위하여 점차 필요한 식품의 생산을 하게 된다. 이러한 과정은 사냥과 채집의 초기 식품확보 시대에서 곡물을 재배하거나 가축을 사육하는 시대로 인간의 역사가 변해 가는 것을 의미한다. 초기의 식품확보 시대의 식량 생산으로도 늘어나는 인구를 먹여 살리기에는 부족하므로 각종 토지나 산림 등을 확보하기 위한 추가적인 노력을 하게 된다.

농업이 본격적으로 시작한 것은 인구 증가로 야기되는 굶주림의 위협에서 벗어나 안정적인 식품을 공급하기 위해서였다. 농업이 본격화되면서 식량생산이 증대되고 인간은 안정적인 생활을 하게 된다. 먹을 것을 확보하기 위해 거의 연중 불안정하게 이동하던 인간이 먹을 만한 식품을 확보한 후에는 차분히 휴식을 취하거나 다른 사람과 교제를 하게 된다. 때로는 농작물 재배나 동식물의 사육 대신 타 분야에 활동에 종사할 수 있게 된다. 그 결과 부락민이나 가족이 먹고 살 수 있는 여유가 생기기도 하고, 충족하지 못할 경우는 다른 지역이나 물건과 교환하거나 매매, 또는 식량을 확보하기 위한 다툼도 생겨나게 된다. 즉 충분한 식량을 확보한 이후에는 나머지 시간을 농업이외의 분야, 즉 도자기, 철물 등 제조업에 종사하거나 문화활동 등 다른 분야활동으로 이동하게 된다.

농작물을 재배함에 따라 농업생산이 증대되고 농업기술이 발전하면서 인간의 생활에 많은 변화가 일어난다. 필요한 규모 이상으로 농작물을 수확하면 저장하거나 다른 물건과 팔거나 하여 경제적 효용성을 증대시키게 된다. 식품이 배고픔을 메우는 먹을 것의 차원을 넘어 하나의 경제적 가치를 가지는 상품으로 변해 가는 것을 의미한다. 또한 농업의 발달로 농작물이 안정적으로 재배되고 생산됨에 따라 식품은 하나의 자본으로 형성되고 가치를 지닌 상품으로서의 위상을 가지게 된다. 이러한 식품의 위상변화는 식생활을 포함하여 정치, 경제, 사회, 문화 등 여러 분야에서 많은 변화를 가져오게 된다. 곡물을 경작하기 위한 땅을 차지하기 위해 지역간, 국가간, 인종간의 전쟁이 일어나기도 하고 지배자와 피지배자가 구분되기도 한다. 농업활동이 인간문화에 미친 영향에 대하여 "농업이라는 식품생산방법이 인간의 생활에 자리잡은 후 혁명적인 변화를 겪게 되면서 인간의 식생활 확보와 건강상태에 심오한 영향을 미치게 되고, 또한 인간사회 형성에 빈부, 권력의 분배, 이에 따른 계급제도가 나타나게 되었다[17]"고 강조하고 있다.

농업은 식품산업과 불가분의 관계

식품확보를 위한 인간의 노력은 역사적으로 농업에서 출발하였으며 농산물이 식품의 원재료라는 점에서 농업과 식품과 분리할 수 없는 관계를 가진다. 물론 수산물도 있고 동물도 사람이 먹는 먹거리가 될 수 있다. 그러나 농작물을 재배하여 수확을 얻는 농업은 인간생활과 역사의 출발점이 되고 살아 있는 생명체를 보존하기 위한 기본적인 산업이다.

농업의 역사적 의미는 오늘날에 와서 많이 퇴색하였으나 과학과 기술이 발달한 21세기에도 농업은 식품산업과 더욱 밀접한 관계를 가진다. 특히 식품가공업은 농수산업과 식품소비를 연결시키는 산업으로 다음과 같은 측면에서 매우 중요하다. 첫째, 식품의 가공이나 저장기능에 의해 시간적이고 지역적인 수급 불균형을 완화하여 농산물 가격안정에 기여한다. 농산물의 성 출하기에는 생산된 농산물을 가공하거나 저장처리함으로써 과잉 과소 생산에 따른 수급 불균형을 해소할 수 있다. 전반적으로 식품산업은 농산물가격 안정을 도모하는데 가장 중요한 산업이다. 둘째, 식품에 대한 저장, 가공, 유통, 수송 등의 산업 발전은 식품의 변질과 부패를 방지하고 식품의 품질을 향상시키며 식품의 보존성을 높인다. 즉 식품산업의 발전은 부가가치를 창출하고 농산물의 이용효율을 증가시켜 식품 자원의 손실을 방지한다. 셋째, 식품산업은 농산물 생산 이후의 전후방 연관사업에 다양한 효과를 미친다. 식품산업은 농산물 생산활동을 통하여 농업부문의 부가가치를 창출할 뿐만 아니라, 생산이후의 유통, 소비, 수출입 등 관련 부문에서도 고용을 증대하고 부가가치를 창출한다. 이러한 관련 부문에서의 고용기회 증대는 산업간 유기적인 발전을 촉진시키므로 식품산업은 농업 이상의 중요성을 가진다.

넷째, 식품산업의 발전은 식품의 이용도를 향상시켜 다양한 제품을 공급함으로써 식품의 수요증대에 이바지하고 소비자들의 복리를 증진시킨다. 다시 말해 식품산업의 발전은 소비자 후생을 증진시킴은 물론 농가소득 증대에 이바지하며 농촌경제 활성화에 직결된다. 그외에도 농업과 식품산업과의 관계는 부가가치나 지적 재산권 능 새로운 측면에서 연계가 더욱 심화되기도 한다.

식품산업의 중요성은 농업과의 관계에서 잘 알 수 있으나, 최근의 식품과 농업과의 관계는 "거리의 확대"라는 관점[18]에서 새로운 접근을 하기도 한다. 그러나 식품산업은 농작물 생산이나 농업 이상의 중요한 의미를 가진다. 식품산업의 발전으로 인류를 기아로부터 해방시켰으며, 유한한 생명을 무한히 영속시켜 주기도 하였다. 식품은 인간과 동물과 자연의 생존에 필요한 수많은 기능을 수행하고 있어 인류의 고귀한 문화적 자산이라고 할 수 있다. 다시 말해 한 국가나 민족의 음식이나 식품은 과거의 역사를 간직하고 현재의 활동을 기록하며 미래의 변화를 나타내주는 신비한 물질이라고 볼 수 있다.

국제화시대의 농업과 식품산업

국제화시대의 농업과 식품산업은 더욱 밀접한 관계를 가진다. 우리 농업도 이미 본격적인 상업농 시대, 즉 국제화시대에 진입해 있다. 상업농 시대에 임하여 주목해야 할 사실은 비농민적 도시자본 또는 해외자본에 의한 농업관련 산업의 지배현상이다. 이러한 현상은 식품분야에서도 빠르게 진행되고 있다. 과거에는 가격과 품질이 국제경쟁력을 좌우했으나, 최근에는 지적재산권과 고부가가치에 좌우되고 있다. 21세기의 식품산업은 농업에다 유전공학, 첨단과학기술, 정보, 자본이 결합된 지식기반산업으로 발전할 것으로 전망되며, 식품산업의 발전은 한 국가의 경쟁력과 미래산업의 발전으로 이어진다. 따라서 본격적인 국제화시대에 직면하여 고부가가치 산업을 육성하고 식량자원을 확보하며 국내 농업의 자립성을 지키기 위해서 식품산업을 적극 육성해야 한다고 본다.

특히 유전공학의 발달로 농산물도 새로운 품종 개발이 가속화되고 있고, 식품의 보호나 안전이 국제적인 협상과제로 대두되고 있다. 또 식품산업의 기본이 되는 농산물의 시장개방에 대해 국가간의 경쟁이 나날이 치열해지고 있다. "식품전쟁"이란 용어가 나타내는 바와 같이 우수한 식품이나 농산물을 개발하여 국제적으로 보급시키기 위한 국가간의 경쟁은 가히 전쟁이라고 하기도 한다. 유전자변형 식품이나 유전자 변형 농산물에 대한 문제를 다루거나 식품에 대한 지적재산권을 보호하기 위한 국제적 노력은 Codex 등 여러 기관에서 매우 활발히 전개되고 있다. 선진국은 이미 식품산업이 미래의 고부가가치 분야임을 인식하여 다양한 지원과 육성을 하고 있다. 막대한 자본과 앞선 기술을 갖춘 선진국의 식품관련 기업들은 식품을 비롯하여 다양한 분야로 사업을 확장하면서 국경을 초월하여 시장 확보에 노력을 기울이고 있다. 따라서 식품문제에 대한 지원과 관심은 특정 산업의 육성이라는 차원을 넘어 미래의 국가자원을 확보하기 위한 전략적 관점에서 다루어지기도 한다.

21세기는 식품전쟁의 시대

21세기를 "음식의 시대" 내지 "식품전쟁의 시대"라고 표현하는 것도 식품산업이 시대를 불문하고 국가와 민족의 생존권을 확립하기 위해서도 매우 중요한 산업이기 때문이다. 특히 본격적인 개방화, 국제화되는 오늘날에 있어서 한 국가의 식품이 영양적이고 문화적이며 경제적인 우수성을 가지고 국제적으로 진출해 나가는 것은 다가오는 미래의 국가의 생존전략차원에서도 매우 중요한 과제이다.

국제화시대의 농업은 인류문화적으로도 매우 중요하다. 식품산업은 농산물의 소비자 공급기능과 병행하여 부가가치를 높이며 식품의 새로운 소비문화를 창조한다는 점에서 그 중요성은 새로이 평가되고 있다. 이것은 식품의 수급이 하나의 먹을거리를 해결하는 것

에 그치는 것이 아니라 한 사회나 국가의 경제·문화·사회현상을 반영한다는 의미에서도 중요성이 있다. 따라서 식품산업은 단순히 먹는 것을 다루는 산업으로 인식할 것이 아니라 그 이상의 경제외적이며 문화적 중요성을 지닌다고 인식해야 한다. 식품에 바탕을 둔 음식이 국가나 민족의 문화의 한 영역으로 대두되고 식품을 통한 문화의 수출 내지 식품 그 자체의 수출도 매우 중요하다.

결론적으로 식품산업은 식품의 원료가 되는 농수산물의 생산뿐만 아니라 관련부문의 성장과 발전에도 중요하다. 나아가 국민의 건강과 생명에 직결되는 먹는 식품을 다루는 국가의 기초산업인 것이다. 농업은 식품이며 농업과 식품은 분리하여 생각할 수 없다. 식품산업의 목적은 식품의 최종수요자에게 양적으로나 질적으로 또 경제적으로 안정적인 공급을 하는데 1차적인 목적이 있다. 식품산업은 그러한 기능 이외에도 제2차적인 감각기능도 중요하다. 즉 각종 맛과 향기, 물성 등으로 인간에게 즐거움과 풍요로운 식생활을 제공해준다. 식품의 3차적 기능은 생체조절기능이다. 식품을 섭취함으로써 예방의학적 기능을 수행하는 것이다. 최근의 식품산업은 이러한 기능에 부가하여 식문화를 발전시키고, 식공간을 창조하는 등 새로운 문화자산으로서 인식하고 있다. 다시 말해 식품의 기능이 단순한 음식의 차원을 넘어서는 다차원적 중요성을 가지는 것과 마찬가지로 식품산업도 경제적인 기능을 넘어 문화적인 가치를 가지는 소중한 산업이라고 할 수 있다.

식품분야의 이러한 다양한 수요와 여건변화에 대응하여 식품문제에 대해 종합적인 역할과 기능을 재정립하는 것은 매우 중요하다. 독자적인 경제행위로서의 식품산업이 행하는 모든 활동은 국가의 경제활동은 물론 사회의 모든 부문에 영향을 미치게 된다. 식품산업에 대한 정부나 기업이나 소비자들의 올바른 대응은 경제적 의미를 넘어 민족의 생존권을 확보하기 위해서도 매우 중요하다.

3. 한국 식품산업의 발전과 경제적 위상

1) 식품산업의 발전

한국의 식품산업은 우리나라의 경제발전과 사회변화와 밀접한 연관관계를 가지면서 발전해 왔다. 경제의 발전으로 식품산업도 성장 기반을 갖추었으며 사회의 변화로 식품 소비패턴과 식문화가 많은 변화를 가져오게 된다. 우리나라 식품산업의 발전과정을 시기를 기준으로 구분하는 것은 다소 무리가 있다. 그러나 식품산업의 발전과정을 경제성장과 소비자들의 소비패턴, 그리고 농업의 구조변화와 연계 시켜 본다는 측면에서 보면 다음과 같이 구분해 보자.

1960년대 이전

우리나라에서 식품산업이 제대로 발전한 것은 해방 이후인 1950년대에 들어서이다. 1950년대 이전의 식품산업은 본격적인 산업이라기보다는 단순한 1차 농산물의 가공산업 정도에 불과하였다. 당시의 식품산업은 곡물도정, 수산물 통조림, 제분, 제당 및 양조 등이 주를 이루었다. 식품분야의 기술수준도 미흡하여 원료 농림수산물의 단순가공 또는 저장처리 정도의 기술수준이 대부분이었다. 식품산업은 고용이나 생산측면의 중요성도 크지 않았고 본격적인 고부가가치산업으로 발전하지도 못하였다. 1950년의 6·25전쟁의 발발로 우리나라 식품산업은 많은 피해를 입었으나, 한편으로는 발전하는 계기도 되었다. 6·25전쟁 후에는 미국이나 유엔으로부터 많은 농산물이 도입되고 식품의 원

조도 많았다. 도입된 농산물이나 식품은 다양한 과정을 거쳐 처분하게 되었으며, 이에 따른 제분, 제면, 제빵산업이 어느 정도 발전하게 된다. 또 유엔에 의한 원조사업으로 인적·물적 교류가 확대되면서 서구 식품이 우리 식생활에 유입되기 시작한다. 미국의 잉여농산물이 본격적으로 도입된 1956년 이후에는 제분, 제당 산업이 근대적 생산체제를 도입하여 상당한 발전을 하였다. 이러한 식품산업의 발전을 발판으로 제과, 제빵, 제면, 청량음료 제조업 등도 착실히 성장하여 1960년대 이후 국내 식품산업은 근대적인 산업으로서의 면모를 갖추어 가게 된다.

1960년대 이후

1960년대 이후 우리나라는 본격적인 경제성장정책을 추진하게 된다. 국민경제의 발전과 산업화의 진행으로 1960년대에는 식품의 내수 시장도 상당히 커지게 된다. 다른 한편으로는 1960년대는 서구식 식 문화가 유입되어 한국 고유의 식품문화가 변질되기도 한 시기이다. 또 국내적으로 만성적인 식량부족을 해결하고자 분식 장려시책을 적극 추진한 결과, 제빵, 제면, 제분, 제당산업이 급격한 발전을 하게 된다. 국민소득의 향상과 서구식 식문화의 유입, 그리고 정부의 분식장려시책은 우리 고유의 식문화에 상당한 영향을 가져온다. 밀가루를 주로 사용하는 서구식 식품소비가 증가되었으며, 그 결과 농작물 생산이나 국민영양 측면에서도 여러 가지 변화를 가져왔다. 특히 고유의 전통 식문화가 와해되는 등 전반적으로 우리 식품분야에서 많은 변화를 가져오기도 한 시기이다.

식품산업은 1970년대에 들어 본격적으로 발전하게 된다. 경제성장과 발전을 바탕으로 식품소비가 늘어났으며 식품의 수출 기반도 구축하게 되었다. 또 도로, 수송, 통신 등 사회간접자본이 확충되고 기술 인력이 증가되어 식품산업이 본격적으로 발전하는 계기를 구축하게 된다. 식품분야에서도 대규모 자본이 형성되었으며, 특히 유가공, 육가공, 식용유지 부분에서는 독과점 대기업이 형성되기도 하였다. 식품 시장이 확대되고 생산여건이 개선되었으며 식품산업은 비약적인 도약을 하게 된다. 식품산업의 생산액도 크게 증가되었다. 식품산업 생산액은 1966년에는 647억원 정도였으나, 1975년에는 1조원에 이를 정도로 증가하였다.

1980년대 이후

1980년대 이후의 식품산업은 외형적인 성장을 하는 동시에 내부적으로는 산업구조도 변하게 된다. 주력 산업의 구조도 변하였다. 1960년대는 제빵, 제과, 제면, 제당, 조미료, 장류 중심이었으나 식품산업의 비중이 유가공, 육가공, 식용유지, 과채가공 등으로 이동하게 된다. 식품분야에 대한 대규모 자본참여도 활발하게 이루어지고 식품산업에서도 독과점 형태의 대기업도 형성되었다. 국제화, 개방화의 물결이 식품분야에 불어오게 된다. 외국 농산물의 수입이 증대되었으며, 특히 식품의 원료인 농산물의 해외 수입이 보다 자유롭게 이루어지게 된다. 값싼 원료 농산물이 해외에서 용이하게 수입됨에 따라 식품산업은 외형적으로 크게 성장을 하게 된다. 반면 국산 농산물에 대한 소비나 수요는 상대적으로 정체되어 또다른 문제를 야기하기도 한다. 한편으로는 수입식품의 증가는 국내식품과 수입식품간의 치열한 경쟁을 가져오게 된다.

식품산업은 1980년대 이후에 많은 변화를 거치게 된다. 경제의 성장과 발전으로 식품산업도 많은 성장을 이룩하였으나, 식품 소비패턴에도 여러 가지 변화를 가져왔다. 곡류 중심의 전통적인 식품 소비패턴이 변하고 밀가루를 원료로 하는 빵의 소비가 증대된다. 식품 소비패턴이 고급화, 다양화되기도 한다. 치즈, 마가린, 소시지, 햄, 통조림 등이 본격적으로 소비되기 시작하였다. 소비자들의 식품

소비 패턴이 고급화, 다양화, 편의화 되어갔다. 다시 말해 식품소비가 양적으로 증가하였으나 질적으로도 소비구조가 다양한 변화를 야기한 시기이기도 하다. 1970년대 이후의 한국사회의 급속한 산업화나 가치관의 변화도 식품 소비패턴에 영향을 주었다. 물질적 부의 축적과 과시적 소비 패턴은 서양식에 대한 맹목적인 선호를 가져왔고 전통음식에 대한 비하를 가져왔다. 보신음식이나 정력식품을 선호하기도 하고, 먹자골목이 생겨나는 등 기형적인 음식문화가도 생겨났다. 그 결과 식품 소비구조는 다른 측면에서 많은 문제를 야기하기도 한다. 고유한 한국의 전통 음식문화가 변질되거나 사라진 것이다.

한국의 식품산업은 1990년대 이후에 본격적으로 발전을 하게 되나 구조적으로 많은 변화를 가져온다. 국민의 식생활이 양적으로 늘어나고 질적으로 향상되었으며, 건강이나 안전에 대한 관심이 증가된다. 식품안전에 대한 국민의 관심이 높아지고 고 품질・안전식품에 대한 수요가 증가되었다. 편의성 식품과 기능성 식품에 대한 소비자 수요도 증대하였다. 편의성과 간편성, 건강식품에 대한 늘어나는 소비자들의 관심에 힘입어 편의성 식품이나 건강 보조식품이 본격적으로 발전하게 된다. 식품이 가지는 영양이나 에너지 공급원으로서의 위상보다는 생리적 효능을 강조하기도 한다. 이제는 기능성 식품과 고부가가치 식품, 국제경쟁력을 가진 제품이 치열한 경쟁을 하는 시대로 접어들었다.

최근의 식품산업 여건

최근 식품산업이 직면하는 국내외 여건은 다소 복잡하다. 수입식품의 증대에도 불구하고 전통식품에 대한 소비자들의 관심도 증대되었다. 전통식품에 대한 정부의 적극적인 지원과 육성, 그리고 늘어나는 소비자들의 관심으로 전통식품은 생산도 늘어나고 품질도 향상되었다. 전통식품의 품질향상과 고급화는 물론 국제화도 상당히 이루어지게 된다. 한국 식품산업은 2000년대에 들어 해외 진출에도 활발히 힘을 기울이고 있다.

국내 소비자들의 식품분야에 대한 요구도 다양해진다. 건강식, 편의식, 기능식 등 식품에 대한 수요는 다양하고 복잡해진다. 식생활에 대한 사회여건도 변하였다. 핵가족화, 여성의 사회참여 확대로 간편성과 편의식품, 반조리 식품에 대한 수요가 증가하고 있다. 또 소득증대와 여가생활의 추구로 외식산업도 성장하고 있다. 이제 온실 속에서의 성장해온 한국의 식품산업은 2000년대에 들어 본격적인 경쟁의 시대로 접어들게 된 것이다.

국제적으로는 도하개발아젠다(DDA) 협상의 진전으로 국내 식품시장이나 식품분야에도 본격적인 개방의 바람이 불어오고 있다. 식품 생산이나 판매, 식품 수출입 등 식품분야에 대한 각종 법률이나 제도를 개선하라는 요구가 높아진다. 식품에 대한 법령이나 규제가 이제는 국제기준에 맞추어 나가야 하는 시점이다. 시장개방의 확대와 우리 농업의 취약성으로 국산 농산물의 국제경쟁력은 지속적으로 약화되고 있다. 원료 농산물의 국내산 이용비율은 지속적으로 하락하고 있다. 농업과 식품산업과의 연계성이 약화될까 우려하기도 한다. 식품산업 발전이 국내 농업발전을 견인하지 못하는 기형적인 성장도 나타난다. 특히 식품에 대한 관리나 지원, 육성정책이 여러 부처에서 분산되어 있고, 국민들의 식품안전에 대한 정부정책을 불신하고 있어 문제가 크다. 식품산업 전반에 대한 체계적이고 종합적인 정책이 추진되지 못하고 있다.

이러한 사회·경제적 변화와 개방화시대를 맞이하여 보다 적극적인 새로운 식품산업 정책이 추진되어야 한다. 농업부문의 경쟁력이 취약하고 식품산업과 농업과의 관계가 약화되면 더 큰 문제가 생길 수 있다. 식품산업이 농산물의 핵심적인 수요처 역할을 하도록 정책방향이 새로이 설정되어야 한다. 앞으로 식품정책의 방향은 단순한 농수산업의 보호육성이나 농가소득 증대에 둘 것이 아니라 국민 식생활의 안전보장을 위한 "안전한 식료품의 생산과 공급"으로 기본방향을 새로이 설정할 필요가 있다. 국민의 식품 소비욕구와 국가행정체계를 효율적으로 연계하는 새로운 식품 공급체제를 구축해야 한다. 국내 농업과 식품산업의 연계성을 강화하고, 식품의 공급, 가격, 품질, 유통, 가공, 품질, 수출입 등을 포괄하는 새로운 한국형 푸드시스템(food system)을 새로이 구축해야 할 시점이다.

2) 식품산업의 경제적 위상

(1) 식품산업의 생산액

식품산업의 경제적 위상은 부가가치나, 고용인구, 생산액, 수출액등 여러 측면에서 찾아볼 수 있다. 우리나라의 식품 생산액이나 출하액, 부가가치, 고용 등은 자료마다 다소 차이가 난다. 이는 식품산업에 대한 개념이나 범위가 다르고 조사대상이나 소관 부처가 다르기 때문이다. 식품산업 생산액에 대한 자료도 자료 내용이나 조사기관에 따라 다르다. 식품의약청 자료에 의하면 식품산업의 총생산액은 2002년 기준으로 35조 3,880억원이다.[19] 이러한 생산액은 2000년의 25조 5490억원의 규모에 비해서는 큰 증가세를 나타낸다. 식품산업 생산액이 국민총생산액(GDP)에서 차지하는 비중을 보면 2002년에는 5.9% 정도이다. 이는 2000년의 4.9%에 비하여 상당한 증가를 나타낸 것이며 식품산업의 성장은 당분간 지속될 것으로 내다보고 있다.

식품산업의 비중

(단위: 10억원, %)

연 도	국내총생산(GDP)	식품산업 총생산액	GDP 대비(%)
2000	517,096	25,549	4.94
2001	545,013	27,685	5.08
2002	596,381	35,388	5.93

자료: 식품의약청, 식품의약품통계연보 제6호, 2004

(2) 성장전망

식품산업의 성장률은 비교적 높다. 최근 10년간 식품산업의 성장률을 보면 매년 평균 9.6%의 성장률을 나타낸다. 이러한 식품산업의 성장률은 제조업 성장률인 11.7%보다는 낮으나 농업성장률인 1.6%보다는 훨씬 높다. 분야별로는 다소 차이를 보인다. 곡물, 유지, 기타 가공산업은 비교적 성장률이 높으며 육류 가공부문은 15.6%의 높은 성장률을 나타낸다. 반면 수산, 과채 및 우유가공 산업은 성장률이 둔화되고 있다.

식품산업의 성장 전망을 정확히 예측하기는 어려우며 조사기관마다 다르다. 일부에서는 2000년부터 2005년까지 식품생산액은 연평균 4.3%, 부가가치액은 연평균 7.7%씩 각각 성장할 것으로 전망하고 있다.[20] 그 이유는 편의식품이나 간편식품에 대한 수요가 지속적으로 증가할 것으로 예상하기 때문이다. 가공식품에 대한 소비자들의 소비도 지속적으로 증가할 것으로 전망한다. 가공식품과 외식소비 증가, 전통식품과 건강식품에 대한 수요증대는 원료 농산물에 대한 수요 증가를 유발할 것이다. 이러한 요인을 종합적으로 고려해 볼 때 식품산업의 향후 성장전망도 비교적 밝다.

(3) 식품업체

식품분야의 업체 수에 관한 자료도 작성목적이나 관련법령, 작성기관마다 차이가 난다. 식품위생법에 의한 자료를 보면 영업의 종류별 식품위생관련 업체는 2003년 말 기준으로 약 100만 개소를 능가한다. 식품위생 관련업의 종류는 식품제조가공업, 식품판매업, 식품접객업, 집단급식소, 식품첨가물 제조업 등으로 나눈다. 식품의약청의 자료에 의하면 2003년 기준으로 전체 업소 중 식품접객업이 72만 7,843개로 가장 많고, 그 다음이 식품판매업으로 14만 9,574개, 집단 급식소가 2만 455개, 식품제조 가공업이 1만 9,324개 등이다.

식품위생관련 업소 현황, 2003

구 분	2000	2001	2002	2003
식품제조가공업	16,055	16,863	18,783	19,324
즉석판매제조가공업	55486	60,834	67,273	71,098
식품판매업	104,844	135,277	146,114	149,574
식품접객업	657,392	687,319	709,148	727,843
집단급식소	14,945	16,420	18,431	20,455
식품첨가물제조업	363	410	414	455
식품소분업	4,915	6,654	7,876	8,835
식품운반업	245	348	377	650
식품보존업	166	169	187	244
용기포장류제조업	1,124	1,502	1,748	1,915
총 계	855,536	925,796	970,350	1,000,393

자료: 보건산업진흥원, 2004 보건산업백서.

한편, 2003년 12월 기준으로 식품 및 식품첨가물의 제조 및 가공업체수를 보면 1만 5,448개소에 이른다. 일반적으로 식품업체수를 말할 때에는 순수한 식품제조 및 가공업의 수치를 사용하는 경향이 많다. 1만 5,448개의 식품제조 및 가공업체를 매출액 규모별로 보면

1억원 미만이 9,091개로 전체의 58.9%를 차지한다. 1억에서 5억원 사이는 3,494개로 전체의 22.6%, 5억원에서 10억원 규모는 1,047개로 전체의 6.8%를 차지한다. 10억원에서 20억원 규모의 업체는 728개로 전체의 4.7%를 차지한다. 즉 대부분의 식품업체가 매출액이 소규모임을 알 수 있다.

(4) 종업원 수

식품의약청 자료에 의하면 2003년 기준으로 식품 등 제조가공업에 종사하는 인력규모는 21만 3,682명이다. 이는 전년대비 7.1%의 증가를 보이며 해마다 꾸준한 증가세를 보인다. 지역별로 보면 경기도가 64,206명으로 가장 많고 그 다음이 충남 20,819명, 경남 20,468명, 충북 18,889명, 경북 12,540명으로 순으로 나타난다. 한편, 통계청의 「광공업통계조사보고서」에 의하면 우리나라 식품산업의 종업원 5인 이상 총 사업체수는 2003년 기준으로 7,940개 업체이다. 이중 식료품산업에 전체의 94.3%인 7,495개 업체가 있고 나머지 445개 업체는 음료품산업에 속한다.

(5) 총매출액 현황

지금까지 식품산업의 전반적인 위상이나, 생산액, 업체수 등의 현황을 살펴보았다. 식품산업에 대해서는 전체적인 산업의 모습보다는 개별 업종의 현황이나 품목별, 기업별 자료에 관심이 더 많다. 개별 업종에 대한 자료는 입수하기도 어렵고 정확하지가 않다. 그나마 기업의 영업비밀에 관계되는 자료이기도 하다.

주요 식료품제조업체의 2004년도 매출실적은 다음과 같다. 매출액이 높은 업체를 순위별로 보면 CJ가 2조 5,443억원의 매출로 1위를 차지하고 있고, 2위가 농심으로 1조 6,450억원, 3위가 대상으로 1조 3,455억원을 차지하며, 4위가 롯데제과로 1조 1,089억원, 5위가 삼양사로 8,901억원을 차지한다. 매출액을 중심으로 보면 우리나라 가공식품 시장은 소수 대기업에 집중되어 있다는 것을 알 수 있다. 전체 상위 25개 업체의 2004년도 매출액이 15조 4,605억원이며 이는 전체 매출액의 35.4%를 차지한다.

주요 식료품 제조업체의 매출실적

(단위: 백만원)

	2000	2004
	매출액	매출액
C J	2,182,477	2,544,367
농심	1,144,586	1,645,023
대상	1,010,083	1,345,570
롯대제과	881,098	1,108,987
삼양사	na	890,163
오뚜기	695,821	879,497
대한제당	651,391	803,434
남양유업	621,988	772,984
매일유업	603,844	677,355
동원F&B	643,578	632,633

자료: 농수축산신문, 2005 한국식품연감.

2003년도의 업체별 총매출액을 순위별로 보면 농심(주)이 1조 3408억원으로 1위를 차지하고 있으며, 다음으로 롯데칠성음료가 9,512억원으로 2위, CJ가 8,798억원으로 3위, 롯데제과가 6,991억원으로 4위, 동서식품이 5,841억원으로 5위를 차지하고 있다. 개별 품목별 생산실적을 보면 2003년도 기준으로 식품의 출하액 실적은 탄산음료류가 1조150억원으로 가장 높다. 2위는 유탕면류(봉지라면)로 8,007억원, 3위는 기타음료로 7,856억원, 4위가 과실채소음료로 7,846억원, 5위는 스낵과자류로 6,389억원을 차지한다. 상위품목의 대다수가 음료 및 과자류이다.

상위 품목의 식품생산실적(2003)

순 위	품목명	생산량(톤)	출하액(백만원)
1	탄산음료류	1,267,798	1,015,050
2	유탕면류	325,416	800,704
3	기타음료	598,686	785,625
4	과실·채소음료류	842,007	784,673
5	스낵과자류	160,936	638,953

자료: 식품의약청, 2003년도 식품 및 식품첨가물 생산실적, 2004.

4. 식품의 소비와 생산

우리나라의 국토면적은 2004년 기준으로 약 996만 헥타이다. 세계 전체에서 차지하는 순위를 보면 109위 정도이다. 국토의 대부분은 산림이며 산림면적은 전체 국토면적의 약 65%인 641만 헥타이다. 농경지 면적은 184만 헥타로 전체 국토면적의 18% 정도에 불과하다. 좁은 국토면적과는 대조적으로 인구는 4,793 만으로 세계 26위를 차지한다. 좁은 면적에서 많은 인구가 살다보니 식량공급은 늘 부족하였다. 또 국민소득과 소비가 증가하여 식품에 대한 전체 수요는 지속적으로 증가한다. 식량생산의 기본이 되는 농지는 계속적으로 감소하고 있으며 농지의 가격도 비싸다. 당연히 농산물이나 식품의 가격이 상대적으로 외국에 비해 비싸다. 최근에는 쌀을 제외하고 대부분의 농산물의 국내생산은 감소하거나 정체되고 있어 국내생산이 수요증가에 미치지 못하고 있다. 자연히 식량자급률이 낮고 부족한 식품을 수입에 의존하게 되는 구조적인 어려움에 처해 있다. 남한뿐만 아니라 북한까지 합치면 약 7천만이 넘는 인구를 가진 국가이다. 이러한 국가에서 국민의 생존에 필요한 식량자원을 안정적으로 확보하는 것은 민족적 과제이기도 하다.

1) 식품 소비량과 소비패턴

(1) 연간 소비량

식품의 소비에서 주요한 것은 농축산물의 1인당 소비량이다. 농축산물의 소비는 쌀, 보리쌀, 밀, 콩 등 양곡의 소비도 있고 쇠고기나 돼지고기 등 축산물과 채소류나 과실류의 소비도 있다. 중요한 것은 주식으로 사용하는 쌀의 소비량이다. 쌀 소비량은 지속적으로 감소하고 있으며, 2004년도의 1인당 연간 소비량은 82kg에 불과하다. 이러한 소비량은 1980년의 132.4kg, 1990년의 119.6kg에 비하면 엄청나게 줄어든 소비량이다. 주식으로서의 쌀 위치가 위협받을 지경이다. 보리쌀의 소비량도 1980년에는 13.9kg이었으나 2004년에는 1kg에 불과하다. 조금 있으면 식탁에서 보리쌀이 자취를 감출 전망이다. 대조적으로 밀 소비는 늘어난다. 밀 소비량은 1980년에는 29.4kg이었으나 2004년에는 34.1kg 으로 늘어났다. 국민의 식생활이 서구화하고 있다. 콩의 소비는 다소 안정적이다. 이를 제외한 대부분의 양곡류의 소비량은 줄어들고 있다. 양곡 소비량의 감소는 여러 가지 영향을 가져온다. 먹을거리가 다양화된다는 점도 있으나 식량 자급율 하락을 가져온다. 또 가공식품의 소비 증가와 영양 과잉의 우려도 있다. 그 결과 식품 생산이나 수급구조 전반에 커다란 영향을 미치게 된다.

쇠고기의 소비량은 1980년에 2.6kg에서 1990년에는 4.1kg, 2000년에는 8.5kg으로 증가하였다. 2004년에는 광우병 파동으로 다소 줄어들어 6.8kg의 소비량을 나타낸다. 돼지고기 소비량도 해마다 증가한다. 1980년의 6.3kg 의 소비량이 2004년에는 17.9kg을 나타낸다. 닭고기의 소비량도 동 기간동안 2.4kg에서 6.6kg으로 증가하였다. 채소류의 소비량이나 과실류의 소비량도 늘어난다. 2003년의 채소류 소비량은 152.4kg이며, 2004년의 과실류 소비량은 58.8kg이다. 과실류 소비량 중 사과소비량은 1980년에는 10.8kg으로 전체 소비량의 절반을 차지하였으나 2004년에는 7.4kg으로 줄어들었다. 그 대신 배나 포도, 복숭아, 감귤 등의 소비량이 늘어나고 있다. 과실류 소비가 다원화되고 있음을 나타낸다.

농축산물 1인당 연간 소비량

(단위: kg)

	1980	1990	2000	2001	2002	2003	2004
쌀	132.4	119.6	93.6	88.9	87.0	83.2	82.0
보리쌀	13.9	1.6	1.6	1.7	1.5	1.0	1.0
밀	29.4	29.8	35.9	34.4	34.6	32.7	34.1
콩	8.0	8.3	8.5	8.2	8.4	8.0	8.5
서류	6.3	3.3	4.3	2.5	3.4	3.2	3.1
옥수수	3.1	2.7	5.9	6.3	5.7	6.2	5.6
쇠고기	2.6	4.1	8.5	8.1	8.5	8.1	6.8
돼지고기	6.3	11.8	16.5	16.9	17.0	17.3	17.9
닭고기	2.4	4.0	6.9	7.3	8.0	7.9	6.6
우유	10.8	42.8	59.2	63.9	64.2	62.4	63.7
채소류	120.3	132.6	165.9	164.4	144.6	152.4	na
과실류	22.3	41.8	58.4	59.2	58.8	55.8	58.8

자료: 농림부, 농림업 주요통계, 2005.

(2) 식품 소비구조의 변화

식품소비량의 변화와 더불어 식품의 소비구조도 변한다. 소비량의 변화는 양적인 변화로 볼 수 있으며, 소비구조의 변화는 질적인 변화이다. 우리나라의 식품 소비구조의 변화에서 나타나는 수요 특징은 다음과 같다. 첫째 식품 총지출액이 증가하고 있다. 도시근로자 가구의 월평균 가계소득은 1995년 불변가격을 기준으로 1980

년에는 58만 9천원에서 2000년에는 196만 4천원으로 3.7배 가량이 증가하였다. 반면, 식료품비 지출은 2000년에는 36만 8천원으로 같은 기간에 1.8배 증가하였다. 엥겔계수는 1980년 41.3%에서 2000년 23.7%로 낮아졌다. 식품비에 대한 지출은 소득의 증가보다 느리게 성장하나 꾸준히 늘어난다.

둘째 외식비가 증가하고 있다. 2001년도의 식료품 지출액의 구성비를 보면 주식이 11.9%, 부식이 29.8%, 기호식품이 15.0%, 외식이 43.3%를 나타낸다. 즉 주식이나 부식에 대한 지출 이상으로 기호식품과 외식에 대한 지출이 비중이 높다. 외식비가 증가하는 이유는 여러 가지이다. 소득증가, 여가시간의 증가, 여성노동의 증가 등 여러 가지 요인이 있다. 셋째 곡류소비는 감소되고 육류, 낙농품, 과실류, 빵, 과자류의 소비는 증가된다. 식품의 소비추세 변화는 밥 위주의 전통적인 채식형 식생활 비중이 줄어들고, 빵과 고기, 우유 등 육식 위주의 서구식 식생활 유형이 증가한다고 할 수 있다. 넷째 식품소비에서 편의성을 추구하는 형태가 증가한다. 조리가 복잡하고 시간이 소요되는 식품보다는 편의식품에 대한 선호가 증가한다. 편의성을 도모하는 이유는 소득이 증대하고, 여성의 사회진출이 확대되며, 가사노동에 대한 비용이 증가하기 때문이다. 식품조리의 간편화 추세는 종전에는 원재료를 구입하여 직접 조리하던 형태에서 조리시간 단축을 위해 가공식품, 조리식품, 세척농산물 등으로 대체되다는 점을 나타낸다. 다섯째 가공식품의 소비가 증대된다. 식료품 지출 중 가공식품이 차지하는 비중은 1990년에는 33%이었으나 1995년에는 36%, 2000년에는 38%를 차지하고 있다. 특히 김치, 장류 등 전통적으로 집에서 직접 만들어 먹던 식품들이 시판제품으로 대체되는 현상이 두드러진다. 가공식품의 소비가 늘어나는 가장 큰 이유는 편리하기 때문이라고 한다.[21] 여섯째 상품의 구매가 다양화되고 고급화된다. 최근 식품의 소비패턴에서는 특징은 소비자의 요구에 부응하여 품질과 이미지를 차별화시키는 다양한 상품이 증가하고 있다. 식품의 브랜드화도 늘어난다. 농축산물의 브랜드화는 제품의 이미지 차별화 추세를 반영하는 것으로, 총 브랜드수가 2000년에는 4,721개에 이를 정도이다. 그외에도 소득 상승에 따라 소비를 결정하는 요인이 변하고 있다. 종래의 가격에서 맛, 영양, 안전성 등으로 변화하고 있다. 이는 식품 소비패턴의 고급화로 설명될 수 있다. 기호식품인 청과물은 맛을 최우선적으로 고려하는 반면, 육류는 최근 광우병에 따른 영향으로 안전성이 최우선 고려되기도 한다. 대체로 젊은 세대일수록 맛을 우선 선호하나 노년층 가구일수록 안전성이나 영양측면을 우선 고려하는 것으로 나타난다.

식품 선택시 중요하게 고려하는 품질 특성

(단위 : %)

구 분	쌀	청과물	육류	가공품
맛	49.6	41.3	35.5	27.0
안 전 성	15.8	37.1	46.9	51.4
영 양	15.8	7.3	4.2	6.8
가 격	15.6	5.6	4.2	6.9
선별·포장	3.1	8.7	9.1	7.9
계	100.0	100.0	100.0	100.0

자료 : 한국농촌경제연구원, 「수도권 518가구 소비행태 조사결과」, 2002. 1.

2) 식품의 수요와 공급

(1) 식품 수요

식품의 수요는 식품소비량을 기준으로 산출한다. 1인당 소비량은 양곡류의 경우는 실제 조사한 소비량을 중심으로 산출한다. 식품의 소비량은 영양권장량이나 식품의 섭취량 등의 식품영양학적인 개념과는 성격을 달리한다. 통계상의 식품의 소비량은 식용소비에다 가공용, 사료용, 종자용, 감모량 등을 포함하는 전체의 식품소비량을 말한다. 1인당 소비량은 식품부류별로 전체 소비량을 전체 인구수로 나누어 산출한다. 식품류별 소비량의 변화는 소득과 생활수준의 향상에 따른 소비구조의 변화를 나타내준다. 소득수준의 향상으로 식품소비는 전반적으로 양보다 질을 중시하는 패턴으로 변한다. 품목별로는 곡류와 서류등 전분의 소비가 줄고, 육류, 과채류 등의 소비가 증가한다.

식품소비의 양적인 변화는 공급 칼로리의 변화를 통하여 알 수 있다. 1인 1일당 공급 칼로리는 1970년에는 2,370kcal였으나, 1990년에는 2,853kcal로 증가하였고, 2003년에는 2,983kcal로 증가하고 있다. 우리의 경우 공급 칼로리의 대부분은 곡류에서 섭취하고 있는 바, 2003년에는 1,559kcal 이 곡류에서 섭취된 것이다. 곡류 중 쌀은 893kcal를 공급하여 전체 곡류공급 열량의 57.2%를 차지한다.

식품의 수요에 영향을 주는 요인은 다양하다. 기본적으로 영양이나 식생활 관습이 중요하나 소득의 변화나 생활방식의 변화, 교육이나 직업, 계절, 인구, 건강이나 식품에 대한 사회적 인식도 등도 식품의 소비에 영향을 준다. 식품의 생산 및 유통구조에 대한 정부의 정책도 영향을 주게 된다. 식품의 공급에 영향을 주는 요인은 원료나 생산요소의 수급사정, 연관산업의 변화, 정부정책의 변화 등이다. 식품의 수요는 이론적으로는 소비와 수출부문으로 나누어지고, 식품의 공급은 생산과 수입으로 나누어진다. 수입과 수출부문은 별도로 논의키로 하고 여기서는 소비를 중심으로 수요를 분석하고, 공급은 주요 농작물의 생산으로 식품의 소비와 생산을 설명하고자 한다.[22)]

(2) 식품 공급

식품의 공급은 국내의 농산물의 생산과 해외로부터의 수입, 그리고 전년도의 식품의 이월로 이루어진다. 식품의 공급에서 기본이 되는 것은 국내 농산물의 생산이다. 국내 농산물 생산에서 중요한 것은 경지면적, 농작물의 수확량, 농업인력, 농업용수 등 농업자원이 될 것이다. 여기에다 당해연도의 기상이나 병충해 등의 요인도 식품공급에 영향을 주게 되며, 정부의 재고처리 정책, 수출입 제도 등도 중요한 요인이다. 이러한 다양한 요인이 식품의 수요와 공급에 영향을 미치므로 정확한 식품정책의 수립과 추진에 어려움이 많다.

1인당 공급량

식품의 공급에 있어서 전체 식품의 공급량을 전체 인구로 나누면 1인당 공급량이 될 것이다. 식품의 부류별 1인당 연간 공급량을 보면 2003년 기준으로 곡류는 156.72kg, 두류는 10.28kg, 채소류는 152.39kg, 과실류는 39.4kg, 어패류는 38.32kg이다. 식품의 공급은 1차적으로 쌀, 채소류, 과실류 등 개별 품목별로 생산된 국내 생산량을 중심으로 산출한다. 식품의 공급에 있어서는 특징은 곡류의 공급이 증가하고 있다는 점이다. 이는 식품으로의 소비감소와는 별도로 축산물의 수요증가에 따라 사료곡물의 수요증가에 기인한다. 곡류를 제외한 육류, 어류 등의 공급은 단백질 식품의 소비증가에 힘입어 증가하는 추세에 있다. 단백질의 소비증가와 더불어 과실류, 채소류의 소비도 증가하여 총 공급이 증대되는 추세이다.

(3) 자급률

식품의 소비와 공급량을 기준으로 국가전체의 식품 수급현황과 자급률을 보면 다음 표와 같다. 식품의 자급률은 단순히 국내생산량을 국내소비량으로 나누어 산출한다. 식품의 자급률은 공급영양소 기준에 의한 자급률과는 다르다. 2003년도의 곡류의 국내 총생산량은 518만 1천톤이며 국내의 총소비는 1871만 2천톤이다. 국내생산과 국내소비를 감안한 곡류의 자급률은 27.7% 수준이다. 쌀은 자급률은 90.3%, 보리는 49.8%, 밀은 0.3%, 두류는 8.2%, 채소류는 94.6%, 과실류는 85%의 자급률을 나타낸다. 육류는 81.2%의 자급률

주요식품의 자급률(2003)

식품명	국내생산량(천톤)	국내소비량(천톤)	자급율(%)
곡류	5181.0	18712.0	27.7
쌀	4927.0	5,455.0	90.3
보리	159.0	319.0	49.8
밀	10.0	3,756.0	0.3
옥수수	73.0	9004.0	0.8
서류	842.2	862.2	97.7
두류	139.1	1,698.8	8.2
콩	115.0	1,582.0	7.3
종실류	63.7	168.6	37.8
채소류	10248.3	10,837.8	94.6
과실류	2275.3	2,676.4	85.0
육류	1,674.8	2,061.8	81.2
쇠고기	141.6	390.2	36.3
돼지고기	782.6	834.1	93.8
닭고기	286.5	373.4	76.7
계란류	503.0	503.0	100.0
우유류	2,420.6	2,981.8	81.2
어패류	1999.3	3,234.1	61.8
해조류	457.2	323.0	141.5
유지류	25.0	804.8	3.1

자료: 한국농촌경제연구원, 2005.

을 나타내나 쇠고기는 36.3%에 불과하다. 한편, 식품의 소비는 식품 자체의 소비패턴에 크게 의존하나 경제여건이나 사회 문화적 요인에도 의존하게 된다. 경기의 상승으로 인한 소비증가가 이루어질 경우는 식품류의 전반적인 공급량이 증가하게 되며 경기침체나 소비부진이 될 경우는 감소하게 된다.

3) 주요 농축산물 생산

(1) 양곡류

쌀

쌀을 포함한 곡류는 동서양을 막론하고 우리 인간에게 가장 주요한 식량자원이며 가축의 사료로도 매우 중요하다. 우리 민족은 예로부터 쌀을 중심으로 한 곡물음식을 주식으로 사용해왔다. 쌀은 우리에게 매우 중요하며 쌀을 재배하는 벼농사는 단순한 농산물 재배라는 차원을 넘어 국민의 생명이자 삶 그 자체로 인식되어왔다. 식사라고 하면 쌀로 만든 밥을 의미할 정도이며, 밥이라고 하면 당연히 식사를 의미하기도 하였다. 쌀은 지형이나 기후로나 영양이나 조리, 보관이나 생산측면에서 많은 장점이 있어 우리 민족이 주식으로 사용하였다. 곡류 중에서 주요 식품의 원료가 되는 양곡류의 생산과 소비 및 수급현황을 보자.

쌀 생산은 재배면적 증대와 품종갱신, 그리고 기술향상으로 획기적으로 증대되었다. 쌀 생산량은 1970년에는 394만톤, 1980년에는 355만톤, 1990년에는 560만톤으로, 2000년에는 529만톤으로 증가하였다. 2001년도에는 551만 5천톤이었으나 이후 다소 줄어들어 2002년에는 492만톤, 2003년에는 445만톤, 2004년에는 500만톤이며 2005년에는 475만톤이 생산되었다. 2005년 쌀 생산량을 석(石) 단위로 환산하면 3311만석이다. 최근에는 쌀의 생산은 증가한 반면, 소비는 줄어들고 있어 재고과잉에 따른 가격하락과 쌀 재고의 처분문제가 국민적 과제로 대두되고 있다.

쌀 생산량 추이

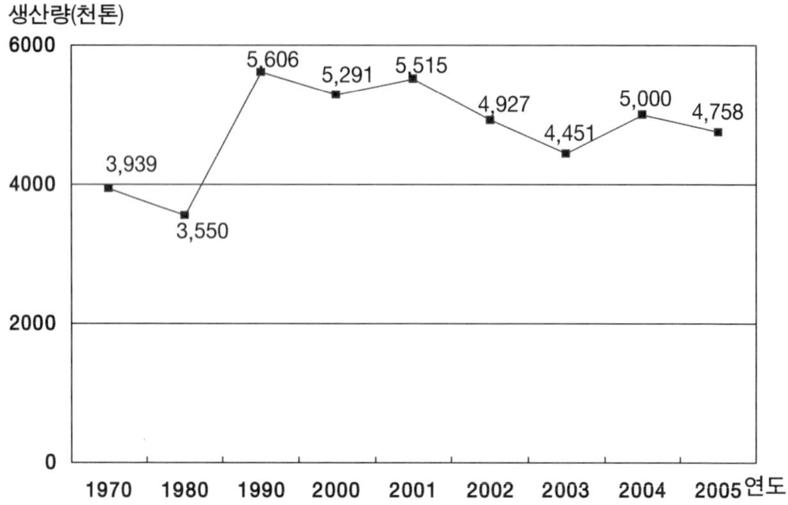

보리 등 맥류

맥류라 함은 보리류를 말하며 겉보리, 쌀보리, 맥주보리, 밀, 호밀 등이 있다. 맥류는 과거에는 우리 식생활에 중요한 위치를 차지하였으나, 소득증대로 인한 식생활 패턴의 변화와 재배여건의 불리로 인해 소비와 생산은 지속적으로 감소되고 있다. 맥류의 생산은 1980년에는 91만 톤이나, 1990년에는 42만톤 수준으로 거의 절반으로 줄었다. 최근 보리의 생산량은 지속적으로 줄어 2000년에는 16만톤 수준이며 2002년에는 27만톤, 2004년에는 19만톤 수준에 불과하다.

맥류의 생산량

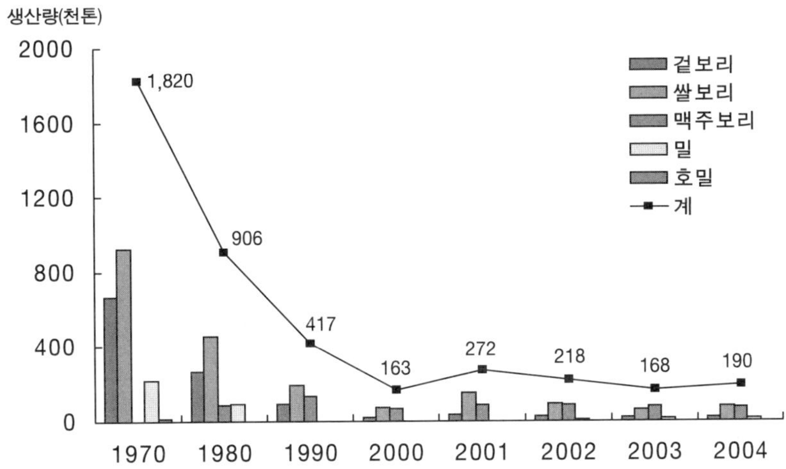

콩, 옥수수, 감자, 고구마

콩은 식량자원으로 매우 중요한 위치를 차지하는 작물이다. 콩은 전분을 주요성분으로 하는 곡류와는 달리 단백질과 전분, 그리고 지방이 골고루 들어있는 우수한 작물이다. 우리나라에서 콩은 쌀, 보리와 함께 중요한 식량자원으로 자리잡고 있다. 콩 생산량은 과거 1970년에는 23만톤 정도이었으나, 점차 줄어들어 2004년에는 14만톤 정도에 불과하다.

옥수수는 화본과에 속하는 일년생 식물이며 우리나라에서는 1700년대에 포르투갈인에 의하여 중국을 거쳐 들어온 것으로 추정된다. 옥수수는 강원도를 중심으로 한 농촌지

역에 널리 재배되어 왔으며 다른 잡곡에 비해서 생산량이 많은 편이다. 옥수수 생산량은 비교적 안정세를 보이며 2004년에는 약 7만 8천톤 수준이다. 그 외에 주요한 곡류로서 감자와 고구마가 있으며, 감자 생산량은 2004년에 64만톤, 고구마 생산량은 34만톤 정도이다.

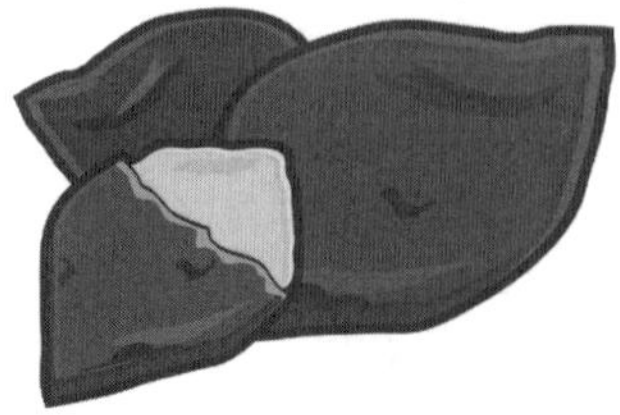

콩, 옥수수, 감자, 고구마 생산량

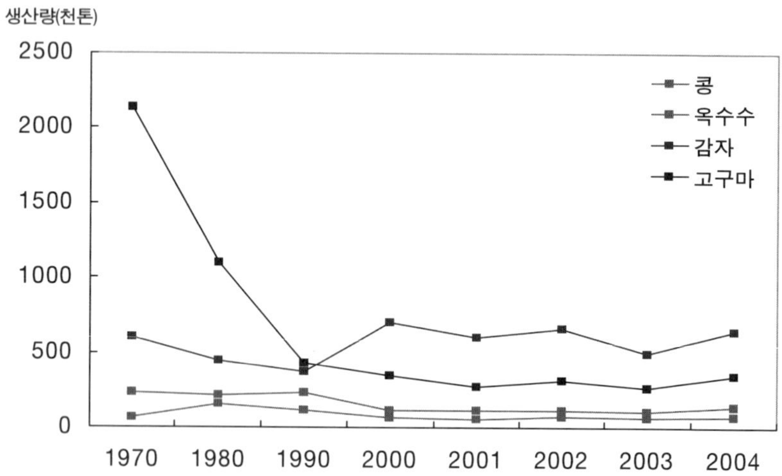

양곡류 수급

다양한 곡물의 생산과 수요를 종합하여 식량 수급상황을 보면 다음과 같다. 쌀, 보리, 밀, 옥수수, 콩 등의 전체 양곡의 총공급량은 2178만 톤이다. 이에 비해 양곡의 총수요, 즉 식량용, 가공용등 총수요량을 합하면 1889만 톤이다. 따라서 289만 톤의 연말 재고가 생기게 되며 이는 다음해로 이월되는 것이다.

양곡수급전망(2004 추정)

(단위 : 천톤)

	합 계	쌀	보리쌀	밀	옥수수	콩
□ 공 급	21,784	5,755	610	3,621	9,607	1,597
○ 전년이월	2,837	1,099	276	419	877	118
○ 생 산	5,041	4,451	177	12	70	105
□ 수 요	18,894	4,718	327	3,158	8,632	1,480
○ 식 량	5,560	3,952	53	1,298	66	77
○ 가 공 용	3,996	335	243	836	1,999	331
□ 연말재고	2,890	1,037	283	463	975	117
1인당년간 소비량(kg)	138.4	82.0	1.1	34.1	5.6	8.5
곡 물 자 급 도(%)	26.7	96.5	54.1	0.4	0.8	7.1
식 량 자 급 도(%)	50.3	96.5	56.9	0.6	3.3	25.0

자료: 농림부, 2005.

(2) 채소류 생산량

채소류는 산과 들에서 채취하거나 재배하여 식용으로 사용하는 식물류를 총칭한다. 우리나라의 주요 채소류는 배추, 무, 고추, 마늘, 양파 등이다. 채소류는 부식으로 우리의 식생활에서 중요한 위치를 차지한다. 채소류는 맛이 담백하고 색채가 다양하며, 수분 함량과 섬유질, 무기질이 풍부하다. 영양측면은 물론 건강에도 좋은 기호성 작물이 채소이다. 주요 채소류는 다양하나 우리의 식생활에서 가장 많이 사용하는 채소류는 고추, 마늘 , 양파, 무, 배추이다.

채소류의 생산은 1970년에는 265만 톤에 불과하였다. 국민의 식생활 변화와 재배기술 향상, 그리고 정부의 적극적인 지원으로 채소류 새배년석과 생산량은 지속적으로 증가하였다. 채소류 생산량은 1980년에는 768만 톤 수준이나, 1990년에는 868만 톤으로 증가하였다. 2000년도의 생산량은 1,128만 톤을 나타내었으며 2004년에는

1,047만 톤을 나타낸다. 향후의 채소류 재배면적은 크게 증가하지 않을 것으로 전망한다. 수입개방과 소비패턴의 변화 때문이다. 지금보다 크게 늘지 않은 상태에서 채소 생산량은 현 수준을 유지할 것으로 본다. 주요 채소류의 품목별 생산현황은 다음과 같다.

주요 채소류의 생산현황

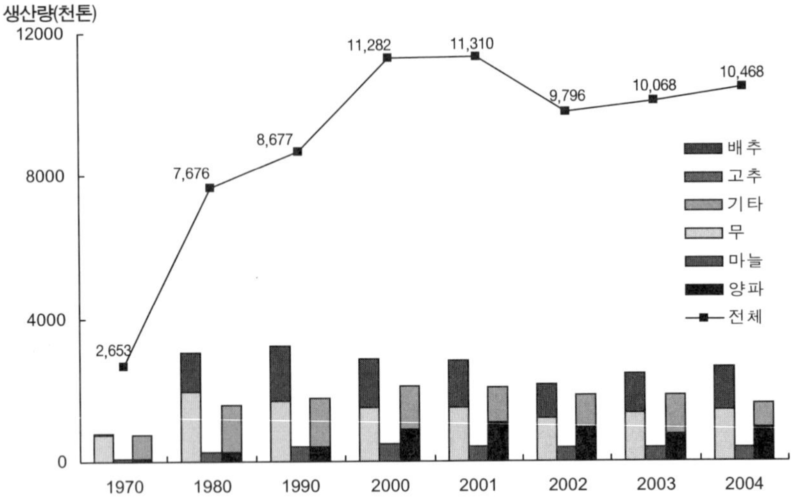

(3) **과실류**

과실은 음식의 재료로서 반드시 필요한 것은 아니나 우리나라 식품소비에서 중요한 위치를 차지한다. 소득수준의 향상에 따라 과실 소비가 지속적으로 증가하고 있다. 우리나라에서 재배되는 과실은 여러 가지가 있으나 사과, 배, 포도, 복숭아, 감귤 등이 주요 과실이다. 품목별로 보면 과실 소비량은 대개 사과, 귤, 포도, 배의 순으로 되어 있다. 과실류 생산도 채소류와 마찬가지로 지속적으로 증대되었다. 과실류 생산량은 1970년에는 42만 톤에 불과하였으나

1980년에는 83만 톤으로, 1990년에는 177만 톤으로 증가하였다. 2000년도는 생산량은 243만 톤이며 2004년에는 241만 톤에 이르고 있다.

주요 과실류 생산현황

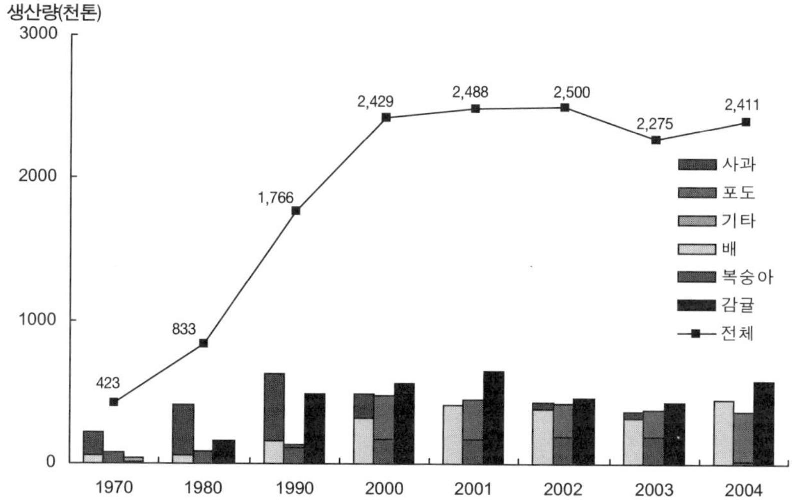

(4) 축산물

일반적으로 축산물이라고 함은 쇠고기, 돼지고기, 닭고기 등 육류를 일컫고 있으나, 육류 이외에도 계란, 우유, 낙농품등 등 여러 가지가 있다. 전체 육류의 생산은 1970년에는 16만 톤 정도에 불과하였으나, 1980년에는 42만 톤, 1990년에는 78만 톤, 2000년에는 118만 톤으로 증가하였다. 2004년도의 육류생산량은 118만 톤 수순이다. 품목별로는 쇠고기의 경우는 1970년에 3만7천톤 정도의 생산에 불과했으나 2000년에는 21만4천 톤의 생산을 나타내며 2004년에는 14만 5천톤을 생산하였다. 돼지고기의 경우에도 1970년의 8만 3천톤에서 2004년에는 74만 4천톤으로 크게 늘어났다. 닭고기는 1970년의 4만 5천톤에서 2004년에는 74만 4천톤으로 생산이 늘어났다. 축산물의 품목별 생산현황은 다음과 같다.

주요 축산물 생산현황

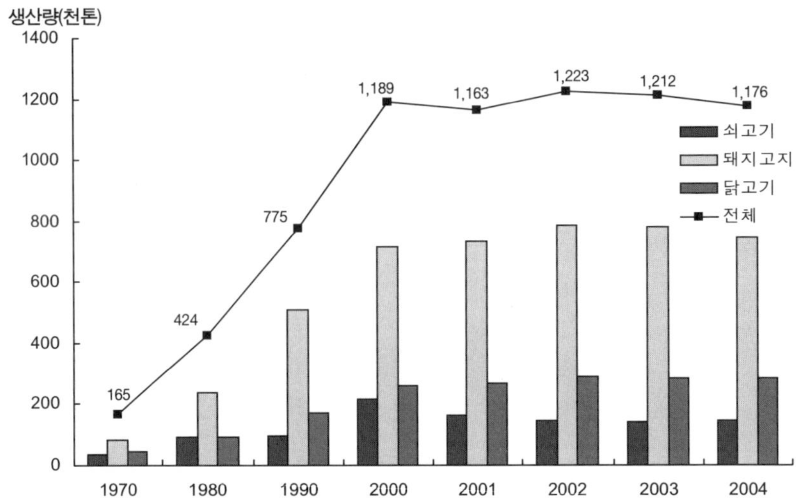

4) 가공식품

가공식품은 식품으로서의 의미도 중요하나 농산물 가공으로 부가가치를 높인다는 측면에서도 매우 중요하다. 농산물 가공은 부가가치를 높여 농가소득을 증대하며 과잉이나 과소 생산에 따른 수급불안정을 방지한다. 우리나라의 농산물 가공비율은 비교적 낮은 실정이다. 국산 농산물 가공비율은 1985년에는 9.7%이었으나 1990년에는 11.4%로, 1995년에는 10.2%, 2000년에는 13.5% 수준으로 증가하였다. 이에 비해 수입농산물의 가공비율은 2000년 기준으로

29.8%이다. 국산 가공비율에 비해 2배 이상의 높은 가공비율을 보인다. 그 이유는 수입 농산물이 가격이나 품질 균일성, 원료의 안전성 측면에서 유리하기 때문이다. 가공원료 중 국산농산물이 차지하는 비율은 1985년에는 81.7%이었으나 1990년에는 83.6%로 다소 높아졌으나, 1995년에는 76.9%로 떨어졌다. 이후 정부의 지원정책으로 2000년에는 81.1% 수준으로 소폭 향상되었다. 따라서 국산 농산물의 가공비율을 높이기 위한 다양한 노력이 더욱 필요하다.

(1) 쌀 가공

곡물가공업은 크게 다섯 가지 분야로 나눈다. ① 도정, 제분업, ② 빵, 과자, 국수 제조업, ③ 전분, 당 제조업, ④ 장 제조업, ⑤ 기타 등이다. 통계청의 산업총조사 보고서에 따르면 곡물가공업의 매출액 규모는 1993년 기준으로 4조 3천억에 이르고 있다. 분야별로 보면 매출액 규모가 1,000억원 이상이 되는 것은 쌀 도정(6,831억), 라면(6,150억), 밀가루(4,062억), 빵(4,004억), 스낵류(3,698억), 비스켓(2,596억), 전분(1,281억), 기타 건과자(1,159억), 두부(1,010억)이다. 이 추세는 거의 해마다 비슷하나 품목별 성장률은 매년 다르게 나타난다.

쌀은 벼 도정업으로 분류할 수 있다. 쌀 가공은 여러 가지 측면에서 매우 중요하다. 쌀의 소비촉진을 위해서나 쌀 산업의 부가가치를 높이기 위해서도 다양한 쌀 가공수요를 개발해야 한다. 지금까지 쌀 가공식품의 수요는 대개떡류, 과자류, 미분류, 밥류, 엿류, 음료, 주류, 주정 등이다. 쌀의 가공용 수요는 쌀 떡, 쌀 과자, 쌀 술 등 다양하나 생산에 비해 수요가 그리 많은 편은 아니다. 가공용 쌀 제품이 다양화되지 못하고 있고, 원가나 제품가격이 비싸며, 소비가 한성되고, 가공업체가 영세한 점 등이 중요한 원인이다

쌀 가공업체에 대한 현황은 구체적으로 파악하기 어렵다. 정부 쌀을 저가로 공급받는 업체를 중심으로 파악되는 정도이다. 가공용

쌀 사용업체는 대부분 정부에서 공급하는 수입쌀을 공급받아 쌀 가공제품을 만들고 있다. 쌀 가공업체 수는 매우 많으나 대부분이 영세하다. 이중 정부의 지원을 받는 공급업체 수는 2005년 12월 기준으로 536개소이다. 업종별로는 떡 면류가 169개소, 주류가 192개소로 대부분을 차지하고 나머지는 쌀과자등 기타업체이다. 쌀 가공산업의 전체 시장규모는 약 1조 4천억원에 이르는 것으로 추정된다.[23] 부류별로는 주류나 주정시장이 가장 큰 비중을 차지하고 있으며 음료시장도 약 1,400억원의 규모에 이르는 것으로 추정된다. 정부에서 지원한 업체에 대한 가공용 쌀 공급현황은 2001년에는 66,848톤이었으나 2002년에는 다소 증가한 94,602톤이다. 가공용 쌀은 일반쌀에 비하여 저가로 공급되고 있으나, 실제 수요는 크게 늘어나지 않고 있다. 또한 저가 공급에 따른 시중 쌀과의 가격차이로 인해 부정 유통의 문제가 수시로 제기되기도 한다.

쌀 가공제품의 시장규모(2001)

(단위; 백만원)

구분	제품명	매출액
떡류	떡국떡	17,102
	떡복이	44,893
과자류	쌀과자	30,100
미분류	쌀가루	2,800
밥류	햇반	21,000
엿류	물엿	6,500
음료	쌀음료	140,000
주류	탁주	54,566
	약주	65,700
	청주	76,400
	소주	700,000
주정	주정	271,192
계		1,430,253

자료: 쌀 가공협회

(2) 연 식품

두부는 오랜 기간 동안 우리 민족이 애용해온 식품이다. 두부를 만드는데 사용되는 콩은 단위 면적당 단백질이 가장 많은 작물로서 우리나라에서 가장 중요한 식량자원이기도 하다. 두부는 우리나라 뿐만 아니라 중국 등 동양권에서는 애용하는 식품이다. 이러한 중요성에도 불구하고 콩을 중심으로 한 연식품 시장의 규모나 현황에 대해서 정확한 자료가 미흡한 것은 매우 안타까운 현실이다.

2004년을 기준으로 전국의 두부류의 제조업체는 약 1,500개가 있으나 대부분이 가내 수공업 정도에 머물고 있다. 대규모 업체라고 할 수 있는 것은 1일 원료 처리량이 2.5톤 이상을 나타내는 업체를 말하나, 이들 업체는 전체의 1.7% 정도인 25개 업체에 불과하다. 두부류 제조업체중에서 한국 연식품 공업협동조합연합회에 가입한 숫자는 약 570 여개 회사이며 나머지는 비회원사이다. 이들 회원업체가 두부제조에 사용한 콩의 양은 2001년의 경우 약 11만 8천톤 정도이다. 이중 90% 정도가 일반두부용으로 사용되었고 나머지는 연두부, 순두부등 타용도로 사용된 것으로 추정된다. 이 자료에 의거해서 2004년도에 판매된 두부류의 총판매액을 추정하면 약 4,444억원에 이를 것으로 본다. 한정된 두부류 시장에 업체 수는 많이 늘어나 연식품 업체 간의 경쟁이 치열해지고 있다.

연식품의 매출액 규모는 전반적으로 매우 낮은 수준이다. 연식품 매출액 규모를 상위 업체 순으로 보면 2002년 기준으로 상위 5개업체는 풀무원(465억원), 군인공제회제일식품(124억원), 시온식품(제1호)(121억원), 동화식품(101억원), 광화(67억원)의 순이다. 두부류의 경우는 대부분이 수입 콩에 의존하고 있어 안정적인 원료조달문제와 더불어 안전성 문제에 대한 논의가 지속되고 있다. 2004년도

주요제품별 생산 및 판매량추정(2004 추정)

구 분	원료사용량(톤)	제품생산량(톤)	판매액(백만원)
일반 두부	124,965	374,895	375,155
포장 순두부	7,095	38,313	23,946
연 두부	5,912	28,378	17,973
유 부	4,993	4,494	17,976
기 타	1,849	6,253	9,379
계	144,804	452,333	444,429

자료: 한국 연식품공업협동조합연합회.

전체 콩 수입량(1,625 천톤) 중에서 식용 수입량은 29만 3천톤이며, 사료용 수입량이 133만 2천 톤이다. 두부업계가 당면하는 문제는 원료인 콩의 안정적인 조달과 다양한 제품의 개발, 소비자의 인식제고 등 여러 가지이다. 특히 두부제조 업자들 간의 치열한 경쟁이나 GMO 콩의 원료 사용에 대한 소비자들의 관심 증대에도 적극 대처해 나가야 한다.

(3) 장류

장류는 우리나라에서 오랜 역사를 지니고 있다. 곡류를 주식으로 하고 채소류를 반찬으로 하며, 음식의 간을 맞추는 조미식품으로서 장류는 우리 민족에게 없어서는 안 될 소중한 식품이다. 장류의 기원은 농경이 시작된 무렵부터라고 하고 있으나, 우리나라 문헌으로 장이 처음 등장한 것은 신라 신문왕 3년(683년)부터이다. 장류는 우리나라에서 2천년 이상의 역사를 가지고 있다. 당시 장과 메주가 매우 귀한 음식이었으며 이미 장 담그는 법이 형성되었다고 한다. 조선시대의 기록들을 보면 간장, 된장, 고추장 등과 같은 기본 장류 이외에도 어간장, 막장, 즙장, 청태장, 팟장, 육장, 대맥장, 시금장, 비지장, 두부장, 무장, 담북장 등, 지역에 따라 각종 특산물을 이용한 다양한 장류가 발달되었다고 한다.

장류산업은 8·15 해방 후 일본인이 경영하던 장류공장을 인수하면서 어느 정도 발전을 하였다. 장류는 1950년 한국동란을 거치면서 군납을 목적으로 30개의 생산업체들이 생겨났다. 장류의 생산증대에 부응하여 1960년대에는 품질에 대한 법적 감시를 받게 되었으며, 1967년에는 장류에 대한 식품규격 기준이 공포되었다. 장류업체 수는 과거 300여개 정도가 되었으나 지속적으로 감소되어 현재는 약 90여개 업체가 있으며, 2004년 기준으로 장류협회에 등록된 업체는 82개 업체이다. 장류산업은 2차에 걸친 간장파동[24)]과 경영여건의 애로로 인해 많은 어려움을 겪기도 하였다. 장류는 1994년 중소기업 고유 업종에서 해지되어 대기업도 장류시장에 참여할 수 있게 되었다. 현재의 장류산업은 대상, 해찬들, 샘표식품, 오복식품, 진미식품, 신송식품 등 상위 10여개의 업체가 전체 시장의 90%를 차지하고 있다.

장류의 시장규모는 정확하지 않다. 간장, 된장, 고추장 등을 포함한 전체 장류의 시장규모는 약 1조 3,000억원에 이르는 것으로 추정한다. 종류별로는 2002년을 기준으로 간장이 17만톤의 생산에 약 1,470억원, 된장이 16만톤의 생산에 약 1,587억원, 그리고 고추장이 12만톤의 생산에 약 2,500억원의 시장규모를 가진 것으로 짐작한다. 연간 장류의 총소비량은 자료마다 다르나 약 87만톤 정도로 추정한다. 장류의 생산량에 대한 통계는 조사기관이나 자료마다 차이가 많다. 대한장류공업협동조합 자료에 의하면 2003년 기준으로 간장이 198,731kℓ, 된장이 169,489 톤, 고추장이 153,816 톤 정도로 보고 있다. 우리나라 장류의 연간 총소비량은 약 87만톤 정도로 추정되고 있다. 장류업계의 자료에 의하면 간장은 추정소요량 43만kℓ의

42%인 18만 kℓ을 공장에서 공급하며, 된장은 소요량의 26%, 고추장은 69% 정도를 공장에서 공급하는 것으로 나타난다.

된장 및 고추장은 우리 고유의 식품으로 국제화가 가능하며 세계시장으로 의 진출 가능성이 큰 우수한 식품이다. 장류의 수출실적은 2004년 기준으로 고추장이 5,291톤, 된장이 2,832톤, 간장이 7,155kℓ, 춘장이 323톤 이다. 간장의 경우 주로 미국, 러시아 등이 가장 큰 시장이며 된장 및 고추장의 경우는 주로 일본과 미국이 가장 큰 시장이다. 장류는 상당량이 수입되기도 한다. 수입국가는 중국, 일본, 미국 등이며 2004년도의 수입실적은 된장이 2,237톤, 간장이 1,650kℓ정도이다.

장류의 수출입 현황

(단위 : 톤, kl)

품목명	수 출				수 입			
	2001	2002	2003	2004	2001	2002	2003	2004
고추장	4,305	3,749	4,485	5,291	38	68	215	199
된 장	1,726	1,706	2,541	2,832	1,055	1,356	2,553	2,237
간 장	4,326	6,516	5,399	7,155	854	1,301	1,384	1,650
춘 장	222	257	324	323	16	37	181	104

자료: 대한장류공업협동조합(2005).

한편, 고추장과 된장은 국제공인 식품규격을 얻기 위하여 Codex 에 규격 제정을 추진 중에 있다. 고추장과 된장이 국제식품규격을 획득할 경우는 수출이 크게 늘어나고 국제적으로 위상도 높아질 것으로 여겨진다. 장류는 우리 고유식품으로도 중요하나 앞으로의 성장 전망도 밝으며, 세계화 가능성도 매우 높은 식품이다. 향후 장류업계는 국내업계간의 경쟁보다는 세계시장을 개척하고, 새로운 기술을 개발하며 품질개선과 소비자의 맛의 회복 등 다양한 노력을 기울여야 한다.

(4) 제분 및 전분

제분업

제분은 밀을 분쇄한 밀가루를 의미한다. 밀은 쌀, 옥수수, 보리 등과 함께 중요한 식량자원이며 여러 가지 제품으로 활용된다. 우리나라의 제분업은 1950년 이후 국내 밀가루 수요증대에 따라 본격적인 성장과 발전을 하였다. 2004년 기준으로 국내의 제분업계는 CJ, 대한제분, 동아제분 등 총 8개 업체에 11개 공장이 있다. 이들 전체의 가공능력은 306만톤 정도이나 가공실적은 2004년 기준으로 235만톤으로 가동률이 약 77%에 이른다. 국내의 밀가루 시장의 규모는 약 7000억원 규모[25]로 추정하고 있다.

제분의 원료가 되는 밀은 1983년까지는 주로 미국에서 도입하였으나 그 이후에는 호주, 캐나다 등으로 수입선이 다변화되고 있다. 2004년도의 경우 전체 밀 도입량은 241만 3천톤이며 국가별로는 미국에서 128만 톤, 호주에서 102만톤, 캐나다에서 11만톤을 도입하였다. 밀가루는 국민식생활의 서구화로 빵을 비롯한 밀가루 제품의 소비가 지속적으로 증가하기 때문에 당분간 제분업의 성장은 지속될 것으로 본다. 향후 관련 업체에서도 단순히 국내 소비증가에 의존하지 말고, 안정적인 원료의 확보와 제품의 차별화, 그리고 소비자들의 신뢰확보에 더욱 노력해야 한다.

밀가루 가공능력 및 실적

(단위 : 톤)

연도별	공장수(개)	가공능력	가공실적	가동율(%)
1990	13	3,141,000	2,035,000	64.8
2000	10	2,896,500	2,403,000	83.0
2004	11	3,055,500	2,347,000	76.8

자료 : 한국제분공업협회

전분업

전분(澱粉)은 다당류로 물을 가하여 분해하면 당이 생성되고 물로 가온하면 죽의 상태가 되는 녹말가루를 말한다. 전분생산에 주로 사용되는 원료로는 고구마, 감자, 타피오카, 옥수수, 소맥 등이 있다. 생산된 전분은 전분당, 화학조미료, 기타 식품의 부재료 뿐만 아니라 접착제, 종이, 의약품의 제조등 약 2천여종의 제품에 사용되고 있다. 전분과 전분당을 포함하는 전분관련 국내의 산업규모는 약 7,000억원으로 추정하며 연간 제품생산량은 약 200만톤이다.

전분원료 중 옥수수 가루는 제빵이나 제과, 스낵 등 다양한 분야에 사용된다. 옥수수는 대부분이 수입으로 충당하는 바, 2004년 국내 전분당 산업이 수입한 옥수수의 양은 약 189만톤이며 거의 대부분을 수입하여 충당하였다. 수입지역은 남미가 130만 톤으로 전체의 약 69%를 차지하며 미국이 47만 5천톤으로 25.2%, 중국이 약 10만톤으로 5.7% 정도를 차지한다. 수입 옥수수는 공업용 또는 사료용으로 사용되며 도입량의 70%내지 80%가 사료용이다. 공업용은 다시 전분과 옥분용으로 구분되는데 대부분이 전분용으로 쓰이고 있다.

제빵업

국민의 빵에 대한 소비의 증대에 따라 제빵산업은 급속히 발전하였다. 우리나라의 제빵산업은 1960년대 이후 본격적으로 발전하였으며, 쌀의 부족에 대처하기 위한 정부의 분식장려 시책으로 많은 발전을 하게 된다. 제빵시장의 규모는 2004년 기준으로 약 1조 8천억원으로 추정하고 있다.

우리나라 제빵업계는 양산업계와 베이커리 업계로 구분되는 바, 제빵은 주로 샤니, 삼립식품, 기린, 서울식품의 대규모 양산 4사가 주도적인 생산을 담당하였으나, 1980년대 이후에 고려당, 태극당 등 베이커리 업계[26]가 시장점유를 크게 늘려나가고 있다. 따라서 양산 4사의 매출액이 차지하는 비중은 점차 줄어들고 있으며 2004년의 매출액 규모는 4,593억원에 이른다. 반면 베이커리 업계의 매출액은 크게 늘어나 2004년 기준으로 1조 3,752억원에 이르며, 양산업계와 베이커리 업계와의 매출액 비율은 25:75 정도이다.

양산 4사 및 베이커리 매출동향

(단위 : 억원, %)

구분	양산4사			베이커리			계	
	매출액	성장률	점유율	매출액	성장율	점유율	매출액	성장률
1987	2,056	9.4	47	2,320	19	53	4,376	14.3
1988	2,133	3.7	45	2,640	13.8	55	4,773	9.1
1989	2,325	9.0	44	2,930	11.0	56	5,255	10.1
1990	2,640	13.5	42	3,600	22.9	58	6,240	18.7
1991	2,806	6.3	40	4,200	16.7	60	7,996	12.3
1992	3,330	18.7	41	4,800	14.3	59	8,130	16.0
1993	3,927	17.9	41	5,760	20.0	59	9,687	19.1
1994	4,119	4.9	38	6,630	15.1	62	10,749	11.0
1995	4,249	3.2	35.4	7,757	17.0	64.6	12,006	11.7
1996	4,730	11.3	34.6	8,920	15.0	65.4	13,650	13.7
1997	4,489	△5.1	31.3	9,830	10.2	68.7	14,319	4.9
1998	4,453	△0.8	30.8	10,023	2.0	69.2	14,476	1.1
1999	4,503	1.1	29.1	10,960	9.3	70.9	15,463	6.8
2000	4,416	△1.9	27.2	11,820	7.8	72.8	16,236	5.0
2001	4,039	△8.6	27.0	10,922	△7.6	73.0	14,961	△7.9
2002	4,091	1.3	25.8	11,790	7.9	74.2	15,881	6.1
2003	4,310	5.3	25.3	12,733	8.0	74.7	17,043	7.3
2004	4,593	6.5	25.0	13,752	8.0	75.0	18,345	7.6
비고	1987~1996 : 9.8% 1997~2003: △1.7%			1987~1996 : 16.5% 1997~2003 : 8.1%			1987~1996:13.6% 1997~2003:6.0%	

자료: 농수축산신문, 2005 한국식품연감, p. 198.

(5) 채소류 가공

김치의 생산과 유통

김치는 우리 민족과 역사를 같이해온 소중한 식품으로 김치의 중요성은 더 설명할 필요가 없다. 최근 여성의 사회참여 확대, 주거환경 변화, 학교급식 증가 등으로 김치에 대한 수요는 더욱 늘어난다. 김치는 우리 식문화를 대표하는 상품이고, 세계화가 가능한 경쟁력 있는 식품이다. 김치는 순수한 우리 기술과 국산원료인 배추·고춧가루·마늘·파 등을 사용하므로 외화가득률이나 부가가치도 매우 높다. 김치는 채소류 수급안정이나 농가소득 증대에도 크게 기여하고 있다. 배추 생산량의 92%, 무는 45～53%, 고추는 38～42%, 마늘은 6～7%, 생강은 21～26%가 김치용 원료로 사용되고 있다.

김치 생산은 연간 약 153만톤 수준에 머물고 있다.[27] 농림부 자료에 의하면 전체 153만톤의 김치 수요 중 가정 생산 김치가 84만 5천톤, 시판 김치가 57만톤, 요식업체 생산 김치가 11만 5천 톤 정도를 차지한다. 시판 김치 중 중국산은 7만2천톤 정도이다. 국내의 김치생산업체는 1995년에는 약 200여개이었으나, 지속적으로 증가하여 1999년에는 555개, 2004년에는 약 600여개의 업체가 있다. 김치업계에 종사하는 인력은 약 1만 여명으로 추정된다. 업체별로 보면 두산 식품의 종가집 김치가 약 68%로 절대적인 우위를 차지하고 있으며, 그 외에도 동원F&B, 농협, 한성김치, 풀무원 등의 여러 업체가 있다. 최근 대기업체가 김치생산에 참여하는 등 공장김치 생산이 크게 증가하는 추세에 있으며 연간 김치 생산량의 30% 수준에 이른다.

김치의 소비와 수요추정

(단위: 천톤)

합계	가정생산	시판 김치							요식업체 생산김치
		계	공장김치				즉석 김치	
			소계	가정용	대량 수요처	수출		
1,530	845	570	470	145	290	35	100	115

자료: 농림부, 2005.

국내에서 생산되는 김치는 일반 시판, 단체급식소 공급, 외식업체 공급, 군납, 수출 등 크게 다섯 가지로 구분된다. 일반 시판 김치의 판매경로는 소비자주문과 직판, 영업소(직판장)를 통한 판매, 대리점에서 소형슈퍼를 거쳐 소비자에게 이르는 경로, 기타 백화점(대형슈퍼)에서 소비자에게 판매되는 경로가 있다. 다만, 소포장 김치의 경우는 생산자에서 전문 배송업체로 유통되고 전문 배송업체가 편의점(또는 슈퍼)을 거쳐 소비자에 이르는 경로로 판매되고 있다.

김치의 원료구매는 계약재배가 30%, 도매시장에서 구입하는 것이 50% 정도로 되나, 구입하는 경로가 주를 이루고 있다. 김치유통에서는 냉장 운반 및 저장시설을 갖추어야 하고, 유통과정중 변질의 위험성이 높아 중간 유통단계의 마진율이 비교적 높다.[28] 국내 시판김치의 포장은 500g이하 포장(슈퍼, 백화점 등)과 1kg이상의 포장(단체급식소, 외식업체 등) 단위로 구분되며, 포장용기는 내수용과 수출용으로 구분된다.

김치 수출입

김치의 수출은 1984년까지는 중동지역의 해외 근로자를 대상으로 이루어졌으나, 1985년 이후에는 일본의 생김치 수요 증대로 일본을 중심으로 한 동남아시장으로 수출이 전환되었다. 김치수출은 지속적으로 증가하였으나, 2000 하반기부터는 신장세가 둔화되고 있다. 김치 수출은 1990년에는 1천4백만 달러 수준이었으나, 1999년에는 7천 9백만 달러를 기록하였고, 2004년에도 1억2백만 달러를 달성하였다. 2005년도의 김치 수출실적은 김치의 기생충파동으로 전년보다 감소한 9,300만 달러에 이른다.

김치 수입은 거의 중국으로부터 이루어진다. 중국산 김치의 수입은 2003년에는 2만 8706톤, 금액으로는 1031만 달러 정도였으나, 2004년에는 7만 2605톤으로 크게 늘어났으며 수입금액은 2907만 달러 정도이다. 향후 중국산 수입김치의 물량은 약 10만 톤에 이를 것으로 추정한다. 중국산 김치의 우리 시장 점유율은 1998년에는 0.1%, 2000년에는 5.0%이었으나 2004년에는 12.6%를 차지하였다. 김치는 2001년 7월 5일 제24차 Codex 총회에서 국제식품규격을 최종적으로 획득함으로써 국제적인 식품으로서의 위상을 가지게 되었다.

김치의 수출입동향

(단위: 천톤, 백만 달러)

구 분	2003		2004		2005	
	물 량	금 액	물 량	금 액	물 량	금 액
수 출 (일본)	33.1 (30.5)	93.2 (87.2)	34.8 (32.4)	102.7 (96.9)	32.3 (21.6)	93.0 (64.3)
수 입	28.7	10.2	72.6	29.5	70.9	31.1

주: 2005년도 김치수출입 자료 중 ( )내 수치와 수입수치는 2005. 8월 까지의 통계자료임.
자료: 농림부, 2006.

일본에 대한 김치수출은 지난 1998년부터 1999년에 급격히 증가하였다. 주요한 증가요인은 일본 TV에서 다이어트, 건강식품 등 한국 김치의 기능성을 부각시키는 프로그램을 집중 방영하여 소비자의 구매욕구를 증진시켰기 때문이다. 종주국 김치제품에 대한 구매성향이 강하게 확산됨에 따라 일본시장에서 우리김치와 일본의 아사츠케, 단무지 등이 경쟁을 하게 되었다. 한편, 2005년 11월 김치에서 기생충알이 발견되었다는 국내 식약청의 발표로 김치에 대한 내수와 수출에 큰 타격을 입었으며, 김치에 대한 안전성과 신뢰감을 동시에 상실할 지경이 되었다. 그러나 정부의 적극적인 노력과 외국 언론의 김치의 조류독감 예방효과 보도로 어느 정도 회복되는 추세이다. 다만, 주요 수출시장인 일본에서의 김치의 수요가 회복되지 않고 있다. 향후 김치의 위상을 찾기 위해서는 다양한 노력이 필요하다. 김치산업을 안정화 시키고, 김치의 위생과 기술, 경쟁력, 맛, 건강기능성 등에서 경쟁력을 갖추어야 한다. 또 수출상품을 다양화하고, 체계적이면 마케팅전략을 수립해야 하며 아울러 김치 수출시장의 다변화도 필요하다.[29)]

채소류 가공

채소 가공품은 채소 종류별로 다양하다. 이를 개별 품목별로 분석하기는 매우 어려우며 자료의 제약도 많다. 전체 채소류 가공품의 현황을 수급 측면에서 보면 다음과 같다. 전체 채소류 생산량에 대비한 가공품의 생산비율은 낮은 편이다. 신선채소의 국내생산은 2000년 기준으로 1,128만 톤이며 2001년도는 1,131만톤 수준이다. 생산에 대비하여 가공용 수요는 그리 많지 않아 2000년의 경우는 전체 채소류의 생산량의 4.3% 수준이다. 가공용 사용량은 과거 1990년대는 약 30만 톤을 상회하였으나, 최근에는 40만 톤 정도로 큰 증가를 보이지 않는다. 가공용 수요의 증가율은 과거 1988년부터 1994년까지는 연평균 증가율이 13.1%에 이를 정도로 증가하였으나, 최근에는 정체되고 있다고 하겠다.

신선채소의 수급구조

(단위 : 톤)

연도	국내생산량	수출량	수입량	소비량	가공용사용량(%)
1988	7,651,241	14,670	124	7,636,695	134,173(1.8)
1989	8,314,148	9,513	29	8,304,664	157,336(1.9)
1990	8,677,439	1,413	126	8,676,152	190,495(2.2)
1991	8,608,672	11,610	6,060	8,603,122	290,925(3.4)
1992	8,790,782	6,478	135	8,784,439	260,878(3.0)
1993	10,151,781	17,122	4,162	10,138,821	299,912(3.0)
1994	9,222,132	4,727	102,943	9,320,348	280,322(3.0)
1995	10,585,759	32,851	18,067	10,570,975	271,594(2.6)
1996	10,208,771	9,013	49,821	10,249,579	333,762(3.3)
1997	9,805,879	4,464	43,764	9,845,179	347,382(3.5)
1998	9,984,100	30,916	50,919	10,004,103	415,958(4.2)
1999	10,218,862	29,219	64,934	10,254,577	442,290(4.3)
2000	11,281,575	32,703	70,859	11,319,731	490,167(4.3)
2001	11,310,314	47,954	79,244	11,341,604	NA

자료: 농림부 채소특작과

채소 가공품의 향후 수요를 정확하게 예측하기는 매우 어렵다. 소득이나 소비의 증가에 따라 신선 채소류의 소비도 증가할 것으로 전망하였다. 식품개발연구원에서는 1994년부터 2001년까지 채소류의 가공용 수요를 추정한 결과 증가율은 국내 생산 증가율보다 높은 연평균 10.3%의 증가를 나타내는 것으로 전망하였다. 그러나 가공용 수요는 어느 정도는 증가하나 지속적으로 증가한다고 보기는 어렵다.

(6) 과실류 가공

과실가공품은 과실 주스, 과실 통조림, 과실주, 과실 잼, 과실 식초, 건조 과실 등이 있다. 과실류 전체의 가공실적은 1980년에는

5만7천톤 수준이었으나, 1990년에 23만 2천톤, 2000년에 13만톤, 2003년에는 21만 8천톤에 이른다. 과실의 생산량 대비 가공량의 비율은 1999년에는 약 5% 수준에 이르렀으나, 2000년에는 전체 과실 생산량의 2.4%인 13만 톤에 불과하다. 우리나라 과실 가공의 한계를 보여주고 있다. 품목별로는 사과가 3만 8천톤, 감귤이 3만 톤, 복숭아가 1만 톤 정도로 대부분을 차지한다. 과실 가공업체 수는 과거 1994년에는 103개 였으나 2000년에는 194개 정도이다. 과실 가공업에 종사하는 종사자수는 2000년 기준으로 약 4,786명이다.

국내 과실류의 가공이 미흡한 것은 기술의 낙후, 포장의 불량, 전문 인력의 부족 등 여러 가지 원인이 있다. 향후 과실류 가공에 대해서도 적극적인 대책을 강구할 필요가 있다. 특히 개방화에 대응하여 과실가공품의 품질을 향상시키고 제품을 다양화하여 서구식 가공품의 수입 증가에 대비해야 한다. 유망한 전통 과실이나 채소 가공품을 개발하여야 한다. 또 대기업과 중소기업의 이중구조로 되어 있는 과실 가공업체를 활성화해야 한다. 이를 위해 정책지원을 확대하고, 계약생산제도를 정착시키며, 제품 다양화를 위한 연구개발을 확대하고, 식품위생 및 검역체제를 강화하는 등 다양한 대책을 추진해야 한다.

과실류 가공실적

(단위: 천톤)

	계	사과	배	복숭아	포도	감귤	기타
1980	56.9	3.8	-	10.9	18.3	23.8	1.1
1990	232.9	28.0	-	25.6	27.0	149.5	2.8
2000	130.2	38.0	4.0	10.3	7.7	30.1	40.1
2001	151.7	33.9	4.5	9.9	14.8	49.6	39.0
2002	265.4	43.0	4.4	8.8	10.6	163.6	35.0
2003	218.8	36.3	4.3	8.2	8.8	122.1	39.1

자료: 농림부, 농림업주요통계, 2005.

(7) 유가공 및 육가공

유가공

유가공산업은 크게 우유와 유제품으로 나누어 볼 수 있다. 젖소에서 생산된 우유를 가공처리하여 여러 가지 제품을 만든다. 연유는 표준화된 원유 그대로 혹은 일부 지방을 제거하여 농축시킨 제품으로 아이스크림의 제조나 제과, 제빵에 사용된다. 전지분유는 원유를 직접 건조시킨 것으로 아이스크림의 제조나 제빵이나 제과에 사용하며 장기보전이 가능해 원유의 수급 불균형시 조절수단으로 활용한다. 탈지분유는 원유에서 유지방을 제거하여 건조시킨 제품으로 유산균 발효유, 음료, 아이스크림, 제빵, 제과에 사용한다. 유제품의 소비는 과거에는 시유에 집중돼 있었으나 최근에는 유가공기술의 발달과 소비자 선호의 변화로 발효유, 치즈 등의 소비도 늘어나고 있다.

우리나라의 우유 및 유가공산업은 매우 초보적인 단계에 있었으나, 1961년 이후 경제개발 5개년계획의 수립으로 어느 정도 발전의 기틀을 마련하였다. 1970년대 이후에는 축산업의 발달과 민간업계의 본격적인 참여, 그리고 다양한 제품의 개발로 유가공업은 성장의 계기를 마련하였다. 1990년대 이후에는 소비자들의 유가공품에 대한 욕구가 다양화되고 소비가 확대되며, 수입이 증대되는 등 여러 가지 여건이 변화되어 우유나 유가공 제품의 품질이나 포장이 고급화되는 등 산업으로서 발전의 기반을 구축하였다. 한국의 유가공산업 시장구조는 상위기업에 높은 집중률을 보이고 있다.

우유는 우리의 고유한 식품은 아니나 소득수준의 향상으로 지속적으로 소비가 증대되었다. 우유의 1인당 소비량은 과거 1970년에는 1.6kg에 불과하였으나, 지속적으로 증가하여 1990년에는 42.8kg, 2000년에는 59.2kg, 2004년에는 63.9kg 으로 증가하였다. 우유의 총생산은 2004년에는 약 226만 톤 수준이다. 한편, 1990년대 이후에는 3D 기피현상이나 축산폐수 문제, 수입개방 등으로 낙농가가 줄어들고 있고 소비도 정체되고 있어 낙농업은 어려운 여건에 직면하고 있다. 최근 유가공산업은 국내낙농업계의 어려움을 극복하기 위한 다각적인 노력으로 어느 정도 소비는 회복되고 있는 실정이다.

유가공산업에 종사하는 종업원 수는 과거 1987년에 10,154명, 총 매출액은 1조 650억원 정도이었으나 급속히 증가되었다. 유제품의 시장규모도 1993년에는 약 2조 5천억원에 불과하였으나, 빠른 속도로 늘어나 2003년 기준으로는 유가공품의 출하액이 약 4조 674억원에 이를 정도로 큰 시장이다. 유가공품은 생산량 기준으로 국민다소비 품목의 1위에 오른 분야이기도 하다.

2000년대에 들어와 유가공업은 어려운 여건에 직면해 있다. 국내의 높은 원유가격이나 젖소의 생산성 저하, 유 업체의 경영규모 영세와 집유체계의 비효율성, 기술수준의 저위 등 여러 가지 어려움이 많다. 특히 건강지향적인 소비자들의 소비선호 변화에도 대처해야 하고 늘어나는 수입개방[30]에도 대비하여 경쟁력을 갖추어 나가야 한다.

육가공

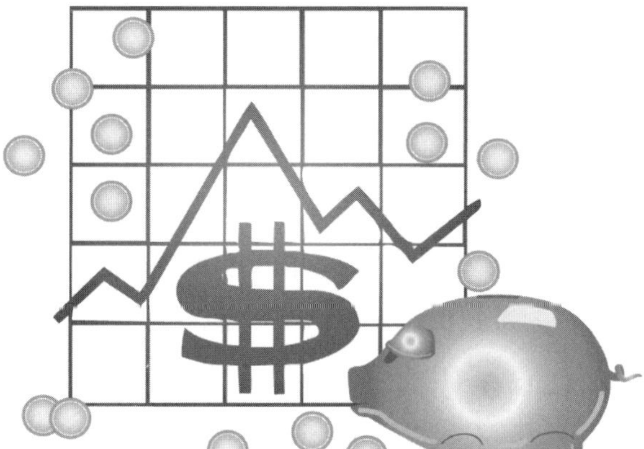

육가공품은 햄, 소세지, 베이컨, 건조육, 캔류에다 닭고기 가공품, 양념육 등의 다양한 제품이 있다. 육가공산업은 저질의 육류와 부산물을 효율적으로 이용하고,

다양한 제품의 개발로 소비자들의 기호를 만족시키고, 축산농가의 소득증대에도 기여하고 있다. 우리나라의 육가공업은 1970년대에 외국의 생산기술과 가공기계를 도입하여 자동화시설을 갖추어 생산을 시작하면서 본격적인 발달을 하였다. 초기에는 내수가 거의 답보상태였으나 소비자들의 수요증대와 업체의 시설투자확대, 그리고 외국의 기술도입으로 어느 정도 발전의 기반을 갖추어 나가고 있다. 육가공품의 경우 쇠고기는 대부분 신선육 상태로 소비되어 가공량이 적으며 육가공의 대부분은 돼지고기가 주원료로 되고 있다. 육가공제품의 생산비 구성은 원료육, 특히 돈육의 비중이 70%를 차지할 정도로 높아 돼지의 수급 및 가격안정이 매우 중요하다. 최근에는 닭고기도 소비량이 늘어나 전체 닭고기 소비량의 약 20% 정도가 가공용으로 사용되고 있다.

육가공 부문에 종사하는 종업원 수는 1987년 기준으로 7,472명, 총생산액은 3,279억원에 불과하였으나 지속적으로 성장하였다. 육가공제품의 판매액은 2003년 기준으로 4조 5,746억원에 이르며 사업체수는 686개에 이른다. 육가공품의 수입액도 매우 많으며 2004년 기준으로 10억 3백만 달러 수준이다. 육가공업체의 주요내역은 롯데햄, 우유, 제일제당, 진주햄 등 이른바 육가공 빅 3사가 있으며, 최근 동원 F&B, 농협목우촌, 대상농장 등 중견업체들도 두각을 나타내고 있다.

한국의 육가공업은 그간 많은 발전을 하였으나 2000년대 이후 어려운 여건에 처해 있다. 근본적으로 양질의 원료조달 문제와 기술인력의 부족, 유통시설의 낙후를 극복해야 한다. 특히 소비자들의 기호 변화와 수입개방에 대응하여 외국 업체와의 경쟁에서 이겨야 하는 어려움에 처해 있다.

4. 식품의 유통

1) 식품 구매

식품에 대한 소비자들의 구매패턴은 다양한 형태를 나타낸다. 식품 구매패턴은 구매장소나 구매단위, 구매형태, 경제적 여건, 사회적 지위 등에 따라 다양하다. 식품 구매패턴은 시대에 따라 변하기도 한다. 따라서 정확한 식품구매 실태를 파악하기는 어렵고 구매패턴을 일반화하기도 어렵다. 식품의 구매패턴은 대개 일정한 식품의 소비지역을 대상으로 설문을 조사하여 그 결과를 가지고 식품의 소비패턴을 분석하고 있다.

식품의 구입장소는 과거에는 재래시장이나 슈퍼마켓이 대부분을 차지하였다. 최근에는 쾌적한 쇼핑환경과 다양한 상품을 일괄구매할 수 있는 대형 할인점이 소비자들의 인기를 끈다. 설문조사자료에 의하면 대개는 슈퍼마켓을 주요한 식품 구매장소로 이용하고 있다. 식품의 구매패턴에 대하여 한국농촌경제연구원에서 조사한 결과, 주요 구매장소는 대형할인매장(67%)이 가장 높았고 그 다음에 동네 슈퍼(16%), 재래시장(11%), 백화점(4%) 순서로 나타났다. 특히 젊은 세대가구의 대형 할인매장 이용률이 높았다. 다양한 할인 신업태의 등장과 이용의 증대는 소비자들의 까다로운 욕구를 효율적으로 충족시켜주기 때문이며[31] 이러한 유통체제는 앞으로도 지속적으로 발전할 것으로 전망한다.

식품의 주 구매장소

(단위: %)

구 분	20대	30대	40대	50대 이상	계
대형할인매장	71.6	68.3	63.1	52.8	66.8
동네 슈퍼	18.7	16.1	13.8	8.3	15.6
재래시장	7.5	8.3	16.2	27.8	11.4
백화점	2.2	4.1	5.4	11.1	4.4
직거래장터	-	1.4	1.5	-	1.0
인터넷		1.8	-	-	0.8
계	100.0	100.0	100.0	100.0	100.0

자료: 수도권 518가구 소비행태 조사결과(한국농촌경제연구원, 2002. 1).

식품의 구매단위도 변하고 있다. 최근에는 소포장이나 포장 유통 구매가 증가한다. 그 이유는 편의성을 더욱 추구하기 때문이다. 쌀의 경우 주로 거래되는 포장단위는 20kg과 10kg이다. 가족 수가 감소되고 쌀 소비도 줄어들어 소포장을 선호하는 것으로 보여진다. 또 소포장 증가는 소비자들이 가격보다 맛이나 신선도에 민감하게 반응하는 경향과 운반과 보관이 편리하다는 측면으로도 이해될 수 있다.

2) 식품유통과 식품업체

식품의 유통체계는 일반적으로 식품제조업체에서 제조업체 영업소, 소매상, 소비자의 경로를 거친다. 그러나 식품제조업체에서 도매상격인 대리점이나 특약점을 거쳐 소매상, 소비자의 경로를 거치는 경우도 있고, 식품유통업체에서 바로 소매상과 소비자를 거치는 경로도 있다. 최근에는 중간 슈퍼체인이나 벤더를 통한 유통도 많다. 이러한 다양한 식품 유통경로를 단계로 나누어 보면 4단계 내지 5 단계의 유통을 거쳤다. 최근에는 거의 3단계 식품유통체제가 정착된다고 볼 수 있다. 수입식품의 경우는 통관을 거쳐 수입회사와 판매회사의 단계를 거쳐 소매상과 소비자로 유통되게 된다.

도매시장을 통한 유통

농산물은 1차적으로 도매시장을 통한 유통이 주를 이룬다. 2001년 기준으로 전국의 도매시장의 수는 29개, 법정이나 일반시장이 23개, 기타 전국시장이 1,555개소이며, 이중 재래시장은 593개소에 이른다. 농산물 유통에서 도매시장이 차지하는 유통기능이 점차 줄어들기는 하나 대규모 물량을 신속히 처리한다는 측면에서 여전히 중요성을 가지고 있다고 하겠다. 농산물 도매시장 가운데서 전국권 유통의 중심이 되는 가락동 농수산물 도매시장이다. 가락동시장의 거래를 보면 2004년 기준으로 총거래량은 물량으로 226만톤, 거래금액으로는 3조 1,800억원에 이른다. 가락시장이 전국 공영시장에서 차지하는 비중은 물량기준으로는 37.1%, 금액기준으로는 43.5%를 차지한다.

그러나 농산물 도매시장은 시장운영제도가 가지는 경직성, 신유통 업체의 등장으로 인한 경쟁력 저하 등으로 점차 그 기능이 떨어지고 있고, 농수산물 유통에서 차지하는 비중도 점차 줄어들고 있다. 이러한 식품유통업체의 조직이나 위상변화, 특히 유통주체들 간의 파워나 세력의 변화는 당분간 지속될 것으로 본다. 또 유통환경이 변화함에 따른 소비지유통을 강화할 필요성이 제기된다. 다양한 신유통업체의 출현으로 현재의 도매시장 체제의 경매중심의 경직적인 거래제도나 저온저장고 등 필수시설 부족과 노후화는 경쟁력 저하의 주된 원인이다.

유통업계의 변화를 간단하게 설명하기는 어려우나 전반적으로 가공식품의 경우에는 제조업체의 파워가 약화되어 대리점의 위상이 위축 될 것으로 본다. 신선식품의 경우에도 생산자나 생산자단체 등 산지 출하조직의 기능이 강화되고, 이들 조직과 소비지의 대형 유통업체의 다양한 직거래체제가 점차 늘어날 것으로 여겨진다. 따라서 식품유통을 둘러싼 다양한 여건변화에 대하여 적극적인 대응방안을 강구해 나가야 한다.

유통마진

일반적으로 한편 신선농산물의 유통과 관련하여 소비자들은 우리나라의 농산물의 유통구조가 복잡하고 단계가 많아 유통마진이 지나치게 높다는 지적을 하고 있다. 유통마진은 가공도가 높아지거나 유통과정에서 각종 물류비가 높아짐으로 증대된다. 또 손이 많이 갈수록 많아진다. 유통마진을 단순히 다른 나라와 비교하기는 어려우나 우리나라 농산물의 유통마진은 이웃나라 일본이나 미국에 비해 높은 수준이 아니다. 일본이나 미국의 몇 품목의 유통마진을 한국과 비교해 보면, 유통마진이 그리 높지 않다는 점을 알 수 있다. 유통마진은 평균적으로 한국은 56.2%, 일본은 60.2%, 미국은 66.2%이다. 선진국의 유통마진이 우리보다 높게 나오는 것은 예냉, 냉장, 수송, 콜드체인 시스템운영 등에 따른 비용이 많이 들며, 소비자들의 기호에 맞추어 산지에서 포장, 선별, 브랜드화에 따르는 비용이나 소비지에서의 재포장 등에 추가로 비용이 들기 때문이다. 아울러 유통단계의 축소가 반드시 유통비용의 절감으로 이어지는 것은 아닌 바, 그 이유는 취급량이 일정한 규모에 이르지 못할 경우 단위당 비용이 증가할 우려가 많기 때문이다.[32]

주요 농산물의 유통마진 비교

(단위 : %)

	평균	당근	토마토	딸기	양파	오이	복숭아	포도	사과
한국	56.2	70.4	46.2	28.1	67.1	45.3	38.6	57.7	51.8
일본	60.2	57.6	74.2	na	72.9	66.7	58.5	35.1	na
미국	66.2	74.2	74.7	11.5	na	na	55.4	73.8	83.5

자료: 농수산물유통공사, 주요 농산물 유통실태, 2000.12.

식품 유통업체

우리나라에 최초로 슈퍼마켓이 등장한 것은 1968년이며 식품유통 산업이 자리를 잡게 된 것은 1960년대 이후이다. 농산물의 경우는 1970년대 이후 농수산물 도매시장법(1973)이나 농수산물 유통 및 가격안정에 관한 법(1976), 도소매진흥법(1986) 등이 제정되어 식품이나 농산물 유통에 관한 법적인 뒷받침을 하게 된다. 1980년대에 와서 식품유통에 많은 변화를 가져온다. 1989년에 다양한 편의점이 들어섰으며, 특히 1996년부터 유통시장이 개방되어 외국인 투자범위가 확대되고, 매장면적 제한이 완화되는 등 많은 부문에서 개방이 이루어졌다. 외국의 식품유통업체가 본격적으로 국내에 진출하여 국내유통부문에서 많은 변화를 가져오게 된다. 농산물 유통과 마찬가지로 식품유통에 있어서도 1990년대 이후에는 저가 지향형 할인점의 등장과 외국기업이 국내 진출, 외환위기, 소비자들의 선호변화 등 식품의 유통시장은 그야말로 많은 구조적 변화를 거치고 있다. 최근에는 식품업체가 전통적인 유통업체를 거치지 않고 소비자에게 직접 판매하거나 주문을 받는 인터넷상의 전자상거래도 급속히 늘어나고 있다.

식품을 다루고 있는 유통업체는 백화점, 할인점, 편의점, 재래시장 등 다양하다. 식품유통업체는 식품도매업과 소매업으로도 구분할 수 있으나, 현실적으로는 구별이 어려운 지경이다. 식품유통업체의 현황을 보면[33] 2001년말 기준으로 백화점은 92개소, 할인점 219개소, 슈퍼마켓 1,978개소, 편의점 3,450개소가 있다. 대형 유통업체가 취급하는 식품의 매출액은 2001년말 기준으로 약 114조원 규모에 이른다. 매출액의 구성비는 백화점이 14.2%로 약 16조 2천억원, 할인점이 11.5%로 약 13조 2천억원, 기타 소매점이 약 80조원 규모로 식품유통의 경우는 아직까지는 대부분이 소매점에서 판매되고 있다고 할 수 있다.

주요업태별 매출 추정액

구 분	'00			'01		
	매출(억원)	신장률(%)	구성비(%)	매출(억원)	신장률(%)	구성비(%)
백 화 점	150,740	13.1	14.3	162,000	7.5	14.2
할 인 점	106,360	40.5	10.1	132,000	24.1	11.5
슈퍼마켓	24,620	8.5	2.3	25,500	3.6	2.2
편 의 점	12,510	22.9	1.2	15,000	19.9	1.3
기타소매점	758,130	△6.6	72.1	809,250	14.3	70.8
합 계	1,052,360	10.8	100	1,143,750	8.7	100

자료: 농림부

식품유통업체 중에서 할인점의 성장과 발전이 두드러진다. 국내의 할인점은 생긴 지는 8년 정도에 불과하나, 기간에 비하여 매출규모가 매우 빠르게 성장하였다. 2000년의 경우 할인점 전체 시장이 1999년에 비하여 33%증가한 10조 2천억원을 기록하였으며, 2001년은 전년대비 29%상승한 13조 2천억원을 기록하고 있고 2002년에는 20조원을 넘을 것으로 예측하고 있다.[34] 다만, 이러한 할인점의 성장세는 당분간 지속되겠지만, 2005년을 기점으로 상위 업계간에 재편이 일어날 것으로 전망한다. 할인점의 성장은 주요 할인점의 출점수를 보면 알 수 있다. 주요 기업별로 출점수를 보면 2000년 기준

으로 이마트가 27개, 까르프가 20개, 마그넷이 17개, 킴스클럽이 16개, 삼성테스코가 7개, 월마트가 6개, 하나로클럽이 5개로 전체 98개의 할인점이 출점을 확대할 계획이다.

최근 활발히 활동하고 있는 대형 유통업체의 전체 판매액은 약 14조원 규모에 이르고 있다. 다만, 이들 업체의 판매액 중에서 농산물을 취급하는 비중은 농협유통(79.2%)을 제외하고는 대부분이 매우 낮은 실정이다. 이들 유통업체의 매출액을 식품과 비식품으로 나누어 보면 다음과 같다. 대형 유통업체의 식품대 비식품의 평균 매출액의 비율은 식품이 54.9%, 비식품이 45.1%로 식품의 비율이 비교적 높게 나타난다. 식품의 비율 중에서 1차식품이 차지하는 비율은 28.4%이며 가공식품은 26.5%를 차지하고 있다. 농림부 자료에 의하면 1차식품 중 과실이나 채소의 매출비율은 백화점이 32%, 대형할인점이 32.2% 수준이다.

5. 식품의 수출입

식품의 수출입은 크게 가공식품의 수출입에 대한 부분과 신선 농림축산물의 수출입으로 나누어진다. 식품의 수출입에 대한 자료는 식품의 범위를 어디까지로 잡느냐에 따라 달라진다. 식품첨가물이나 식품기구, 용기포장의 수출입까지를 식품의 수출입에 포함되는 경우도 있어 식품수출입 통계가 차이가 나기도 한다. 농수산물을 제외한 식품의 수출입이라고 함은 일반적으로 가공식품, 식품첨가물, 그리고 기구 및 용기, 포장품을 포함하여 말한다. 식품의약청 자료에 의한 우리나라 식품의 수출입 동향은 다음과 같다.

수출입 규모

식품의 수출규모는 2000년에 17억 3,800만 달러, 2001년에 16억 6,600만 달러, 2002년에 18억 8,100만 달러 수준으로 전반적으로 약 18억 달러 규모이다. 이와 대조적으로 식품의 수입액은 2000년에 24억 9,200만 달러, 2001년에 27억 7,800만 달러, 2002년에 30억 7,900만 달러를 나타낸다. 2003년에는 식품수출이 17억 8700만 달러이다. 전체 수출액중 가공식품이 74.3%, 식품첨가물이 12.2%, 기구용기, 포장이 13.5%를 차지한다. 가공식품의 상위 수출품목은 수산가공품, 도시락류, 설탕, 김치류, 유탕면류의 순으로 나타낸다. 한편, 2003년도의 식품수입액은 38억 8800만 달러로 주요 수입식품은 맥주, 식품원료, 대두, 밀, 옥수수, 위스키 등의 순이다.

식품 수출입 내역

(단위: 백만 달러)

	2000	2001	2002	2003
식품 수출	1,738	1,666	1,881	1,787
식품 수입	2,492	2,778	3,079	3,888
무역 수지	-754	-1,112	-1,198	-2,101

자료: 한국보건산업진흥원, 2004 보건산업백서.

신선농산물

농림부 자료에 의한 신선 농식품 수출입 현황은 다음과 같다. 2004년도 농식품 수출액은 20억 8500만 달러로 전년대비 12.1%의 증가를 보인다. 농산물이 17억 5,850만 달러, 축산물이 1억 6,270만 달러, 임산물이 1억 6,390만 달러를 차지한다. 신선 농산물과 가공식품으로 나누어 보면 전체 수출액중 신선농산물은 5억 4950만 달러로 전체의 26%를 차지한다. 반면 가공 식품은 15억 3500만 달러로 전체의 74%를 차지한다. 한편 2005년도의 농식품 수출액은 22억 2150만 달러로 전년보다 6.5%증가한 것으로 나타난다.

우리나라의 주요 수출농산물은 채소, 김치, 인삼, 화훼 등 여러가지 품목이며 다품목 소액이라는 특징을 가진다. 2004년도 수출실적을 보면 전년보다 수출이 늘어난 품목은 김치(10.2%), 인삼(33.8%), 채소(26.1%), 과실(21.5%), 화훼(7.2%) 등이다. 가공농산물은 가공식품 및 목재류의 수출호조 영향으로 전년대비 13.5%증가하였다. 반면, 닭고기는 37.9%감소하였고, 밤 등 산림 부산물도 30.3%감소하였다.

농림부 자료에 의하면 2005년도의 농식품 수출실적중 신선 농림축산물이 6억820만 달러, 가공 농식품이 16억 1,330만 달러를 나타낸다. 품목별 수출실적을 보면 채소가 1억 3,850만 달러(전년대비 9.1%증가), 김치가 9,300만 달러(전년대비 9.4%감소), 인삼이 8,250만 달러(전년대비 7.5%감소), 화훼가 5,210만 달러(전년대비 7.4%증가), 과실이 1억2,090만 달러(전년대비 41.1%증가), 돼지고기가 3,430만 달러(전년대비 25.6%증가)을 나타낸다. 가공농식품의 2005년도 수출실적은 16억 1,330 만 달러 수준이며 전년대비 5.2%증가하였다. 가공농식품의 대부분은 가공식품이며 15억 4,070만 달러의 수출실적을 나타낸다.

우리나라 농산물의 수출국가를 보면 일본, 미국, 러시아, 중국이 주를 이룬다. 일본은 2004년에 7억 2,860만 달러를 수출하였으며 전체 수출액의 35% 정도를 차지하는 제일 큰 수출국가이다. 2005년의 대 일본 수출액은 7억 1,330만 달러로 전년보다 다소 감소하였다. 일본시장에 대한 주요 수출품목은 채소, 김치, 화훼, 가공식품 등이다. 미국은 2004년에 2억 8,470만 달러의 수출액을 나타내며 전체 수출액의 14% 정도를 차지한다. 2005년의 대미 농식품 수출액은 2억 8,030만 달러를 나타낸다. 주요 수출품목은 면류, 과실류, 연초류 등 가공식품이 주를 이룬다. 중국은 2004년에 2억 1,370만 달러로 전체 수출액의 10% 정도를 차지하며, 2005년에는 2억 3,120만 달러를 나타낸다. 주요 품목은 합판 등 목재류와 가공식품이 주를 이룬다. 러시아도 2억 달러가 넘는 수출국가이며 2005년에는 2억 380만 달러의 수출실적을 나타낸다.

우리나라 농산물의 수출내역

(단위: 천톤, 백만 달러)

구 분	2001	2002	2003		2004		2005	
			물 량	금 액	물 량	금 액	물 량	금 액
합 계	1,579.9	1,639.9	1,449.6	1,859.8	1,491.0	2,085.0	1,481.5	2,221.5
○신선농림축산물	521.0	459.3	188.6	507.5	204.1	549.7	220.7	608.2
-채 소	121.1	89.5	36.2	100.6	55.8	127.0	56.6	138.5
-김 치	68.7	79.3	33.1	93.2	34.8	102.7	32.3	93.0
-인 삼	74.8	55.0	1.9	66.6	2.2	89.2	2.1	82.5
-화 훼	31.8	32.1	10.5	45.3	8.3	48.5	10.0	52.1
-과 실	56.3	82.8	62.2	70.5	67.7	85.7	80.6	120.9
-돼지고기	46.1	22.2	27.3	31.3	15.8	27.3	14.7	34.3
-가금육(닭, 오리)	3.1	3.3	1.9	3.8	0.7	2.3	3.1	9.5
-산림부산물	119.1	95.1	15.5	96.2	18.8	67.0	21.3	77.4
○가공농식품	1,058.9	1,180.6	1,261.0	1,352.3	1,285.4	1,534.2	1,260.8	1,613.3
-가공식품	967.9	1,108.8	1,162.4	1,271.4	1,157.8	1,437.3	1,190.0	1,540.7
-목 재 류	91.0	71.8	98.6	80.9	127.6	96.9	70.8	72.6

자료: 농림부, 2006.

01) 일반적으로 식품은 식량, 식료, 곡류, 음식, 식료품 등과 구별되지 않고 사용하고 있으나, 엄밀히 보면 각각의 개념은 다르다. 미곡, 맥류 등 곡류가 형질상 변화를 거치지 않는 것을 식량이라고 하고, 형질변화를 거치지 않는 야채, 과일, 육류, 어패류 등은 신선식품이라고 한다. 때로는 구성성분인 영양소를 한 가지 또는 그 이상 함유하고 있으며, 유해한 물질은 함유하고 있지 않은 천연물 또는 가공품을 식품이라고 하기도 한다.

02) 농수축산신문, 2005 한국식품연감, p. 51.

03) 한국농촌경제연구원, 식료의 안정적 공급 및 농산물과 식품산업의 연계강화방안, 2001.7.

04) 한국식품개발연구원, 식품산업의 장기발전방안에 관한 연구, 1999, 5, p. 11.

05) 한국표준산업분류에서는 「음·식료품 산업」이란 식품 및 첨가물의 제조, 가공업과 냉동 보관업만을 포함하고 있으며, 우리가 일반적으로 식품산업을 말할 경우 한국표준산업분류의 음·식료품 산업을 일컫는다. 식품산업은 농산물 생산과 농산물 가공을 포함한 식품제조업과 식품유통업, 그리고 외식업을 포함하는 것으로 농수산물의 수집, 가공, 포장, 판매 등 복잡한 유통경로를 거쳐 행해지는 제반 경제행위를 모두 의미한다.

06) 가공과 유사한 용어인 조리는 구분에 있어 본질적인 차이가 없으나, 공장에서 이루어지면 가공이고, 가정에서 행해지면 조리라고 하기도 한다.

07) 이동필·오내원·황의식, 전통가공식품 육성방안, 한국농촌경제연구원, 1993, p. 10.

08) 이동필, '식품산업정책의 새로운 틀과 정책과제', 농촌생활연구소, 2001.10.25.

09) 최혜미, 박영숙: 21세기 식생활관리, 교문사, p. 59.

10) Sidney W.Mintz 지음, 조병준역, "음식의 맛 자유의 맛", 지호, pp. 43~57.

11) 이질현외, 새로운 한국식량산업정책의 방향, 서울대학교 출판부, p. 39.

12) 권태완, "식품과학-어떤 학문인가? 그 역사와 전망", 인제대학교 식품과학연구소, 제2회 인제식품과학 포럼 논총, p. 13.

13) 김숙희 외 5인, 식생활의 문화적 이해, 신광출판사.

14) 예를 들어 17~18세기의 커피하우스는 부르조아지의 의사소통의 중심지로서 중요한 사회적 역할을 담당하였으며, 일종의 소식거래소로서 기능을 하였다고 함(Wolfgang Schivelbusch 지음, 이병련·한운석 역, 기호품의 역사, 한마당, p. 5.).

15) Massimo Montanari 저, 주경철 역, 유럽의 음식문화, pp. 19~24. 새물결.

16) 삼성경제연구소에서는 2010년의 세계 곡물생산량을 선진국은 12억톤, 개발도상국은 15억7천만 톤으로, 식량소비량은 선진국은 9억6천만톤, 개발도상국은 18억3천만 톤으로 전망하여 선후진국간에 심각한 식량의 수급불균형을 예측하고 있다(삼성경제연구소, "세계곡물수급전망 및 쌀시장개방의 파급효과", 1997).

17) 김숙희 외 9인 공저, 식생활의 문화적 이해, 신광출판사, p. 41.

18) 식품과 농업과의 거리확대는 세 가지 측면에서 의미를 갖는다. 첫째 원격지에서 생산된 것이 식탁에 오른다는 지리적 거리의 확대, 둘째 저장기술의 발달에 따라 수확하는 시기와 소비하는 시기간의 시간적 거리의 확대, 셋째 식품과 농업 사이에 식품제조업, 식품유통업, 외식산업등 이른바 식품산업과 관련된 다양한 경제주체가 개입하게 됨으로써 단계적 거리가 확대되는 것이다(사단법인 농정연구포럼, 농산물 산지가공산업의 과제와 발전방향, 1997, p. 128).
19) 통계청 자료에 의하면 2002년 기준으로 음식료품 제조업의 생산액은 42조 8769억원으로 통계청의 자료와 약 7조원의 차이가 난다. 이는 조사대상으로 하는 식품군의 차이에 기인한다.
20) 식품저널, 2000.
21) 한국식품개발연구원, 가공식품의 소비실태, 1990, p. 68.
22) 현재 식품수급상의 각종 자료 가운데서 실제 식품의 소비를 조사하는 품목은 양곡에 한정된다. 나머지 품목은 1인당 공급량을 산출하여 소비량으로 사용하고 있다. 따라서 공급량 중에는 실제 먹지 않고 버리거나 다른 용도로 사용되는 양이 포함될 수 있어 엄격한 의미에서는 소비량과 공급량은 다르나 대체적인 추세는 비슷하기에 같이 사용한다.
23) 쌀 가공 시장규모나 업체에 대한 자세한 자료나 정보가 미비하여 정확한 통계자료의 산정에 애로가 많음.
24) 1985년의 산분해간장, 1996년의 유해물질 함유시비 등.
25) 통계청의 자료에 의한 2000년도의 밀가루의 출하액은 6,316억원임.
26) 베이커리 업체는 프랜차이즈 베이커리업체는 고려당, 태극당, 뉴욕제과, 신라명과, 크라운 베이커리, 파리바케트, CJ 뚜레주르 등이 있다.
27) 김치의 1인 1일당 수요는 약 89g 정도(연간 32.4kg)로 추정하며, 이 소비량에 인구수를 곱하여 계산한 연간 총수요량은 약 153만 톤 정도이고 국내 김치시장의 총규모는 약 1조 5천억원으로 추정한다.
28) 김치의 유통마진율은 500g이하 소포장 김치는 편의점(또는 슈퍼)에서 25~30%, 백화점(대형 슈퍼)의 마진율은 40~50% 정도이며, 1kg이상 포장김치의 경우 대리점의 유통마진율은 30~40%로 나타난다.
29) 박건영, "세계속 한국김치 위상 되찾자"(농수산무역, 2006년 2월 6일자).
30) 관세청의 품목별 무역수지 자료(www.customs.go.kr)에 의하면 2004년 기준으로 유가공품의 수입액은 230백만 달러에 이른다.
31) 김동한, "식품소매업태의 변화에 관한 연구", 식품유통연구, 1997.8. 제14권. 제1호, p. 239.
32) 김성훈외, 농산물 유통-진단과 처방, 농민신문사, 1995, p. 128.
33) 백화점은 유통산업발전법상의 백화점(매장면적 3,000평이상)을 말하며, 할인점은 디스카운터스토어, MWC, SSM등(매장면적 1천평이상)을 말하며, 슈퍼마켓은 슈퍼체인협회 회원사 기준(매장면적 50평이상)이고, 편의점은 기업형 기준을 말한다.
34) 월간 디스카운터 머천다이저, 2002. 1, p. 34.

제5장

한국 식품산업을 발전시키자

제5장

한국 식품산업을 발전시키자

1. 한국의 식품산업, 무엇이 문제인가

오늘날 한국 식품산업이 가지고 있는 문제점은 한두 가지가 아니다. 연일 터져 나오는 불량식품 문제나 검역, 검사의 미비, 최근에는 학교급식의 불신문제까지 식품을 둘러싼 불만과 지적은 일일이 열거하기 어려울 정도이다. 불량식품의 문제는 어제오늘의 일이 아니다. 국내산이냐 수입산이냐의 문제만도 아니다. 자고나면 터져 나오는 학교급식의 불량문제는 너무나 자주 일어나 그 심각성을 깨닫지 못할 지경이다. 농산물 뿐만 아니라 수산물도 마찬가지이다. 수입식품의 중금속 오염이나 안전기준의 미설정, 김치의 기생충알 발견 등 국내외 농수산물에 대한 소비자들의 불안과 불만은 높아만 가고 국민의 걱정거리를 양산하고 있다. 정부뿐만 아니라, 연구기관, 업계, 학계 등 식품분야는 총체적으로 문제가 너무나 많다. 여기서는 식품산업이 가지는 구조적인 문제를 살펴보자.

식품산업 정책이 있는가

우리나라에 식품산업 정책이 없다고 하기도 한다. 식품규제 정책만 있지 식품산업을 육성하는 정책이나 식품의 안전관리를 총괄하고 조정하는 정책은 없다고 한다. 식품산업 정책이 있느냐 없느냐의 문제는 어디까지를 정부의 정책범위나 대상으로 보느냐에 달려 있다. 식품육성이나 지원측면으로 보면 미흡하나마 농림부의 전통식품 개발이나 가공산업 육성 등 몇 가지 정부정책은 식품산업 육성정책으로 자리잡고 있다. 혹자는 석탄산업, 전력산업 등이 중점적으로 육성되었고, 최근에는 IT산업, BT산업 등 다양한 산업이 정부의 지원과 육성을 받아 성장하였는데 왜 식품산업만 정부의 중점 지원을 받지 못하느냐고 의문을 제기하기도 한다. 여러 가지 이유가 있을 것이다.

또 식품에 대한 통합적인 정보망이 구축되어 있지 않아 어려움이 많다. 수입식품, 유전자 변형 식품, 불량식품 등 다양한 식품에 대한 정보를 어디에 가서 어떻게 구하며, 문제가 발생할 경우 어떻게 대처해야 하는지를 잘 알지 못한다. 식품관련 전문 학자들이나 연구자들은 식품의 이화학적 분석에 치중한다. 일선 행정기관의 작은 집행상의 실수나 현장에서의 사소한 부작용을 식품문제의 본질인양 오해하기도 한다. 특히 공무원의 조직 이기주의도 식품분야가 발전하지 못하는데 한몫하고 있다. 일일이 열거하지 않아도 된다. 농림부가 식품산업을 육성하겠다고 하여 정책을 내놓으면 보건복지부는 식품은 보건복지부 소관이라고 하면서 '식품'산업이라는 용어를 사용하지 못하게 하고 있다. 식품 안전이나 규제에서 문제가 생기면 서로 책임을 떠넘기기에 바쁘다. 이제는 이러한 것을 고쳐야 한다.

식품기업의 영세성과 식품 안전의식 결여

식품산업의 문제는 정부만의 문제가 아니다. 식품기업 측면에서도 나타난다. 일부기업을 제외하고 식품기업은 전반적으로 구조적인 영세성을 면치 못하고 있다. 우리나라 식품산업의 전반적인 특성은 다음과 같다. 첫째 우리나라의 식품산업은 구조적으로 매우 취약하다. 식품업체가 몇 개의 대기업을 제외하고 전반적으로 영세하다. 식품업체를 보면 종사자 50인 미만의 업체수가 전체의 80%이상을 상회하는 영세한 기업구조를 갖고 있다. 그 결과 연구개발과 기술투자, 마케팅능력 등 여러 가지 부문에서 후진성을 면치 못하고 있다. 영세하기 때문에 자연히 연구개발이나 기술투자도 미흡하다. 기술수준이 낙후되다보니 자연히 식품의 품질이 떨어지게 된다. 기술투자의 미흡은 정부의 투자부족도 원인이 있으나 근본적으로 업계의 기술투자에 대한 노력도 대단히 미흡하다.

둘째 식품기업의 경우 일부 기업을 제외하고는 자동화시설이 미비하고, 냉장이나 냉동창고나 폐수시설 등 시설과 장비가 부족하다. 당연히 마케팅능력이 부족하여 식품시장에 제대로 된 광고를 하기가 어렵다. 영세한 식품 중소기업으로는 국내식품시장은 물론 해외시장에 진출하여 경쟁을 하기도 어렵다.

셋째 식품기업의 경영수지나 경영성과 등에서 많은 문제가 있다. 식품산업체의 성장성, 수익성 등의 경영성과에서도 타 부문에 비해 좋은 성과를 내지 못하고 있다.[1] 원료조달도 애로가 많다. 식품산업의 문제점을 전통식품 산업에서 보자. 전통식품을 비롯한 농산물 가공업체의 대부분은 경영능력 부족, 자금력 부족, 기술력 부족, 제품의 차별화 미흡, 판로의 애로를 겪고 있다. 정부의 지원도 중요하나 기본적으로 경영주의 노력도 부족하다.

넷째 식품기업의 식품안전이나 위생에 대한 인식이 결여되어 있다. 일부 대기업을 제외하고는 영세한 식품기업은 식품안전이나 위생기준을 충족하기 위한 시설이나 위생기준을 충족하지 못하고 있다. 영세하기 때문에 일어나는 구조적인 애로도 있으나, 식품안전에 대해서는 전반적으로 식품제조업자가 책임을 지는 자세가 중요하다. 생산단계의 농작물 재배 농민이나 가축 사육업자에게만 책임을 지울 것이 아니다. 정부가 모든 식품의 안전을 전적으로 책임질 수도 없다. 식품을 제조하는 식품제조업자들이 근본적인 책임의식을 높여야 한다.

식품행정의 비효율

식품행정이 비효율적이라는 점도 식품분야의 큰 문제점이다. 식품에 대한 많은 부처의 관리, 부처간 중복 또는 유사한 규제, 기본적인 안전조치의 미흡, 식품안전과 보호에 대한 관리제도 미흡 등 여러 가지가 식품행정의 효율을 떨어뜨린다. 한마디로 식품안전과 위생에 대한 정부차원의 관리는 철저하지 못하다. 또 식품과 관련된 체계적인 연구조사도 미흡하고, 관련 통계자료도 미비하다. 어쩌면 우리나라 행정의 총체적 문제점이 식품분야에 녹아 있다고 해도 과언이 아니다.

혹자는 식품행정이 여러 부서에서 나누어 담당하고 있고 특정 부처로 일원화 되어 있지 않아 문제가 생긴다고 한다. 식품행정이 일원화되지 않은 것이 식품행정의 효율성이 떨어지는 하나의 이유가 될 수는 있다. 그러나 부처 일원화가 안 된 것이 식품안전을 불안하게 하는 근본적인 이유는 아니다. 세계에서 가장 까다롭고 식품안전을 철저히 한다는 미국은 식품관련 기관이 10여개가 넘는다. 주로 농무부(USDA)와 식품의약청(FDA)이 각각 나누어서 식품안전 문제를 담당한다. 특정부처로 일원화하면 잘못될 가능성은 더 크다. 통제되지 않는 엄청난 문제와 비효율을 야기할 소지가 있기 때문이다. 식품 불안을 이유로 특정 기관이나 조직을 확충하는 계기로 이용해서는 더욱 안 되며, 현재 체제를 활용하되 문제를 개선하는 방향으로 나아가야 한다.

종합적인 식품정책의 부재

식품산업의 발전을 위해서는 통합된 식품산업정책의 틀 속에서 부처간의 유기적인 협조관계를 유지해야 하나, 정부차원의 종합적인 식품산업 정책이 없었다. 그 결과 국가 전체적으로 원료 농산물뿐만 아니라 가공식품을 포함한 종합적이며 영양을 고려한 식품수급 관리가 이루어지지 못하고 있다. 보건복지부의 정책은 식품의 규제를 위주로 한 업무 추진으로 수급이나 영양측면의 대책이 미흡하다고 할 수 있다. 농림부는 단순가공품 및 원료농산물의 수급관리 정책을 추진 중이나 장기적인 수급정책이나 가공식품 및 국민영양측면의 대책 추진이 미흡하다. 따라서 소득과 생활수준 향상에 따른 국민의 건강 지향적이며 안전식품에 대한 욕구에 대응하기 위하여 국가차원에서 식품산업 정책이 추진되어야 한다. 물론 식품이 가지는 위생과 안전성 측면의 중요성을 고려하여 국민의 안전과 건강을 보호하기 위한 효과적인 지도, 감독도 병행되어야 한다. 특히 식품관련 기초통계나 정보를 공유해야 한다. 식품관련 자료가 부처마다 다르고 조사기관마다 상이한 결과를 내놓고 있다. 관련 법령도 부처마다 다르고 정책의 주안점도 다르다. 농림부는 식품산업에 대한 지원정책을 가지고 있으나 지금까지 식량생산 위주의 정책에 중점을 두었다. 소비자들은 식품자급에 대한 인식이 부족하고 식량자급률 하락이나 수요변화에 대응하기 어렵다. 식품분야의 이러한 다양한 수요변화에 대응하여 식품행정이 새로운 패러다임으로 나아가야 한다.

2. 식품산업을 육성하자

식품행정은 크게 식품수급 및 관리정책, 식품산업 육성정책, 식품의 위생이나 안전관리정책, 그리고 이를 위한 식품행정이나 법령과 제도 등 관련 체제에 대한 부문으로 크게 나눌 수 있다. 식품수급 관리는 식품에 대한 수요와 공급을 예측하여 수급 및 가격안정을 도모하는 것이 중요하다. 생산자는 안정적인 가격에 안정된 물량을 판매함으로써 소득의 안정을 기할 수 있고, 소비자는 안정된 가격에 원하는 물량을 소비할 수 있어 국민 후생을 증대하고 있다. 경제가 발전하고 소득과 생활수준이 높아짐에 따라 식품수급 및 육성부문에 대한 정부의 역할은 점차 줄어든다. 반면 식품의 안전관리와 보호를 위한 부문은 점차 행정수요가 증대되는 부문이다. 식품을 관리하는 행정이나 체제정비는 식품행정의 효율성을 높이기 위한 정부의 과제라고 할 수 있다.

무엇이 가장 중요하느냐 하는 판단은 경제발전 단계나 국민의 의식 수준, 사회적 여건 등에 달려 있다고 하겠다. 과거에는 식품산업육성이 가장 중요하였으며, 식품에 대한 규제나 관리는 그 다음의 문제라고 인식하였다. 그러나 최근 소비자들의 식품안전에 대한 관심이 급속히 증대되고 있어 식품정책의 중점이 식품안전 쪽으로 이동하고 있다. 식품정책에서의 우선순위는 개별국가의 여건과 상황에 알맞게 종합적으로 판단해야 할 사항이다.

1) 농업과의 연계강화

식품산업은 농업과 불가분의 관계를 가진다고 하였다. 식품산업 육성을 하기 위해서는 우선 식품산업과 농업과의 연계를 강화해야 한다. 농업측면에서 보면 식품산업 육성정책은 전통식품을 개발하거나 가공산업이나 외식산업을 육성하는 방안을 제시할 수 있다. 또 우리 식품의 수출을 증대하는 것도 식품산업의 발전방안이다. 식품산업의 기초는 식품의 원료가 되는 안전하고 깨끗한 농산물이다. 식품산업을 발전시킨다고 수입 농산물만 잔뜩 수입해 와서 저렴한 식품을 만드는데 중점을 두어서는 안 된다. 저렴한 농산물을 수입하는 것은 원료의 안정적 공급측면에서 의미는 있다. 그러나 한국의 식품산업 발전에는 큰 도움이 되지 않는다. 식품과 농업과의 연계문제는 한국의 식품산업이 발전하기 위한 기본이며 전제조건이다.

이론적으로 보면 농업과 식품산업을 유기적으로 연계하면 지속적인 농입싱장을 기하고 부가가치를 높일 수도 있다. 농산물 생산에서 식품 제조·소비에 이르는 전 단계의 유기적인 연계 필요성이 새삼 강조되는 이유이기도 하다. 식품산업 육성을 위해서 농림부는 다양한 대책을 추진해 왔다. 최근에는 「식품산업육성」을 농업의 새로운 성장동력 과제로 채택하여 식품산업육성법의 제정을 추진하고 있다. 그러나 식품과 관련된 부처에서 이견을 제기하고 있어 법률 제정이 안 되고 있는 실정이다. 관련부처의 반대로 농림부는 식품산업발전을 위한 연구[2]에 중점을 둔다고 한다. 연구도 중요하다. 연구보다 더 중요한 것은 연구결과를 정책으로 만들어 나가는 것이다. 연구결과는 특별히 더 나올 것도 없다는 생각이다. 연구자의 시각, 행정가의 시각, 업계의 시각이 다를 것이다. 하도 이해조정이 안되니 국무총리실에서[3]회의도 하고 주관 부처를 결정하고 식품산업발전 종합대책을 마련한다고 한다. 과연 나올 수 있을까. 부처간의 의견 조정이 문제인가. 공무원의 무지와 양심의 문제인가. 농업과 식품산업이 연계된 식품산업육성대책을 마련하고, 식품산업을 육성하기 위한 종합대책을 농림부가 추진해야한다.

농정의 목표는 안전한 식품의 공급

식품산업은 앞으로도 국가경제에서 중요한 위상을 차지할 것이므로 어떠한 형태이든지 정부의 개입은 불가피하다. 우리나라는 식품의 내수시장이나 수출시장이 증가하고 있다. 원료 농산물의 유발 수요를 통한 농업발전을 위해서도 식품산업에 대한 정부차원의 적극적인 육성이 필요하다. 정부의 역할과 관련하여 우선 농림부의 정책목표를 전환해야 한다. 그간 1차 농산물의 생산에 주력해왔으나, 이제는 생산이후의 가공, 유통 등 식품부문으로 정책중점이 전환되어야 한다. 국민을 대상으로 안전한 식품을 공급한다는데 정책의 목표를 두어야 한다. 국민들이 필요로 하는 다양한 식품수요를, 적절한 가격에, 안정적으로 충족하는데 정책의 목적을 두어야 한다. 이 부분에 대해 충북대학교 성진근 교수는 농정의 전통적인 가치관이었던 "식품의 안정적 공급"을 "식품의 안전성 확보"로 바꾸면서,

우리 농산물의 비교우위성을 적극적으로 실현하기 위한 우수농산물 생산·유통 시스템을 구축하는 방향으로 정책수단을 정비해야 한다[4]고 한다. 또한 식품의 원료가 되는 농산물을 적절한 가격에, 안정적으로 공급할 수 있는 체제를 갖추어야 한다. 구체적으로는 식품산업체와 원료농산물의 계약재배를 촉진하거나 주산지별로 이를 활용할 수 있는 식품업체를 육성하여야 한다. 이를 위한 경영개선 자금이나 원료수매자금지원을 확대하고, 판매증진을 위한 포장이나 디자인 개발 지원, 홍보나 마케팅지원 등도 필요하다.

또 식품산업에 대한 인식을 전환하여야 한다. 식품산업이 규제대상 산업이라는 기존의 관리방식에서 탈피하여 식품산업이 경쟁력 있는 산업이 되도록 지원체제를 갖추어 나가야 한다. 농림부에서도 농작물 생산 위주의 "농업"이라는 인식의 틀에서 "농업과 식품산업"이라는 인식으로 전환해야 한다. 따라서 종래의 농업경제학의 관점에서 연구하는 "원료농산물" 중심의 정책, 특히 1차 농산물 생산 중심의 정책에서 과감히 생산 이후의 "가공 내지 식품"이라는 단계로 정책의 중점이 옮겨가야 한다. 아울러 식품산업은 경제적 의미뿐만 아니라 문화적 가치를 가진 산업이라는 인식을 해야 한다.

2) 전통식품 개발과 육성

(1) 전통식품의 개발

전통식품은 흔히 "예부터 조상들이 먹어오던 음식"으로 알려진다. 농수산물가공산업육성법에서는 "국산 농수산물을 주 원료로 해서 제조 가공되고 예로부터 전승되어오는 우리의 고유한 맛, 향기 및 색깔을 내는 식품"으로 정의하고 있다. 정의나 개념이 중요한 것은 아니다. 전통식품을 소중한 문화자산으로 인식하고 이를 발전시켜 나가는 것이 더욱 중요하다. 전통식품의 종류는 여러 가지가 있으나 대개 다음과 같이 분류한다.

전통식품의 분류

유 별	품 목
과자류	한과류, 떡류, 만두류
죽류	죽류, 죽가루
식육제품	육포류, 양념류, 갈비가공품, 알가공품, 농축액
탕류	엿류, 조청류
김치, 절임식품	김치류, 절임류, 조림류
두부류	두부류(경연), 묵류
식용유지류	참기름, 들기름, 쌀겨기름
면류	건면류, 순면류, 생면류
다류	잎차류, 과실차류, 곡물차류, 기타차류
음료류	식혜, 수정과, 과실음료, 채소음료
조미식품류	장류, 식초류
주류	민속주류
인삼류	백삼, 태극삼, 홍삼류, 인삼제품류
기타식품류	전분류, 부각류, 메주류, 도라지제품류, 단순 과실·채소·버섯·육류·곡물 가공품

자료: 농림부, 2005.

전통식품은 영양적인 측면에서도 우수하나 우리가 보존해야 할 문화적 자산으로도 매우 중요하다. 전통식품에 대한 문화적 가치는 경제적 중요성에 못지않다. 전통식품이 문화와 결합하여 새로운 가치를 창출하면 높은 부가가치를 올릴 수 있다. 예로부터 전승된 우리 전통식품은 영양측면에서도 우수하다고 하였다. 따라서 전통식품의 개발과 계승・발전은 우리시대 뿐만 아니라 후손에게도 매우 중요한 과제이자 소명이다.

전통식품산업의 발전을 위해서는 여러 가지 방안이 있다. 우선 지역단위에서 특성화된 식품을 적극 발굴하여야 한다. 농촌진흥청에서 향토음식의 발굴을 위하여 여러 가지 사업을 하고 있고 향토

음식 체험교육장, 농산물 가공특산품화, 향토음식 책자발간, 향토음식 조리법의 표준화연구등을 실시하고 있다. 전국의 향토음식 650점과 솜씨 보유자 285명의 명단도 수록해 놓고 있기도 하다. 웹사이트는 http://www2rda.go.kr/food이다. 향후 각종 문헌조사와 자료수집, 그리고 연구를 더욱 활성화해야 하며, 정부차원에서 국산원료의 사용을 확대하고 이를 뒷받침하기 위한 원료구매자금 확대, 경영활성화 지원, 우수업체의 제품에 대한 홍보 및 판매 강화, 가공식품의 소비촉진 등 다양한 육성대책을 추진해야 한다.

전통식품이나 지역 농산물은 지역단위의 특성을 살리는 동시에 차별화를 해야 한다. 차별화의 방안은 품질의 차별화, 포장 및 디자인 개선, 상표등록과 상표권의 활용 등 여러 가지 방법이 있다. 나아가 지역의 향토음식이나 전통식품을 발굴하고 이들을 관광과 연계한 문화상품으로 개발하여야 한다. 지역단위에서 이들 식품을 개발하여 전시하거나 박람회를 개최하거나 각종 행정기관에서도 향토음식 및 전통식품을 조사하여 연혁, 제조 및 조리방법, 특징 등을 수록한 책자를 편찬하여 널리 알려야 한다.

명인 지정

전통식품을 계승하고 발전시키기 위한 방안의 하나로 전통식품에 대한 기술과 지식을 가진 명인을 발굴하고 이를 지원해 주는 것은 매우 중요하다. 전통식품 명인을 지정하여 보호 육성하는 것은 식품보전 이상의 의미를 지닌다. 농림부에 의하면 명인지정 대상은 해당 전통식품 조리·가공업에 계속하여 20년 이상 종사한 자이거나, 조상 전래의 특별한 조리·가공방법을 원형 그대로 보존하고 있으며 이를 그대로 실현할 수 있는 자, 또는 명인으로부터 기능전수자는 10년 이상 그 업에 종사한 자이다. 명인으로 지정된 사람은 1994년 8월 6일 전북 전주의 송화백일주를 만든 조영귀 등 4명이

주류부문에서 명인으로 지정되었다. 2005년 현재까지 총 27명의 전통식품의 명인이 지정되었다.[5)]

전통식품 명인지정 현황

(2005. 8월 현재)

지정번호	성명	보유기능	지정일	소재지	비 고
제1호	조영귀	주류(송화백일주)	'94. 8. 6	전북 전주	
제2호	김창수	주류(금산인삼주)	"	충남 금산	
★제3호	이한영	주류(옥선주)	('00.8.지정해제)	-	
제4호	지복남	주류(계룡백일주)	'94. 8. 6	충남 공주	
★제5호	이기양	주류(감홍로주)	('00.10.지정해제)	-	
제6호	박재서	주류(안동소주)	'95. 7.15	경북 안동	
제7호	이기춘	주류(문배주)	"	경기 김포	
★제8호	송재성	주류(김천과하주)	('99.6.지정해제)	-	
제9호	조정형	주류(전주이강주)	'96. 4. 4	전북 전주	
제10호	유민자	주류(옥로주)	"	경기 용인	
제11호	임영순	주류(구기자주)	"	충남 청양	
제12호	최옥근	주류(계명주)	"	경기 남양주	
제13호	남상란	주류(가야곡왕주)	'97.12.15	충남 논산	
제14호	홍쌍리	식품(매실농축액)	"	전남 광양	
제15호	박승규	주류(면천두견주)	('01.12지정해제)	충남 당진	
제16호	박수근	식품(수제녹차)	'99. 5.15	경남 하동	
제17호	송강호	주류(김천과하주)	'99. 9.20	경북 김천	
제18호	신광수	식품(야생작설차)	'99. 9.20	전남 순천	
제19호	우희열	주류(한산소곡주)	'99.12. 8	충남 서천	
제20호	조옥화	주류(안동소주)	'00. 9.18	경북 안동	
제21호	유영군	식품(창평쌀엿)	'00. 9.18	전남 담양	
제22호	양대수	주류(추성주)	'00.12.17	전남 담양	
제23호	최봉석	식품(갈골산자)	'00.12.17	강원 강릉	
제24호	임용순	주류(옥선주)	'01. 5. 7	강원 홍천	
제25호	오희숙	식품(전통부각)	'04.12. 4	전남 곡성	
제26호	김규흔	식품(전통한과)	'05. 3. 4	경기 포천	
제27호	박흥선	주류(송순주)	'05. 8. 4	경남 함양	

주: ★는 사망으로 명인 지정해제

자료: 농림부, 2006.

전통주 육성

우리 전통식품을 육성하는 것에 못지 않게 전통주를 육성하는 것도 주요하다. 전통주는 우리 민족의 정신과 혼이 담겨 있다. 또 건강이나 영양측면에서 매우 우수하며, 전통주의 우수성은 과학적으로도 증명된다. 그러나 우리 전통주는 그간 많은 수난을 겪었으며 육성은커녕 제대로 보호도 받지 못한 경우도 많다. 수입산 술보다 세금면에서 불리한 대우를 받은 것은 말할 것도 없이 판매에서도 제한이 많았다. 전통주에 대한 규제는 역사적인 배경과도 관계가 깊다. 제조의 어려움이나 판매 제한, 그리고 세제상의 불리함이 대표적인 어려움이다. 전통주를 세제에서 우대하기는커녕 불리한 대우를 받는 것을 시정시켜 달라고 해도 해당 부처해서 막무가내이다. 자기나라 전통주를 수입산보다 더 불리하게 대우하는 나라가 얼마나 되는지 모르겠다. 이제라도 전통 민속주의 육성을 위해 아이디어를 개발하고 정부가 지원해 주어야 한다. 전통주는 대부분이 소규모이다 보니 마케팅이나 판매에 어려움이 많아 대규모 주류업체에 밀려 살아나기 어려운 것이 현실이다. 정부도 전통주를 육성하고 보호하기 위해 몇 가지 육성책을 제외하고는 특별히 한 것이 없다.

전통주의 생산량이나 판매액도 상당히 많다. 2004년도 말 기준으로 166여개 업체에서 생산한 전통주 제조·판매현황을 보면 연간 생산량은 5,744kℓ이며, 매출액은 920억원에 이른다. 전통주의 제조나 허가가 어려우므로 이를 쉽게 하기 위해 허가를 받을 때 농림부

장관이 추천해주는 제도가 있다. 농림부 장관이 추천해주면 까다로운 절차가 다소 간편해지는 것이다. 농림부가 줄기차게 주장하여 그나마 간소화해 준 것이다. 또 전통주사업을 육성하기 위해 농민 과실주의 주세도 현재 30%에서 15%로 인하를 추진 중에 있다. 전통주의 판매에 있어서도 제한이 많았다. 지금까지는 우체국을 통한 통신판매만 가능하였으나 앞으로 인터넷 판매, 홈쇼핑 판매 등 전자상거래를 허용하여 민속주 판매를 활성화하는 방안도 추진하고 있다.

(2) CODEX 규격화

한국 전통식품이 가진 문제 가운데 하나는 전통식품이 국제적으로 식품으로 인정받지 못한다는 점이다. 그러다 보니 수출은 물론 현지에서 위생검사나 안전검사시에 각종 제한이 많다. 미국에서도 발효된 된장을 부패된 음식으로 인식하여 위생검사에서 지적하기도 하였다. 문화적 차이 때문이기는 하나 이들을 나무랄 필요가 없다. 우리 전통식품이 국제적인 식품으로 인정받고 널리 알리면 된다. 그 방안의 하나가 국제규격으로 인정받는 것이다. 그러면 우리 식품에 대한 인지도도 높아지고 교역이나 거래 과정에서 분쟁 발생시 유리하며 나아가 전통식품의 수출확대에도 도움이 된다.

따라서 김치, 고추장, 된장, 인삼 등과 같은 우리 고유의 전통식품에 대하여 국제적인 식품규격인 Codex를 추진하고 있다. 김치는 2001년 7월 국제규격을 인정받았다. 우리식품 가운데 처음이며 우여곡절도 많았다. 국제규격을 인정받아놓으니 일부 언론에서는 그게 뭐가 그리 대단한 것이냐고 비판도 한다. 즉 다른 나라에서도 김치를 만들어 팔면 되는데 꼭 우리 김치만이 국제식품이 된 것은 아니라고 비판 하였다. 물론 그런 점도 있다. 그러나 국제적으로 우리나라의 음식이 처음으로 공인된 국제식품으로 인정을 받은 의미는 상당하다. 앞으로 김치의 소비나 수출이 늘어날 것이다. 당장 미국에서 김치가 인기를 끌고 있고 소비가 늘어나는 것을 보아도 알 수 있다. 김치외에 인삼, 된장, 고추장의 Codex규격화를 추진하고 있으며, 우리 고유의 전통식품 중 규격화 가능한 전통식품을 발굴하여 지속적으로 추진중이다. 현재 인삼은 총 8단계 중 3단계의 절차를 진행 중에 있고, 된장과 고추장은 2002년 규격초안을 제안, 총 8단계 중 3단계를 진행 중이다.

품질인증제도

전통식품 품질인증제도는 국산 농산물을 주원료로 하여 제조하거나 가공하는 우수 전통식품에 대하여 정부가 품질을 보증해 주는 제도이다. 그러면 생산자도 고품질의 전통식품을 생산할 것이고, 소비자도 질 좋은 식품을 소비할 수 있을 것이다. 지금까지 전통식품 품질인증을 한 실적을 보면 1991년부터 2005년 9월까지 539개 공장을 심사하여 267개 공장이 품질인증에 합격하였다. 업체 수로 보면 174개 업체, 품목은 30개 품목, 제품은 226개에 이른다.

명품개발

농산물 명품개발 사업은 외국인의 입맛과 기호에 맞도록 우리나라를 상징할 수 있는 몇 개의 식품을 개발하고 보급하는 것이다. 명품사업을 실시하게 된 계기는 2002년 월드컵과 아시안게임 등 국제행사에 대비하기 위해서였다. 이 행사를 계기로 우리나라의 우수한 명품을 개발하여 소비를 촉진시킴으로써 우리 식품의 세계화를 추진하자는 것이다. 명품개발사업은 월드컵 등 국제행사가 계기가 되었으나, 우리 식품 중 외국인의 기호 및 관능에 맞는 상품은 꾸준히 개발하여 수출상품화 해야 한다.

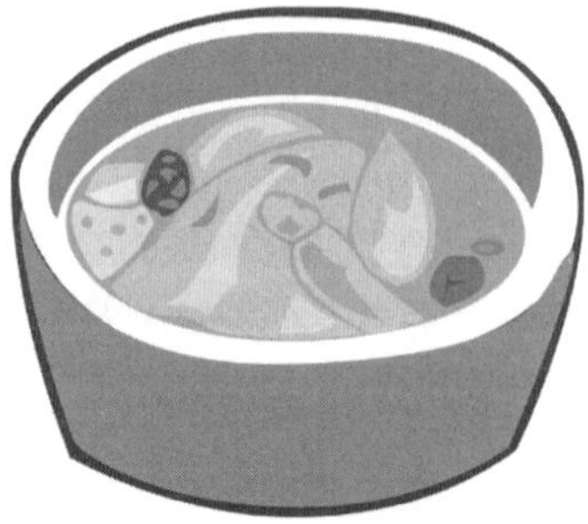

농림부는 2002년 4월 그간 개발한 38개 명품을 소개하였다. 주요한 명품은 "뼈없는 삼계탕", "김치 · 인삼치즈", "즉석불고기", "장어숯불구이" 등 38개 품목이다. 실제 개발은 한국식품개발연구원과 민간기업이 공동으로 참여하여 수년 동안의 연구와 국내 · 외 현지에서의 각종 박람회 및 시식회를 통해 외국인의 입맛에 맞도록 우리 전통식품을 보완 · 개선한 것이다. 개발된 명품은, 다양화 · 기능화 · 현대화 · 간편화되어 가는 식품 소비추세에 맞추어 개발된 것으로, 앞으로 우리식품의 소비촉진에도 크게 기여할 수 있을 것으로 기대된다.

3) 가공산업 육성

다양한 가공산업을 발전시키는 것은 전통식품의 개발과 육성에 못지 않게 중요하다. 농촌의 가공산업을 육성하는 것은 여러 가지 효과가 있다. 가공식품에 대한 수요증가는 과잉 생산된 농산물의 흡수에도 도움이 되고, 농산물 수입개방에 대처하여 국산 가공식품의 경쟁력을 높일 수도 있다. 현재 가공산업 육성정책은 국산원료를 사용하는 가공공장에 한하여 시설자금이나 포장개선 자금, 원료구입 자금 등 자금을 지원하거나, 컨설팅 사업 등을 실시하는 것이다.

문제는 농산물 가공공장이나 가공산업이 상당히 어렵다는 점이다. 의욕적으로 출발하기는 하나 실패하는 경우가 많다. 농림부가 지원하는 가공공장의 업체 수는 2004년 말로 1,105개소이다. 이중 제대로 가동되는 업체는 469개소에 불과하다. 이는 농산물 가공산업이 얼마나 어려운 사업인가를 잘 나타내준다. 대부분의 가공업체가 영세하고 마케팅능력이 부족하다. 또 소비자의 눈높이가 높아져 제대로 된 제품이 아니면 소비자들의 수요를 충족하기 어렵다. 당연히 농촌 가공산업의 수익이 적어 운영이 어렵다. 향후 가공산업 전반에 대한 실태조사와 운영개선 방안이 마련되어져야 한다. 일부에서는 수입농산물을 사용하는 가공공장에 대해서도 각종 자금지원을 요청하고 있으나 장기적으로 검토할 과제이다.

농촌 특산단지 개발

농산물 가공산업과 비슷한 사업으로 공예품, 죽세품, 자기 등 농촌에 각종 특산품 단지를 조성하여 지원하는 사업이다. 이 사업도 취지와는 달리 상당히 어려운 실정이다. 농림부 자료에 의한 특산단지의 가동률을 보면 연평균 가동률은 64% 정도에 불과하다. 가동률이 80%를 넘는 업체는 전체의 54%에 불과하다. 특산단지가 가진 문제점은 가공산업이 가진 문제점과 비슷하다. 또 목공예, 죽세품, 생활자기, 석재, 모시 등 민속공예품은 다른 품목과 달리 수요에 한계가 있고 판로 확대에도 어려움이 있다. 또 대부분의 업체가 영세하고 소규모이므로 운영자금이 부족하고 홍보 및 판촉활동에도 한계가 있다. 향후 국내인은 물론 외국인의 수요에 맞추어 질좋은 상품을 다양하게 개발하여야 할 것이다.

4) 고부가가치 식품 개발

기능성 신소재, 신제품 개발

우리나라 식품산업의 육성을 위해서는 다양한 기능성 신상품을 개발하고 육성하여야 한다. 기능성 신상품은 여러 가지가 있다. 대체적으로 과학적으로 근거가 확보되고 관련업계의 수요가 많은 분야가 대상이다. 최근 수요가 많은 분야는 건강기능성 식품이나 이외에도 다양한 고부가가치 상품이 많다. 건강기능성 식품개발을 위해서는 건강기능성 식품공전을 등재하거나, 신소재 개발을 위한 연구개발을 강화해야 한다. 또, 원료 및 품질표준화, 품질보증 체제의 구축, 관련절차와 제도개선이 필요하다. 아울러 우수한 건강기능성 식품의 제조를 위한 GMP의 도입과 이를 위한 정부의 지원, 그리고 소비자들의 인식개선이 필요하고, 관련한 홍보나 교육을 강화해야 한다.

3. 외식산업을 발전시키자

우리나라 식품산업의 발전을 위해 가장 시급해 대처해야 할 분야가 외식산업 분야이다. 국민소득과 생활수준이 향상되고 소비패턴이 변화함에 따라 외식산업의 규모는 급속히 증가한다. 또 여성의 사회활동이 강화되어 외식에 대한 수요가 더욱 늘어난다. 외식시장의 규모는 1990년에 약 10조 7천억원이었으나, 2000년에는 35조 5천억원, 2003년에는 40조 5천억원 수준으로 엄청나게 늘어난다. 2003년의 농업생산액이 31조원이나 이를 훨씬 능가하는 규모이다. 외식산업이나 급식산업이 성장하고 이에 따른 식재료산업의 확대되다 보니 식자재 시장도 늘어난다. 식자재시장의 규모는 2000년에 약 10조원이나 2003년에는 12조원으로 늘어난다. 최근 소비자와 가정용 수요를 겨냥한 과일류 전처리 제품군까지 확대되는 추세이다. 외식산업을 둘러싼 국내 여건은 매우 좋으므로 외식산업의 활성화를 위해서는 다양한 방안이 강구되어야 한다.

외식산업의 발전을 위해서는 다양한 방안이 제시된다. 기업 컨셉트의 수정, 메뉴개발시스템 정립, 외식기업의 마케팅전략 관리방안, 전통음식의 외식 기업화 등을 제시[6]하기도 하고, 한국식품개발

연구원에서는 외식업체와 정부가 탕류와 식사류의 개발등 10여 가지의 개선방안[7])을 제시한다. 근본적으로 외식업체의 적극적인 노력이 있어야 한다.

외식업체는 다음과 같은 노력을 기울여야 한다. 첫째 시설완비, 고객서비스 확충, 고객 유치노력, 경영개선 노력을 기울여야 한다. 오늘날의 외식소비자들은 단순히 음식을 먹는데 만족하지 않고 고급경험과 양질의 서비스를 요구한다.[8]) 소비자들의 요구에 맞추어 한 식당은 전통 한식의 맛을 느낄 수 있는 서비스와 인테리어 등 현대화된 종합문화공간으로 개발해야 하며 동시에 시스템화되고 매뉴얼화된 운영체계 구축해야 한다.

둘째 현대인의 기호에 적합한 전통음식 메뉴를 개발해야 한다. 젊은 세대들의 입맛에 맞는 한식 메뉴의 지속적인 개발이 필요하다. 또 세계인들이 좋아할 수 있는 한국 음식의 발굴에 노력하고, 바쁜 현대인들에게 적합한 간단한 조리중심의 한식요리나 외국인의 입맛에 맞는 요리를 개발해야 한다

정부 역할

정부차원에서도 외식산업의 발전을 위해 다양한 방안을 강구해야 한다. 첫째, 세계음식의 흐름을 파악하여 외식산업을 성장산업으로 육성해 나가도록 해야 한다. 세계음식의 흐름은 고지방. 고 칼로리에서 저 지방 저 칼로리로 변화해가고 있다. 구체적인 실천방안은 외식산업 발전을 위한 실무추진반을 구성하고 관련 전문가와의 협의회를 개최하여 다양한 대안을 만들어야 한다. 외식사업의 중요성과 사업내용에 대하여 지속적인 홍보나 관련자에 대한 교육도 실시하여야 한다. 따라서 외식·전처리산업 육성지원계획('05～'13)을 수립하여 식품산업과 국내 농업생산기반과 연계 강화, 한식 프랜차이즈 해외진출 지원 및 해외 한식레스토랑 네트워크 구축

이 필요하다.

둘째, 외식산업과 연계한 국내산 농산물의 공급체제를 정착해야 한다. 이를 위해 외식업체에 대한 국산 농산물의 생산정보를 제공하고 계약재배를 유도하여야 한다. 셋째, 단체급식 등의 대량 소비처에 대한 지원방안 강구[9]하고 법적인 뒷받침을 실시하며, 외식소비 증대를 국산 농산물의 대량소비와 연결시켜 안정적인 농가소득 증대를 도모해야 한다.

넷째, 외식업이 경쟁력 있는 산업으로 발전할 수 있도록 우리 식생활도 개선해 나가야 하며, 아울러 외국계 레스토랑의 국내 잠식에 대한 대응책을 강구해야 한다. 다섯째, 한식업체의 해외진출을 추진해야 한다. 동양음식에 대한 세계인의 관심이 고조되고 있으며, 중국 · 일본 · 태국 등은 이미 미국에서 성공적인 결과를 거두고 있다. 이에 대응하여 국내 외식산업도 본격적인 수출산업으로 키워나가야 한다.

4. 식품기업의 역할과 책임을 증대하자

1) 경영개선과 경쟁력 강화

사명감의 결여, 경영의 투명성 부족, 운영부실과 경쟁력 저하 등은 시급히 개선되어야 할 식품기업의 과제이다. 식품산업의 발전을 위해서는 정부차원의 노력과 병행하여 식품제조업 및 도소매업, 유통업, 외식업을 포함한 식품기업이 경영을 개선하고 경쟁력을 강화해야 한다. 식품기업은 식품산업의 국가적 중요성을 인식하여 기업체질을 개선하여 질좋은 식품을 적절한 가격에 안정적으로 공급하여야 한다. 기업의 경쟁력을 제고 시키기 위해서는 다양한 방안이 제시될 수 있을 것이다. 우선 식품가공 및 포장기술을 개발하고,

품질과 가격경쟁력을 제고하여야 한다.

또 식품기업의 계열화나 제품의 차별화가 필요하며 원가절감을 위한 다양한 노력이 이루어져야 한다. 업체의 가동률 증대와 기술개발로 생산비를 낮추어야 하며, 아울러 철저한 경영진단을 통해 만성적인 부실요인을 과감히 제거해야 한다. 식품기업의 수익성, 성장성, 안정성 등 기업경영의 여러 분야에 걸쳐 합리적인 개선이 이루어져야 한다. 기업의 활력은 정부의 재정지원이나 세제감면을 통하여 어느 정도 증대될 수 있을 것이다. 그러나 근본적인 것은 생산성과 효율에 바탕을 둔 식품기업 자체의 체질이 강화되고 경영이 개선되어야 기업이 경쟁력을 가지고 살아남을 수 있다고 본다.

2) 연구개발과 기술투자 확대

식품기업에서 역점을 두어야 할 과제는 식품에 대한 연구개발과 기술투자의 확대이다. 식품은 기본적으로 기술에 바탕을 두고 있다. 제품차별화의 핵심과제는 발달된 기술이다. 꾸준한 연구투자에 바탕을 둔 기술개발이야말로 식품기업 경쟁력의 기본이 된다. 그럼에도 불구하고 우리나라의 식품관련 연구개발이나 기술투자수준은 매우 낮다. 기업의 규모에 대비한 연구개발비를 보면 1999년

기준으로 0.51%에 불과하다. 이는 전 산업의 평균 연구개발 투자비인 2.46%에 비해 매우 낮은 수준이다.[10] 식품산업에 대한 연구개발 투자도 1996년을 기점으로 매년 감소하고 있다. 1999년을 기준으로 총 연구소 4,030개중 식품관련 연구소는 81개로 2.0%에 불과하다. 또 한국산업기술진흥협회에 등록되어 있는 식품관련 연구소 58개 중, 순수한 식품을 연구하는 기업의 연구소는 46개소에 불과하다. 따라서 일부 기업을 제외하고 식품관련 연구가 기업차원에서 제대로 이루어지지 않는다고 여겨진다. 수익이 낮은 식품분야에서 연구투자는 매우 제한적일 것이다. 그러나 개방화와 국제화를 계기로 식품기업은 보다 많은 연구개발과 기술투자를 하여 경쟁력을 갖추어야 하는 것은 시급한 과제이다.

국내의 식품개발 연구소 현황(1999)

구 분	순수식품연구	타 산업공동	합계
중소기업	16	7	23
대기업	30	5	35
연구소 계	46	12	58

자료: 보건산업기술 동향, 2000년 통권 제1호.

3) 마케팅 및 홍보강화

식품산업의 발전을 위한 기업의 경영개선과 병행하여 기업차원의 판매전략이 더욱 강화되어야 한다. 이를 위해서는 새로운 마케팅전략을 수립하고, 제품을 차별화하며 소비자에 대한 인지도를 높여 나가야 한다. 판매촉진을 유도하기 위한 표준화, 규격화, 전자상거래, 홈쇼핑 등 유통인프라의 구축도 필요하다. 독자적인 마케팅 능력이 부족한 영세기업이나 산지 가공공장의 경우는 공동마케팅

방안을 구축하는 것도 하나의 방법이다. 독자적인 브랜드나 공동브랜드를 개발하여 보급하는 방안을 강구해야 한다. 아울러 개발된 브랜드를 보호받을 수 있는 제도적 조치도 이루어져야 할 것이다. 홍보의 강화는 국내뿐만 아니라 해외광고나 해외 판촉활동도 적극 추진되야 한다. 이를 위한 식품의 해외 판매장이나 상설 전시장의 설치, 해외박람회의 적극적인 참여가 필요하다.

4) 대기업과 중소기업간의 역할 분담

식품산업의 발전을 위해서는 우선 대기업과 중소기업의 역할을 분담해야 한다. 식품산업은 중소기업과 대기업이 병존하지만 중소기업의 비중이 크다. 식품분야는 중소기업이 주를 이루나 대기업의 참여 그 자체를 배제할 수는 없다고 본다. 다만, 영세한 식품가공분야에서의 대기업이 지배적 지위를 행사하는 것은 바람직하지 않으므로 향후 이 분야에서 대기업과 중소기업과의 역할이 적절히 조정되어야 한다. 식품관련 중소기업이나 영세기업은 더욱 전분화하거나 차별화시켜 나가야 한다. 전문화는 업체별 또는 품목별로 다양하게 이루어질 수 있다. 식품분야에서는 대기업과 중소기업이 서로간의 역할과 기능을 조정하여 상호협력 내지 보완적 관계가 성립되어야 한다. 아울러 식품산업은 업종이 다양하고 원재료 비율이 높기 때문에 부가가치가 상대적으로 낮다. 그 결과 중소 식품관련 업체들은 판매부진과 자본부족 등으로 경영부실을 겪고 있는 경우가 많다. 이러한 경영부실은 산지 가공산업에 많으므로 이에 대비하여 식품에 대한 전문경영 컨설팅을 강화하여야 한다.

5) 기업의 사회적 책임과 인식

식품기업과 관련하여 중요한 과제가 식품안전에 대한 기업의 책임 인식이다. 식품안전의 문제를 정부의 감시나 규제만으로 해결하기에는 근본적인 한계가 있으므로 식품제조업자의 책임을 강화해야 한다. 식품분야에서도 공산품 제조업자의 경우와 유사한 정도의 책임과 의무를 부여해야 한다. PL(Product Liability)법에 상응하는 책임을 부여하는 것이 타당하다. 또한 식품제조업자가 관련법규와 검사에 합격하였다고 해서 면책되는 것이 아님을 주지시켜야 한다. 식품생산 이후 최종 소비 이전단계에서 야기되는 안전문제에 대해 식품기업은 일정한 책임과 의무를 져야 한다. 아울러 식품산업 발전과 안전확보를 위해서는 식품관련 각종 제도를 개선해야 하며 소비자의 위생 및 품질관리에 대한 인식도 높여야 한다.

다만, 식품기업 활동을 위축시키거나 각종 비현실적 규제는 과감히 개선하여, 비현실적인 식품분야 규제는 규제개혁 차원에서 조속히 완화해야 한다. 식품관련 규제는 완화하되, 각종 제도를 개발하여 식품안전에 대한 모니터링은 강화해야 한다. 명예 감시원제를 대폭 확대하고 이를 적극 활용하고, 고발 포상금을 대폭 상향조정해야 한다. 또 식품사고에 대한 응급조치 방안강구 등 다양한 대안을 마련해야 한다.

강조할 점은 식품안전에 대한 인식문제이다. 식품안전은 하루 아침이나 몇 년 만에 확보되는 게 아니다. 선진국도 수십년이 걸리는 작업이며 국가 전반에 걸쳐 제도 확충과 인식개선이 되어야 할 사항이다. 당면한 현안 해결보다는 장기적인 관점에서 국민이 인내를 가지고 지켜보아야 한다. 정부와 기업, 생산자와 소비자 모두가 식품문제에 대해 새로운 역할과 사명을 수행해야 한다.

---

01) 한국농촌경제연구원, "식료의 안정적 공급 및 농산물과 식품산업의 연계강화방안", pp. 18~24 참조.

02) 이 분야의 연구과제는 "농업과 연계한 식품산업 지원방안"(한국농촌경제연구원, '04. 10), "식품산업 정보체계구축 및 식품인증제도 개선"(한식연, '04. 10), " 농식품의 소비촉진 홍보전략방안 연구"(프레인닷컴, '04. 8) 등이 있다.

03) 주요 회의로는 식품관련 단체(외식학회 등) 등의 의견수렴(9회), 식품관련 전문기관, 단체 및 업체에 정책건의 제안요구('05.5.24), 식품산업발전 혁신연찬회 개최('05.5.26~27, 산학연 100여명), 식품산업 국제심포지엄 개최('05.6.15, 식품과학회 등 100여명)등이 있다.

04) 성진근, "수요지향적 농업정책 혁신과 식품안전성 확보" (선진형 식품영양정책방향 모색, 사단법인 한국영양학회, 세미나 자료, 2005.12.14).

05) 이중 4명은 사망하고 23명이 활동 중이다. 부문별로 보면 주류부문에 16명(송화백일주, 금산인삼주, 안동소주, 문배주 등), 식품부문에 7명(매실농축액, 수제녹차, 야생작설차, 창평쌀엿 등)이 지정되었다.

06) 한혜숙, "한국외식산업 경영환경 개선방안에 관한 이론적 연구", 관광정보연구, 제7호, 2001, pp. 63~85.

07) 한국식품개발연구원에서는 외식산업의 발전을 위하여 1) 탕류 식사류의 연구개발, 2) 가격조건의 개선, 3) 연령층별 고객 식기호연구, 4) 작업기계의 개발 보급확대, 5) 가격경쟁의 제고, 6) 한식의 현대생활 적합화 연구, 7) 전통음식형 패스트푸드점의 육성, 8) 원료농산물의 공동구입 확대, 9) 시설 및 종사자의 철저한 위생유지, 10) 종합적인 음식연구소의 설치운영을 들고 있다(한국식품개발연구원, 외식산업의 현황과 과제, 1990).

08) Kaye Chon, "Strategies for Service Quality Management in Restaurant and Hospitality Industry", 식품산업과 영양, p. 25.

09) 진양호는 "한국외식산업의 현황 및 대응방안"에서 정부가 단체급식에 관한 관련법도 만들어 내지 못하고 있고, 외식산업을 아직도 향락산업으로 인식하는 것을 비판하고 있다(Tourism Research 제13호, pp. 34~36).

10) 식품저널, 식품유통연감, 2002.

제6장

식품행정, 새로운 패러다임으로 가자

제6장

식품행정, 새로운 패러다임으로 가자

식품산업의 발전단계를 크게 나누어 보면 식품확보 단계, 식품산업 육성단계, 그리고 식품안전 강조단계의 세 가지 과정으로 나누어 볼 수 있다. 경제가 발전하고 소득과 복지가 증가함에 따라 식품확보나 식품산업 육성보다는 식품안전이 중요시되고 있다. 식품의 공급이 어느 정도 확충되면 안전문제로 소비자의 관심이 이동하는 것은 당연한 추세이다. 식품안전을 확보하기 위한 국가의 노력은 선후진국을 막론한다. 경제가 발전하고 소득수준이 향상될수록 식품안전에 대한 수요는 더욱 늘어난다. 식품의 안전성이란 식품으로부터 발생한 위해(hazard)와 위험(risk)이 인간의 신체나 정신면에 미치는 영향의 정도를 나타낸다. 식품의 안전성은 아무리 강조해도 지나치지 않다. 우리의 경우에도 식품의 안전성에 대한 소비자들의 관심과 수요는 높아지는데 비하여 정부의 정책이 제대로 뒷받침을 하지 못하고 있다. 식품의 안전은 통합적인 법률을 하나 만든다고 해결되는 것은 아니다. 식품생산자, 유통업자, 정부, 소비자들 간의 신뢰가 높아지고 이들 간의 영향력이 확대되어야 이루어질 수 있

다. 향후의 식품정책은 안전성 측면에서 국민들의 신뢰를 확보하여야 한다. 안전성을 기초로 한 과학적 관리체계를 구축하고 제품개발부터 유통 및 소비에까지 체계적인 품질관리와 안전성 확보방안을 도입해야 한다.

1. 식품행정의 현황과 문제점

우리나라 식품행정의 문제점은 여러 가지이다. 다양한 각도에서 여러 가지 문제점을 제시하고 있다. 식품검역시스템이 정비되지 않아서 안전문제가 생긴다고 하기도 하고, 식품위생 행정관련 부처가 8개나 되기 때문에 문제가 된다고 하기도 한다.[1] 식품관련 부처가 여러 개이기 때문에 안전불안 문제가 생긴다고 지적한다. 김치에서 기생충 알이 발견되었다는 보도로 민족식품이자 자랑스런 한국김치를 혐오식품으로 변질시켜 놓았다. 식품 안전문제가 터질 때마다 언론은 물론 심지어 관련 전문가나 학자들도 부처 일원화 문제에 역점을 둔다. 그러나 식품안전 문제는 단순히 관련 부처가 많은 데서 기인한 것만은 아니다. 우리 행정의 여건에 비해 소비자들의 기대수준이 높아진 점은 없는가? 식품정보를 특정부처가 독점하기 때문에 야기되는 정보의 신뢰성 문제는 없는가? 소비자들의 신뢰를 회복하기 위한 방안은 없는가? 현재의 인력과 체제하에서 최소한 비용을 들여 행정의 효율성을 높이기 위한 방안은 없는가? 식품기업은 제 역할과 책임을 다했는가? 식품안전의 문제를 전적으로 정부의 책임으로 돌리는 것이 올바른 인식인가? 이러한 여러 가지 문제를 종합적 고려하여 식품문제를 진단하고 이에 알맞은 대안을 제시해야 한다. 처방이 잘못되면 아무리 좋은 약을 사용해도 소용없다.

식품안전 문제가 터질 때마다 나오는 주장은 검사인력 부족과 검역체계의 여러 부처 분산을 문제로 지적한다. 식품검사관을 수백명을 늘린다고 해결될 일인가? 또 아무리 검역관을 늘린다 해도 이들이 24시간 식품생산공장에 가서 검사를 하고 있을 것인가? 식품안전 문제를 관련 시설과 장비, 예산과 인력을 대폭 확대하면 해결할 수 있다는 발상은 너무나 단순한 발상이다. 근본적인 해결방안이 될 수 없다.

식품안전 문제가 터져 나올때 마다 관련부처와 국민의 관심은 온통 "식품업무의 부처 일원화"에 초점이 맞추어져 있다. 즉 여러 부처에서 하는 식품관련 업무를 한 부처로 몰아주면 안전이 확보된다는 생각이다. 지극히 단순한 생각이며 잘못된 상황인식이다. 식품안전 확보와 관련 부처 일원화는 별개의 사안이다. 또 고기함량이 50%넘으면 농림부 소관이고 50%가 넘지 않으면 식약청이 관장하는 문제를 엄청난 잘못인 양 인식한다. 미국에서는 같은 육류가공품의 경우라도 가금육의 경우는 2%, 일반 육류의 경우는 3%를 넘으면 농부부 소관이다. 그 이하는 식품의약청 소관으로 분류해 놓고 있다. 특정한 기준을 설정해 놓고 이 기준을 중심으로 소관부처를 달리하고 있다. 우리나라의 기준설정만이 문제인가? 식품안전

문제의 본질을 보지 못하고 있다.

한국 농촌경제연구원에서는 전반적으로 우리나라 식품안전관리 체계가 가지는 문제점을 다음과 같이 요약하고 있다. 1) 식품안전근거법의 일관성이 결여되어 있다. 2) 위험평가 기능이 매우 취약하다. 3) 식품위해기준 설정이 미흡하다. 4) 기관간 공조체제 구축이 미흡하다. 5) 선진형 위험관리수단의 정착기반이 미흡하다. 6) 식품정보공개와 소비자 참여 장치가 미흡하다. 7) 체계적인 교육과 홍보가 미흡하다. 8) 식품안전관련 통합정보망이 구축되지 않아 위해 발생시 신속한 대처와 효율적인 위생관리가 어렵다.[2] 우리나라 식품안전행정의 문제점을 잘 요약하였다고 여겨진다.

소관부처가 많다는 것과 식품안전문제는 별개

우리나라의 식품행정에서 품목과 관리단계별로 부처가 다른 것이 문제가 될 수는 있다. 식품관련 법령이 30여 개에 이르고 관련업무가 11개 정부부처에 흩어져 있다.[3] 식품에 관계되는 주요 부처는 농림부, 해양수산부, 환경부, 교육부, 산자부 등 일반부처가 있고, 전반적인 식품을 총괄하는 식품의약안전청이 있다. 기본적으로 식품을 다루는 부처가 너무 많다는 지적이다. 농림부와 보건복지부 외에도 해양수산부(수산물검사소)는 거래 이전의 수입 수산물의 안전성 검사, 수산물 원산지 표시 단속업무를 담당하고 있다. 교육인적자원부는 학교급식 관리, 산업자원부는 소금관리, 환경부는 먹는물 허가·관리, 국세청은 주류 허가·관리업무를 담당하고 있다. 식품을 다루는 부처가 많은 반면 총괄하는 기능은 매우 취약하다는 점이다. 자연히 효율적인 관리가 어렵다. 그러나 식품관련 부처가 많다는 지적은 형식적인 숫자놀음이다. 문제가 되는 것이 농림부와 보건복지부(식약청)의 소관을 두고 다투는 싸움이다. 이에 대해서는 부처의 기능조정에서 언급하고자 한다. 우리나라의 식품정책은 정부부처의 행정기능이 분산되어 있어 효율적인 추진이 되지 못한다는 점은 하고 있다.

국민의 관심은 어디에 있는가? 먹거리에 대한 유무해 논쟁이 식품 위생 및 안전의 대표적인 부실 사례이다. 먹거리의 안전성에 대한 국민의 관심은 높아지고 있으나 전문기관의 정밀조사도 미비할 뿐만 아니라 부처간 협의도 잘 안된다. 우리의 대표적인 식품인 김치의 납 성분 허용기준치도 없다는 점도 지적된다.[4] 그러나 식품안전의 문제를 너무 과장하거나 감정적인 접근을 해서도 안된다. 또 수입산이기 때문에 무조건 불안하다는 식의 자세는 곤란하다. 사전에 제대로 대비하지 않은 채 사후 약방문식의 자세는 더욱 온당치 못하다. 우리 정부의 식품안전관리는 아직 원시적이라는 언론의 지적[5]은 정부의 장기적이고 근본적인 개선방안을 요구한다고 보면 된다.

식품별 관리 부처

소관 법률	소관부처	대상식품
축산물가공처리법, 농수산물 품질관리법, 농약관리법 등	농림부	축산물 및 그 가공식품, 농산물(재배단계)
먹는물 관리법	환경부	먹는물
주세법	국세청	주류
농수산물품질관리법 및 수산물검사법	해양수산부	수산물
염관리법	산업자원부	소금
학교급식법	교육인적자원부	학교급식
식품위생법, 건강기능식품법	보건복지부 (식약청)	상기이외 모든 식품
상기제반법률	각 시·도(시·군·구)	상기대상 품목의 집행

자료: 농수축산신문, 한국식품연감, 2004.

단일품목도 생산이나 가공, 유통, 소비등 단계마다 소관부처가 다른점이 문제가 될 수 있다. 농산물의 경우 재배단계는 농림부가 관장하고, 수입이나 유통 및 가공단계는 식약청이 관장한다. 축산물의 경우는 사육 및 수입단계와 가공 및 유통단계가 농림부 소관이다. 다만, 슈퍼나 음식점등 최종 소비단계의 축산식품은 식약청이 관장한다. 수산물의 경우는 생산은 해양수산부에서, 수입 및 가공과 유통은 식약청에서 관장한다. 기타 먹는물은 환경부에서, 학교급식은 교육부에서, 주류는 국세청에서 관장한다.

국민들이 일상적으로 먹는 주요한 식품의 소관부처가 각기 다르다. 소관부처가 다르다 보니 여러 가지 문제가 나타난다. 몇 가지를 들어보면 첫째, 식품의 생산이나 수입, 유통이나 가공 등 단계별로 분산 관리되어 행정의 신속성, 책임성, 일관성이 저하된다. 2000년의 경우 중국산 납 꽃게 사건의 경우 관계부처의 책임공방으로 3개월이나 처리가 지연된 경우도 있다. 둘째, 식품별로 관리부처와 기준설정 부처가 달라 신속한 대처가 어렵고 비효율적인 행정처리가 많다. 2000년의 벨기에산 축산물 다이옥신 발생의 경우 축산물 관리부처인 농림부가 다이옥신 사건의 신속한 처리를 위해 다이옥신 기준설정을 요청하였으나 식약청은 지금까지 기준을 설정하지 않고 있다.

셋째, 식품의 검사와 검역이 이원화되어 국민의 불편을 초래하고 인력이나 예산의 비효율을 가져온다. 농산물에 대한 검역이나 검사가 농림부와 식약청으로 이원화되어 있다. 이로 인한 낭비와 비효율은 설명할 필요도 없다. 넷째, 부처간 규제대상과 기준이 다른 것도 문제이다.[6] 다섯째, 식품에 대한 소관부처가 다르기 때문에 자연히 중점 정책 방향이나 내용이 다르다. 농림부는 식품의 육성에 중점을 두고 전통식품이나 가공식품 등을 육성하는 정책을 추진하고 있다. 농림부의 중점은 농수산물의 부가가치나 상품성 제고를 통한 생산자의 소득증대 및 소비자 보호를 목적으로 한다.[7] 보건복지부는 식품위생법에 근거하여 식품의 위생 및 안전이라는 측면에서 국민의 건강이나 안전을 위한 최소한의 기준을 설정하고 이에 부합하도록 식품정책을 추진하는 것이다.[8] 일종의 규제적 의미의 정책을 추진하는 부서라고 볼 수 있다. 그 대상도 국내식품업체뿐만 아니라 수입식품까지를 다루게 된다. 근본적으로 보건복지부의 지원은 식품위생시설의 개선 위주로 되어 있고, 지원대상도 식품접객업소로만 한정되어 첨단 가공기술 개발이 어렵다. 또 원료 및 첨가물 기준에 있어 일부 과도한 규제로 다양한 식품개발은 어렵다고 할 수 있다.

식품분야에 대한 지원대상이나 목적 및 범위가 부처에 따라 다르기 때문에 식품가공기술 개발이나 투자, 식품산업을 육성하기 위한 종합적인 정부차원의 대책이 미흡하였다. 부처 간의 문제만도 아니다. 농림부내의 식품에 관한 부처도 여러 곳에 분산되어 관리되고 있다. 자연히 효율이나 통합의 능력이 발휘되기 어렵다. 농림부는 단순가공품을 포함한 1차 농산물의 수급조절을 위주로 한다. 가공식품에 대한 수급정책은 소관이 애매하다. 1차 농산물과 가공품의 수급업무가 정부차원에서 통합적으로 추진되어야 한다.

2. 식품안전관리정책을 내실화하자

1) 농산물 안전성 조사

식품의 안전성을 확보하기 위해서는 현재 추진하고 있는 각종 안전 정책을 착실히 추진하는 것이 중요하다. 생산단계의 안전관리를 철저히 해야 하고 유통이나 소비단계의 각종 안전조치를 강화해야 한다. 농림부는 출하 전 단계 농산물에 대한 안전성 조사를 실시하고 수출농산물에 대해서도 안전성 검사를 한다. 국산 농산물의 안전성에 대한 신뢰 제고를 위해 소비자 참여 프로그램도 추진하고 있다. 안전성조사 대상은 농산물 생산을 위해 사용되거나 이용하는 토양 · 용수 · 자재 등은 물론, 저장단계나 출하단계의 농산물도 해당된다. 조사대상 유해물질은 농산물 중의 잔류농약(370종)과 중금속, 곰팡이 독소 등이다.

채소류나 과실류를 대상으로 조사한 결과 안전성에 미달하는 부적합률은 1% 정도이며 대부분은 안전한 것으로 나타난다. 2005년 9월, 농림부가 총 146 품목의 42,110건에 대해 안전성을 조사한 결과 전체의 1.2%(492건)가 부적합한 것으로 나타났다. 부적합 비율이 높은 품목은 양송이(15.7%), 돌나물(13.8%), 신선초(9.0%), 달래(8.8%) 등이다. 향후 소비자들이 즐겨 애용하는 상추, 들깻잎, 풋고추 등 취약품목 위주로 중점조사 실시하고, 재배환경 모니터링을 확대하며 관련 검사기구나 인력 및 조직을 확충해야 한다. 또 농산물에 대한 안전성 조사는 농약 등 항생물질에 대한 안전기준을 강화하는 것도 중요하나, 환경 호르몬 등 신종 유해물질에 대한 안전성도 확보되어야 한다.

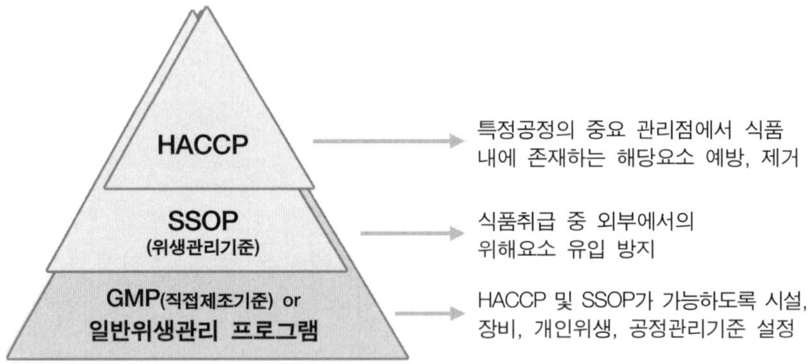

자료... http://www.okiso.co.kr/consulting/consulting_07_02.asp

HACCP 제도 의무화

식품의 안전성을 확보하기 위해서는 위해요소 중점관리제도(HACCP)의 확대가 불가피하다. 현재는 일부를 제외하고 의무적으로 실시하지는 않고 있다. 장기적으로 HACCP 제도를 의무적으로 실시하도록 해야 하며, 의무도입을 위한 대상이나 범위에 대한 연구를 강화해야 한다. 의무도입대상에 대해서는 다양한 지원방안이나 인센티브제도를 강구해야 한다. 아울러 제도 정착을 위한 기술이나 경영 컨설팅 등 다양한 지원방안을 추진해야 한다.

2) 농산물 원산지표시

원산지 표시제는 당초 수입농산물의 국산 농산물 둔갑을 방지하고 국내 농산물의 유통질서를 확립하기 위하여 시행한 제도이다. 원산지 표시제는 이제 유통질서 확립이라는 목적도 중요하나, 국내 소비자들에 대한 알 권리를 보장이나 소비자들의 식품안전을 확보하기 위한 목적도 크다. 농산물의 원산지 표시의 대상품목은 442개 품목이다. 원산지를 위배할 때에는 법령에 의거 처벌을 강하게 받는다. 원산지를 허위표시할 경우는 5년 이하의 징역 또는 5천만원 이하의 벌금을 부과한다. 또 원산지 표시를 하지 않는 미표시의 경우는 1천만원 이하의 과태료를 부과한다. 그러나 정부의 처벌이 무서워가 아니라 국민의 건강과 안전을 생각하여 적극적인 협조를 해야 한다. 정부의 단속만으로 이 제도의 실효성을 거두기 어렵다. 소비자나 생산자, 유통업자 모두가 의식을 개선해야 한다. 정부는 효율적인 단속을 위하여 조기경보시스템을 도입하거나 식별방법을 개발하는 등 개선책을 마련해야 한다.

3) 유전자 변형 농산물의 표시

소비자 알권리 보장을 위해 정부는 유전자변형농산물(GMO)에 대한 표시를 2001년부터 의무화하고 있다. 유전자변형 농산물은 사회적 이슈가 되어 그간 논란도 많았고 이 분야에 대한 연구도 많다. 유전자 변형 농산물에 대해서는 표시제도가 쟁점이 되었다. 유전자 변형제품의 유해성 여부는 제쳐두고 소비자의 알권리를 충족한다는 차원에서 유전자변형 제품에 대한 표시제의 시행 여부가 이슈가 되었다. 전면적으로 표시제를 실시해야 한다거나 부분적으로 실시해야 한다는 주장도 있고, 또 표시제의 효과가 미흡하다는 지적도 많다. 농림부에서는 유전자변형 농산물일 경우는 유전자변형인지 아닌지, 또는 유전자 변형제품을 사용하는지 여부를 알 수 있도록 표시제를 실시하도록 하였다. 유전자변형 농산물 표시를 해야 하는 의무자는 유전자변형 농산물을 판매하는 자이다. 표시대상 품목은 2001년 3월까지는 콩, 콩나물, 옥수수의 3개 품목이었으나, 2002년 3월부터는 감자를 추가하였다. 유전자변형 농산물의 표시방법은 세 가지이다. 즉 "유전자변형 농산물", "유전자변형 농산물 포함", "유전자변형 농산물 포함가능성 있음"의 세 가지이다. 이 표시를 보고 소비자가 알아서 판단하도록 하고 있다. 이 제도가 정착되기 위해서는 다양한 검증기법을 개발하여야 한다. 또 정부차원에서는 국제적 규범인 바이오 의정서 비준의 이행에 대비해야 하고 관련법을 구체적으로 확정하여 본격적인 이행에 대비해야 한다.

유전자변형 농산물에 대한 논쟁은 끝이 없다. 미국은 기본적으로 별도 표시를 하지 않는다. 그러나 EU를 비롯한 많은 나라가 유전자변형 농산물의 표시제를 실시해야 한다고 한다. 이에 대한 판단은 나라마다 다르나, 소비자들의 판단에 맡겨야 할 사항으로 본다.

4) 농산물 이력추적제도

이력추적제도는 농산물 제조업자나 유통업자에게 거래기록을 유지하도록 하고 문제가 발생할 때에는 근원을 찾아 제대로 처방을 하기 위함이다. 농산물 생산자는 농약이나 비료를 어느 정도 어떻게 사용하였는지를 알 수 있도록 생산이력과 출하내역을 기록 관리해야 한다. 유통업자는 농산물의 입고, 출고, 판매를 기록관리하는 것이다. 이력추적제도를 실시하면 문제가 발생한 농산물에 대하여 해당 농산물의 이력을 추적하여 원인을 규명하고 필요한 조치를 할 수 있다. 나아가 공정한 거래질서의 정착이나 위험관리에도 기여한다.

이 제도는 유럽 국가들을 중심으로 추진되어온 제도이다. 1986년 영국에서 발생한 광우병으로 EU 회원국을 중심으로 농식품 추적관리시스템이 실시되었다. 최근 일본이나 미국에서도 이 제도의 도입을 추진하고 있다. 이력추적제도의 취지는 좋으나 시행에는 많은 비용이 들고 어려움이 많다. 기본적으로 제도 운영과 관리에 인력과 비용이 많이 든다. 적은 비용으로 효율적으로 추진할 수 있는 기법이나 대안을 만들어야 하며 이의 추진을 위한 법적근거도 필요하다.

5) 우수농산물관리제도(GAP)

이 제도는 농산물의 안전성을 확보하기 위하여 농산물의 생산단계부터 수확 후 포장단계까지 토양이나 수질 등의 농업환경이나 농산물에 잔류할 수 있는 농약·중금속 또는 유해생물 등의 위해요소를 관리하는 것이다. 우리나라는 이 제도를 일부지역에 한해 시범적으로 실시하고 있고 연차적으로 확대할 예정이다. 의무적으로 이제도를 실시하는 것은 다소 이른 감이 있으나, 장기적으로 우리나라도 실시해야 한다고 여겨진다. 일종의 선진국 형 농산물 안전관리 시스템이다.

선진국도 GAP 제도를 다 시행하고 있는 것은 아니며, EU나 미국 등 일부 선진국이나 농산물 수출국을 중심으로 이 제도의 도입을 추진중에 있다. 현재 FAO, Codex 등 국제기구에서도 이 제도의 기준을 마련하고 있는 중이다. GAP제도의 도입을 위해서는 근거법령을 마련하고 교육이나 홍보도 강화해야 하며 시범사업에서 나타난 비용부담 문제나 절차 등에 대한 개선작업도 이루어져야 한다.

6) 학교급식제도의 개선

우리나라의 식품안전과 관련하여 중요한 과제의 하나가 학교급식제도에서 안전성을 확보하는 것이다. 학교급식의 문제는 어제오늘의 문제가 아니다. 수시로 불량식품으로 식중독이나 안전문제를 야기한다. 이에 대해 근본적인 문제를 강구해야 한다. 학교급식의 문제는 현재 정부지원금액이나 학부모 부담으로는 양질의 급식을 학생들에게 제공하지 못한다는 데 있다. 그렇다면 현재 지원규모와 제도가 실제로 양질의 급식을 제공하는데 부족한가의 여부를 객관적으로 조사해야 한다. 부족하다면 얼마나 부족하며 이 부족분을 누가 어떻게 부담할 것인가 결정해야 한다. 학교급식을 주관하는 학교당국도 양질의 급식을 제공하기 위해 현행제도를 감싸기만 해서는 안된다. 수많은 의심과 불만의 눈초리가 학교급식제도에 있음을 인식하고 급식제도를 개선해야 한다.

쟁점이 되는 것은 학교급식에 사용되는 농산물을 국내산으로만 하자는 주장이다. 이를 우리 농산물로 하면 WTO 협정상의 문제가 있다고 하고 우리 농산물이란 용어를 사용하지 못하도록 하고 있다. 정말 안타까운 일이다. 문제가 되는 것은 우리 농산물이냐 수입농산물이냐가 아니고 학교급식에 사용되는 농산물의 품질이다. 품질이 우수하고 영양 측면에서 문제가 없다면 국산 농산물이나 수입산 농산물이나 문제가 될 이유가 없다. 품질이 좋지 않기 때문에 국산 농산물만으로 하자, 또는 수입농산물의 사용을 금지하자는 등의 다양한 논의가 제기된다. 따라서 국산이냐, 수입산이냐가 중요한 것이 아니고 좋은 품질을 어떻게 적은 비용으로 공급하느냐 하는 급식제도의 운영 개선이 가장 중요한 과제이다.

학교급식제도는 미국에서 국민의 건강증진과 복지 향상, 그리고 과잉농산물의 수급조절을 목적으로 시행한 제도이다. 쟁점이 되는 것은 급식재료의 국산사용 의무규정이다. 미국에서는 급식재료로 국산 농산물을 사용할 것을 규정하고 있다.[9] 우리나라에서 미국의 학교급식제도와 같이 국산 농산물의 사용을 의무화하는 것은 WTO 규정에 위배된다는 대법원의 판결[10]로 논란이 되고 있다. 우리나라 대법원이 WTO가 판정해야 할 국제법상의 규정 위배 여부를 판정하는지는 의문이다. 이 문제는 WTO 규정에의 합치 여부가 가장 중요한 과제이다. 국산 농산물로만 한정할 경우는 WTO 협정에 의한 내국민 대우 조항에 위배될 수 있다는 점이다. 학교급식의 재료로 국산 농산물만 사용해야 한다고 하면 당연히 WTO 규정에 위배될 소지가 있다. 당장 우리나라에 많은 농산물을 수출하는 중국이 문제를 제기할 것이다. 그렇게 하지 않고 문제를 해결하는 방안을 상구해야 한다.

우리가 학교급식법에 간단히 국산농산물만을 사용하여야 한다고 규정하는 것은 문제가 있다. 그 대신 학교급식비에 대한 국가지원을 늘려 급식의 품질을 고급화하고, 급식제도의 운영을 개선하여야 한다. 아무리 법에 규정을 한다고 하더라도 현장에서의 운영이 제대로 되지 않으면 당초 기대했던 효과를 거두기 어렵다. 다행히 정부가 최근에 학교급식용 농산물을 세계무역기구 정부조달협정(GPA) 적용대상에서 제외하도록 하는 방안을 세계무역기구에 제출하였다. 우리 농산물의 사용이 가능해지는 청신호가 켜진 것이다.

학교급식의 진정한 문제는 WTO규정 때문이 아니다. 학교급식제도는 제도의 취지와 목적, WTO 관련 규정, 현실적인 비용부담, 타국의 사례 등을 종합적으로 고려해서 우리의 실정에 알맞은 제도를 정착시키는 것이 중요하다. 현재와 같은 학교급식제도는 자라나는 후손에게 "우리 음식은 나쁜 음식", "잘못 먹으면 식중독 걸리는 위험한 식품"이라는 잘못된 인식을 심어줄 우려가 있다. 불량 음식이나 부정 식품을 청소년들에게 공급하는 것은 후손에 죄를 짓는 일이다. 정부는 물론, 학교급식의 운영업체나 학교당국, 그리고 학부모가 가슴에 손을 얹고 양심에서 우러나는 소리를 들어야 한다.

3. 식품관련 행정과 체제를 정비하자

1) 식품관련 부서의 기능 조정

식품행정은 크게 식품수급 관리, 식품산업 육성업무, 위생 및 안전성 관리의 세 가지로 구분된다. 대부분의 선진국에서는 식품행정은 위생을 포함한 안전성 관리와 품질관리에 역점을 두고 있다. 식품 수급관리나 식품산업 육성업무는 특정한 부서나 각종 위원회(Board or Commission)에서 자율적으로 수행하고 있거나 민간에 맡기기도 한다.

식품관련 부처의 분산으로 인한 식품행정의 비효율과 낭비는 어떠한 형태로든지 개선되어야 한다. 식품업계는 물론 소비자들도 정부의 식품산업정책과 식품안전행정에 대하여 차가운 시선을 보내고 있다. 식품육성정책도 제대로 되지 않고 규제와 감독만 많으며 식품안전업무도 일관성, 신속성, 책임성이 미흡하다는 비판이다. 부처간 이기주의가 식품산업 발전에 장애가 되는 본질적인 요소는 아니나, 식품산업 육성이나 식품안전관리에 많은 제약요인임은 틀림없다. 문제가 되는 농림부와 식약청을 중심으로 한 업무분장이나 관리상의 비효율도 늘 쟁점이 되어왔다.

외국의 사례

식품산업의 발전을 위해서는 우선 식품에 관해 다양한 부처별 업무를 통합하고 조정하여야 한다. 식품의 소관 부처나 관리형태는 나라마다 다르다. 이를 일반화하기도 어렵고 특정한 나라의 경우를 들어 이를 일방적으로 우리나라에 적용하기도 어렵다. 다양한 외국의 사례를 종합해 보면 크게 세 가지로 나눌 수 있다.

첫째는 특정부처 중심으로 일원화하는 추세이다. 이론적으로 가장 바람직한 형태이다. 생산에서 유통, 소비까지를 특정한 부처에서 통합하여 관리함으로써 효율성을 높일 수 있기 때문이다. 이에 해당하는 국가로는 독일, 덴마크, 뉴질랜드, 네덜란드, 캐나다, 스웨덴의 경우가 이에 해당된다. 독일은 2001년부터 소비자보호식품농업부에서 1차 생산품, 수입품, 국내가공품, 유통, 최종소비 등 식품의 생산 및 유통을 일관 관리하고 있다. 다만, 현장의 실질적인 관리는 지방정부에서 담당하고 있다. 덴마크는 1997년부터 식품농수산부에서 생산과 유통을 일관관리 하였으나 2004년 제3의 부처인 가정소비자부를 신설하여 생산에서 소비까지를 일관 관리하고 있다. 뉴질랜드는 2002년부터 농림부에서 식품의 생산부터 유통, 소비 등을 일관 관리하고 있다. 네덜란드는 2003년부터 농업자연식품부에서 식품의 생산과 유통을 일관관리하고 있다. 캐나다는 1997년 이후 농업식품부에서 생산, 유통, 소비전반을 담당하고 있으나, 보건부에서 식품안전성 평가나 안전기준을 설정하고 있다. 스웨덴은 전통적으로 농업식품소비자부에서 생산과 유통을 일관 관리하고 있다. 프랑스도 농어업부 중심으로 일관 관리하고 있으나, 위해성 평가는 식품위생안전청에서 실시한다.

이와같이 식품관리는 일원화하는 것이 세계적인 추세이며, 일원화 추세는 대체적으로 농업부로 통합하고 있다. 농업부 중심의 통합과 효율을 강조하고 있는 이유는 생산단계의 안전관리가 기초가 되기 때문이다. 즉 농림행정조직에 식품업무를 강화하는 것은 세계적인 추세이다. 전반적으로 생산에서 유통까지를 1개 부처가 통합하여 관리하면 행정의 책임성, 일관성, 효율성이 크게 향상된다.

두 번째는 부처별로 각각 업무를 분담하여 추진하되, 부처간 협조체계를 구축하여 식품업무를 추진하는 형태이다. 미국이 대표적으로 이러한 형태를 취한다. 미국은 품목별로 1차 생산물은 농무부, 일반식품은 보건후생부(식약청)가 담당한다. 그러나 축산식품에 대해서는 농무부가 담당한다. 미국에 대해서는 다음에 구체적으로 살펴보기로 하자.

세번째는 개별부처에서 실시하되, 위원회 또는 독립기관에서 식품관련 업무를 총괄 조정하는 것이다. 일본이 대표적인 경우이다. 일본은 개별 품목에 따라서는 농림수산성, 후생성이 각각 분담하여 관리하나, 독립적인 식품안전위원회가 전반적인 사항을 총괄하고 문제가 될 경우 조정한다. 일본은 농림수산성에 통합식료국이 있으며 이 안에 식료기획과, 유통과, 식품산업 기획과, 식품산업진흥과 등 여러 과를 두고 농업과 식품산업과의 협력관계를 강화하고 있다. 특히 소비안전국에서는 식품규격, 유기식품제도, 식품가공 감시

주요 선진국의 식품안전 관리체계(요약)

<table>
<tr><th rowspan="2">구 분</th><th colspan="2">1차 생산(품)</th><th colspan="2">2차 생산(품)</th><th>유 통</th><th>소 비</th></tr>
<tr><th>재배/사육등</th><th>수입</th><th>국내가공</th><th>수입</th><th>(보관/운반등)</th><th>(최종판매단계)</th></tr>
<tr><td rowspan="3">독 일</td><td colspan="6"></td></tr>
<tr><td colspan="6">소비자보호식품농업부</td></tr>
<tr><td colspan="6">* 지방정부에서 실질적인 관리를 맡음</td></tr>
<tr><td rowspan="3">캐나다</td><td colspan="6"></td></tr>
<tr><td colspan="6">농업식품부</td></tr>
<tr><td colspan="6">* 보건부 : 식품안전성 평가 및 안전기준 설정 (유통·소비단계 : 통상 주정부 담당)</td></tr>
<tr><td rowspan="3">스웨덴</td><td colspan="6"></td></tr>
<tr><td colspan="6">농업식품소비자부</td></tr>
<tr><td colspan="6">* 주요업체(약 600개소)는 농업부에서, 기타업체는 지방정부에서 관리</td></tr>
<tr><td rowspan="3">네덜란드</td><td colspan="6"></td></tr>
<tr><td colspan="6">농업자연식품부</td></tr>
<tr><td colspan="6">* 지방정부와 함께 관리</td></tr>
<tr><td rowspan="3">뉴질랜드</td><td colspan="6"></td></tr>
<tr><td colspan="6">농 림 부</td></tr>
<tr><td colspan="6">* 지방정부와 함께 관리</td></tr>
<tr><td rowspan="3">덴마크</td><td colspan="6"></td></tr>
<tr><td colspan="6">가정소비자부</td></tr>
<tr><td colspan="6"></td></tr>
<tr><td rowspan="3">프랑스</td><td colspan="6"></td></tr>
<tr><td colspan="5">농어업부</td><td>고용사회연대부</td></tr>
<tr><td colspan="6">* 식품안전청 : 식품안전성 평가, * 경제재정산어부 : 표시기준 등</td></tr>
<tr><td rowspan="3">호 주</td><td colspan="6"></td></tr>
<tr><td>지방정부</td><td>농수산부</td><td>지방정부</td><td>농수산부</td><td colspan="2">지방정부</td></tr>
<tr><td colspan="6">* 식품기준호주뉴질랜드청 : 식품기준설정, 안전성 평가 등 실시</td></tr>
<tr><td rowspan="3">영 국</td><td colspan="6"></td></tr>
<tr><td>환경식품농촌부</td><td colspan="5">지방정부</td></tr>
<tr><td colspan="6">* 식품기준청 : 식품안전성 평가, 교육·홍보, 도축검사 등 담당</td></tr>
<tr><td rowspan="3">일 본</td><td colspan="6"></td></tr>
<tr><td>농림수산성</td><td colspan="5">후생노동성</td></tr>
<tr><td colspan="6">* 식품안전위원회 : 식품안전성 평가 담당</td></tr>
<tr><td rowspan="3">미 국</td><td>농업부</td><td colspan="5">보건부(식약청) : 일반식품</td></tr>
<tr><td colspan="5">농업부(USDA) : 축산식품</td><td>w지방정부</td></tr>
<tr><td colspan="6">* 먹는물, 주류 등은 환경부, 재무부 등에서 담당 (유통·소비단계: 통상 주정부 담당)</td></tr>
<tr><td rowspan="3">한 국</td><td>농림부</td><td colspan="5">복지부(식약청) : 일반식품</td></tr>
<tr><td colspan="5">농림부 : 축산식품</td><td>복지부(식약청)</td></tr>
<tr><td colspan="6">* 먹는물, 주류 등은 환경부, 국세청 등에서 담당</td></tr>
</table>

자료: 농림부, 2005

등 농장에서 식탁까지의 식료품의 안전과 추적을 실시하고 있다. 영국의 경우에도 식품기준청이 총괄을 하고 환경식품농촌부가 식품에 대한 전반을 관리하고 있다.

우리의 개편 방향

식품산업에 대한 관장 부서나 추진체계는 나라와 시대에 따라 다르다고 하였다. 선진국의 사례를 종합하면 현재는 대개 통합의 효율성을 강조하는 추세에 있다. 즉 다원화되어 있는 식품안전관리 체제를 식품전담기구 설치를 통해 책임성, 일관성, 효율성 있는 관리체제로 재편하는 경향이 현재의 추세이다. 식품안전에 관하여 국제적으로 제시된 원칙과 방향을 세 가지이다. 첫째는 농장에서 식탁까지 일관관리, 둘째는 사전 예방 중심의 식품안전관리, 셋째는 위해성 평가와 위험성관리의 분리이다. 이러한 원칙하에 정부기능 개편에서는 생산과 식품안전의 통합관리를 고려해야 하며, 식품과 의약품은 분리하고, 식품수입국과 수출국의 차이도 고려해야 한다.[11] 이러한 기본적인 점을 향후 식품안전 관련 기능 개편시에 고려되어야 할 것이다.

농산물과 식품의 안전과 관리에 대하여 농림부와 보건복지부

(식약청)의 기능을 어떻게 조정하느냐 하는 문제는 결론적으로 우리 실정에 알맞게 추진해야 한다고 할 수 있다. 구체적인 조정방안은 여러 가지가 있을 수 있고 각각의 방안에 장단점이 있다. 장점만 있고 단점은 없는 방안은 없다. 장기적으로는 식품안전업무를 일원화하는 것이 가장 이상적이다. 그러나 실현 가능성이 희박하다. 농업식품부 등으로 일원화하는 것이 근본적인 해결방안이나 현실적으로 많은 어려움이 있고, 단기간에 추진하기도 어렵다.

우리의 제도 개편 기본방향은 현행의 틀 속에서 부처간의 업무를 조정하는 방안이 있고, 다른 한편으로는 현재의 틀 자체를 완전히 개편해서 식품분야를 독립적으로 다루는 방법도 있다.[12] 전반적으로 농림부는 가공식품을 포함한 식품에 관한 전반적인 지원과 관리를 담당하고, 보건복지부나 식약청은 식품의 위생에 관한 업무를 담당하도록 크게 이원화해야 한다. 따라서 선진국 사례를 참고로 하여 우리 실정에 알맞은 체제를 갖추는 것이 필요하다. 현행 체계로 인해 발생하는 문제점을 우선적으로 해결할 수 있는 방안을 검토하는 것이 바람직하다. 그 다음에 총괄 조정기구를 설치하여 조정하는 방안도 생각할 수 있다.

정책의 중점에 있어서도 현재의 식품산업정책은 과거와 같이 식품위생 및 안전관리에 중점을 두고 있어 상대적으로 식품산업의 육성과 지원이라는 측면에서 소홀한 감이 있다. 식품의 위생 및 안전기준의 강화를 위해서는 식품의 위생 및 안전기준에 대해서 부처별로 상이한 기준을 통합하여 일원화해야 한다. 현재의 식품의 위생기준에 대해서는 부처나 기관별로 안전기준이 달라 소비자들이나 생산자, 제품의 제조업체들도 불만이 많다. 또 식품관계 부처간의 유기적인 협조체제를 구축해야 한다. 식품관련 유관 부처간 공식, 비공식적인 협의체를 구성하여 필요한 과제를 수시 협의해 나가야 한다.

다만, 개별부처의 고유한 일은 부처 차원에서 자율적으로 추진하는것이 현실적으로 타당하다고 본다. 식품에 대한 관리나 소관은 나라마다 다르다고 하였다. 역사적인 배경이 다르고 여건이 다르기 때문이다. 나라마다 고유한 특색이 있으므로 특정국가의 정책이나 제도를 그대로 우리나라에 도입하여 우리도 그렇게 해야 한다는 생각은 올바르지 못하다. 우리는 우리 실정과 여건에 알맞은 정책을 추진하면 된다.

생산단계의 안전관리가 기본적으로 중요

일반적으로 식품의 위해 요인은 생산단계는 물론, 가공, 유통 등 여러 단계에서 발생한다. 생산단계의 위해요인은 주로 농약이나 중금속 오염 등에 의해서 발생된다. 반면 가공이나 유통단계에서의 위해요인은 미생물의 오염에 의해서 주로 발생한다. 또 식품위해는 발생한 뒤 사후적으로 발생한 위해를 추적하고 제거하는 것은 굉장히 어렵고 비효율적이다. 그러므로 위해가 발생하기 전에 사전 예방적 조치가 필요하다. 이를 위해서 생산단계에서부터 철저한 안전성 관리를 수행하는 것이 급선무라고 하겠다. 농어업인 등 생산자는 안전식품을 생산하겠다는 의지를 가져야 하며, 정부도 안전교육이 충분히 실시해야 한다. 생산자에 대한 지속적인 관리와 농약 안전사용기준을 철저히 준수하도록 관리와 지도에 철저를 기하는 것이 중요하다.

가공식품은 특성에 알맞게

가공식품에 대한 소관이나 관리는 정책의 목적이나 품목의 특성에 알맞게 실시해야 한다. 가공식품 육성이 정책의 목적이면 육성을 하는 부서에서 주관해야 한다. 그것은 농림부이건 보건복지부

이건 가공산업에 대한 지원을 해주고 육성을 한다는데 부처를 따질 필요가 없을 것이다. 가공업자의 입장에서도 다양한 지원을 많이 받으면 좋다. 다만, 가공식품의 안전관리가 정책의 목적이라면 문제가 달라진다. 농식품의 안전관리업무는 품목이나 단계에 따라 농림부와 보건복지부에서 각기 분담하여 특성에 알맞게 분리하면 된다.

식품관련 독립기구 설치

현재의 분산된 식품안전체제는 어떠한 형태로든지 개선하여 해결책을 마련해야 한다. 분산된 체제 자체가 문제는 아니다. 분산되어 있더라고 각자의 분야에서 역할과 기능을 제대로 하면 된다. 그렇지 못한데 대한 현실적인 불만과 어려움이 있다. 부처 간 이기주의를 넘어서야 하고, 예산부족과 인원 및 장비부족이라는 현실적인 어려움을 탈피해야 한다. 식품의 안전관리체제의 운영은 나라마다 다르나, 선진국의 사례를 참고로 하여 우리의 실정에 알맞는 효율적인 체제를 갖추어야 한다고 하였다.

그러기 위해서는 독립적인 제3기관인 식품안전위원회나 식품안전처를 구성하는 것도 방안이다. 식품안전위원회(식품안전처)에서는 식품 관리규정이나 사고에 대한 종합적인 대책을 담당하는 기구로서의 역할을 수행하되, 식품에 대한 부처간의 업무가 조정되지 않은 사항에 대한 최종적인 판단을 하는 기구로 운영해야 한다. 또 부처간의 갈등과 비효율로 방치되거나 사각지대에 있는 부분에 대한 업무의 조정도 이 기구를 중심으로 실시해야 할 것이다.

현재 식품안전관리업무는 식약청, 농림부등 각 부처별로 분담되어 있고, 부처간 정책 및 업무를 총괄적으로 협의·조정하기 위하여 국무조정실 주관의 식품안전관리대책협의회가 설치되어 있다. 그러나 부처의 고유한 기능이 특정 기관의 조정으로 실효성을 발휘하기 어렵다. 따라서 현재의 조직과 업무영역의 틀 내에서 관계 부처간의 협조를 추진하되, 제3기관을 통한 식품안전업무를 성실히 수행하는 것도 방안이다. 현재의 식품의약청은 식품부문을 제외한 의약품만을 전담하도록 하고 식품부문은 새로운 조직에서 전담하는 것이 세계적인 추세에도 부합한다. 아울러 소비자들의 정부에 대한 불신을 줄이기 위해 식품안전 관련 위원회에 소비자단체나 민간의 참여를 제도적으로 보장하고 이를 확대해야 한다. 식품안전은 정부에만 맡겨서는 제대로 해결되지 않는다. 식품기업과 정부, 그리고 소비자들이 함께 협력하는 안전관리체제를 구축하여야 한다. 다만, 식품의 제조 및 유통과 관련된 지나친 규제는 완화하여 민간부문의 창의와 자율을 존중하도록 해야 한다. 정부의 관여나 규제는 꼭 필요한 경우에 한해 최소화할 필요가 있다.

관련조직의 확충

식품산업의 육성을 위해 농림부와 식품의약청의 식품관련 조직을 확충하여야 한다. 농림부는 식품산업정책의 새로운 패러다임에 맞추어 현재의 식품산업과라는 과단위 조직과 인력으로는 근본적으로 증가하는 식품정책에 제대로 대응하기 어렵다. 식품의 안정적 수급과 식품산업의 경쟁력 강화, 소비자 중심의 식품산업정책 추진, 식품산업과 국내농업의 연계 강화, 건전한 식생활문화의 정착과 환경대책 등 여러 가지 과제가 식품분야의 새로운 과제로 대두된다. 현재 조직을 대폭 확충하여 장기적으로 "식품산업국(또는 식품유통국)"으로 개편해야 하며, 관련 인력의 전문화도 이루어져야 한다.

또 식약청 중심으로 식품위해성 관리시스템을 구축하기 위한 인력도 증강되어야 한다. 식약청의 식품안전 관련 인력이 900여명으로 미국의 9000명에 비하여 비교할 수 없을 정도로 적은 것은 사실이다. 따라서 식약청의 위상을 높이고 인력을 늘리며 전문성을 강화하고 식품행정에 대한 종합적인 대응능력을 갖추도록 하여야 한다. 농림부의 업무를 단순히 식품의약청으로 이관한다고 해서 안전문제가 해결되지는 않는다. 오히려 현장 실정에 밝지 않은 식약청이 생산이나 사육현장의 업무를 담당함으로써 많은 비효율과 낭비를 가져오고 국민들로부터 추가적인 불만을 살 우려도 있다.

2) 식품관련 법령정비와 제도개선

법령정비

식품안전을 기하기 위해서는 식품위생 및 품질관리에 대한 철저한 법적용이 필요하다. 이를 위해서는 위생관리에 관계되는 관련법, 즉 「농산물품질관리법」, 「축산물가공처리법」, 「식품위생법」 등 부처별로 관리하고 있는 관련법률이나 규정을 종합적으로 검토하고 정비해야 한다. 현재 식품안전에 관계되는 기능은 보건복지부, 식품의약안전청, 농림부, 해양수산부등 여러 부처이며 관련되는 관련 법령도 많다. 정부차원의 체계적이고 근본적인 해결책이 마련되야 하며 이를 위한 식품안전기본법의 제정이 필요하다. 현재 식품안전기본법이 제정되어 국회에 계류 중에 있으나, 동법에 대한 의견이 정당마다 다르고, 식품업계마저 이중적인 태도를 보인다. 식품업계와 재계는 기업활동 위축을 이유로 식품안전기본법의 제정에 반대하는 입장이다. 그러나 생산에서 소비까지 전 과정을 체계적으로 관리될 수 있도록 종합적인 식품위생관리 시스템을 구축하기 위해서도 식품안전기본법의 제정은 불가피하다. 정부와 업계, 정당의 적극적인 이해가 필요하다.

불량식품 처벌강화와 인식개선

법령정비와 관련하여 강조할 사항은 불량식품업체에 대한 처

벌이 강화되어야 한다는 점이다. 현재 식품안전 위배에 대한 처벌 규정은 매우 미약하다. 이를 대폭 강화하거나, 처벌 하한선제, 기타 3회 법령 위배시는 시장에서 퇴출시키는 3진 아웃제 등 강력한 제재방안을 강구해야 한다. 식품에 대한 처벌은 그간 경제사범이라는 차원에서 솜방망이 처벌이 많았다. 물론 식품수입업자들이 범죄의식을 가지고 불량식품을 다루었다는 입증을 하기가 쉽지 않다. 그러나 식품에 대하여 어떠한 형태이던 제재조치가 강화되어야 한다는 점은 분명하다.

국민들이 늘어나는 식품안전에 대한 요구에 비하여 식품업자들의 의식은 이를 따라오지 못하고 있다. 당장에 국회에 계류되어 있는 식품안전기본법에 대한 태도에서도 알 수 있다. 경제성과 이익만을 추가하는 식품업자들의 인식도 시급히 개선되어야 한다. 불량식품을 다루는 것은 후손에 대해서 죄를 짓는 일이다. 식품안전 문제는 정부의 행정력 강화나 처벌만으로 근본적인 해결을 하기 어렵다. 식품의 생산이나 유통, 소비에서 발생하는 책임도 근본적으로는 제조업자가 지는 것이다. 제조이후의 단계에 대한 책임은 공산품의 제조업자 책임제(PL)와 유사한 수준으로 식품업자에게 정당한 의무를 부과해야 한다.

사전예방의 강화

식품안전의 기본은 사전적인 예방이다. 우리나라의 식품안전정책이 발전하지 않은 이유는 그간 식품의 사전적 예방시스템을 개발하기 보다는 항상 문제가 생기고 난 후 사후적인 응급조치만 취했기 때문에 유사한 문제가 재발되는 것이다. 특히 식품안전에 관계되는 문제는 농수산물, 가공식품, 수입식품 등 단계별로 유관 기관이 달라 생기는 문제도 많다. 그러나 근본적인 문제는 주무기관을 바꾼다고 해결되는 것은 아니다. 생산이나 초기 가공단계의 안전조치가 제대로 되지 않은 데서 문제가 생긴다. 그러므로 사전적인 예방조치강화를 위한 대책 마련이 필요하다. 원료 생산단계에서의 안전성 확보 없이 최종 생산품에 대한 안전성 보증은 불가능하다. 따라서 식품관리의 효율성과 경제성을 위해 농장단계부터 식탁까지(Farm to Table) 안전관리가 필요하며, 이를 위해서는 안전관리에서의 농림부의 역할과 기능이 증대되어야 한다[13]는 생각이다.

특히 생산단계의 안전관리를 위해서는 재배나 사육, 생육환경이나 생산자재 등에 대한 전문성 확보가 필수적이며, 위해요소를 추적(traceability)하여 근원적으로 차단할 수 있는 능력과 시스템이 필요하다. 다만, 생산이나 재배, 사육단계의 안전성 조치강화는 농민들의 불평과 어려움을 가중할 우려가 있다 식품안전의 중요성을 감안, 적극 교육과 지도를 실시해야 한다.

국가간 협력체제 강화

식품분야도 세계화, 개방화에 따라 국가간 협력체제의 중요성이 증대된다. 식품의 국내 안전성문제 뿐만 아니라 국제적 안전성도 문제가 된다. 이를 위한 현지 검역이나 감독이 필요하나 잘못하면 통상문제나 주권 침해 등의 문제가 생길 수 있다. 이를 방지하기 위해 관련 국간에 협정을 체결하는 것이 필요하다. 또, 현지 검역을 강화하고 검역장비나 시설을 확충하는 것도 필요하다. 국민 식생활에 밀접한 품목이 외국에서 수입될 경우는 현지 공장의 등록제를 실시해야 하며 수입식품의 사전 신고 등의 방안도 강구해야 한다. 식품수입국에 조사단을 파견하여 식품 검사상황을 수시로 체크하는 것도 방안이다.

미국이나 유럽의 선진국들은 식품의 일반적인 안전성에 대한 법규나 제도, 관리기술, 분석방법 등에 대한 상호인증제도를 운영하고 있다. 그 결과 문제가 발생할 경우 동일한 조사결과나 기준으로 공동대응하기가 쉽고 국가간의 분쟁을 사전에 해소할 수 있다. 식품관련 문제가 발생할 경우는 국가간에 통상문제로 비화하지 않도록 분야별로 사전 협의체를 운영하는 것도 방안이다. 아울러 식품위생과 안전은 물론, 식량수급이나 국제교역 등 식품에 관한 국제동향에 대한 정보를 공유할 수 있는 체제를 갖추는 것도 중요하다.

안전성 기준설정

식품안전대책을 추진함에 있어서는 안전성에 대한 조사와 기준이 중요하다. 안전성 조사는 농림부가 거래단계 이전의 농산물 안전성검사, 축산물가공처리법상의 축산물 및 그 가공품의 안전성 검사 및 동・식물의 검역업무를 담당하고 있다. 안전성 기준에 있어서 농림부는 생산단계의 농산물 잔류허용기준, 농약안전사용기준, 축산물 미생물오염기준, 동물용 의약품안전사용기준, 사료내 잔류농약 및 동물용의약품 허용기준 등을 설정하고 있다.

식품의약청의 안전성 검사는 유통과정에 있는 농수산물, 식품위생법상의 기타축산물을 포함한 일반식품의 안전성 검사를 수행하고 있다. 식품의약청은 일반식품의 유해물질 허용기준인 잔류농약이나 중금속, 항생물질, 미생물, 아플라톡신, 식품첨가물 기준 등을 설정하고 있다. 전반적으로 김치나 된장, 고춧가루 등 주요 식품에 대해서는 검사항목을 농약, 납, 색소 등으로 대폭 확대해야 한다.

또 식품에 대한 중금속 기준을 전반적으로 설정해야 한다. 유럽국가들은 대부분이 식품 전반에 걸쳐 중금속 기준이 설정되어 있으나, 우리나라는 쌀의 카드뮴에 대한 기준외에는 중금속 기준이 설정되어 있지 않다. 현재 식품의약청에서 10 여 가지 주요 농산물에 대한 기준을 연구하고 있으나 조속히 설정되어야 한다.

제도개선

한국 식품산업 발전을 위해서는 고쳐야 할 제도도 많다. 식품 관련 각종 제도를 일원화하여 소비자의 품질관리제도에 대한 인식의 실효성을 높여야 한다. 이를 위해 앞서 언급한 원산지표시제, 이력추적제, 우수농산물 표시제, 친환경농산물 인증제, 농산물 품질인증제, 전통식품 품질인증제, 지리적 표시제[14]등 각종 제도가 효율적으로 운영되도록 제도를 개선해야 한다. GAP, 위해요소중점관리제도(HACCP) 등 선진 위생제도의 도입을 확대하고 식품가공업체에 대한 위생지원도 확대해야 한다. 안전사고위험이 높은 주요 식품에 대해서는 HACCP 제도를 의무적으로 적용하도록 해야 한다.

앞서 언급한 부처간 기능조정이나 역할조정 이외에도 식품의 수입이나 수출, 검사제도에서 많이 개선해야 된다. 특히 현재 샘플검사 방법을 개선해야 하며, 수입통관 단계의 무작위 검사비율을 현재 2% 수준에서 최소한 10% 수준으로 대폭 높여야 한다.

한편, 소비자들의 증대되는 GMO 식품에 대한 관심에 대응하여 관련 제도를 보강하고, 공인검사법을 개발하며, 시설과 장비의 보강이 필요하다. 또 지방자치단체가 자체적으로 운영하고 있는 품질관련 제도를 통합하여 운영의 실효성을 높이는 것도 방안이다. 그리하여 소비자가 품질에 대한 정보를 쉽게 알 수 있도록 해야 한다.

전통식품이나 산지 가공업체의 경영활성화를 위한 다양한 제도개선이 이루어져야 한다. 현재와 같은 많은 부실기업이 양산되어서는 안된다. 구체적으로는 산지 가공업의 주체를 특정한 대상에 한정하지 말고, 원료사용에서의 제한도 해제해야 한다. 취약한 영세 식품기업의 경영의 문제점을 해결하고 기술자문, 그리고 현장의 애로를 해결하기 위해 가칭 "식품산업 119"같은 제도의 도입도 강구되어야 한다. 국산 식재료의 단체급식 확대 등도 필요하고 식품산업 전반에 걸쳐 새로운 제도도입이 필요하다. 그간 제시한 정부 지원확대, 가공식품에 대한 안전성 제고, 품질의 고급화, 연구개발 강화[15]등을 포함해서 식품안전에 연구, 식문화 보급을 위한 방안 등 새로운 제도나 정책대안도 제시해야한다.

종합정보망 구축

식품분야의 식품회수제도나 위해식품중점관리제도(HACCP), 기타 식품안전에 대한 제도가 강화되기 위해서는 국내적으로 각종 식품관련 정보의 통합관리가 필요하다. 식품의 생산, 제조 및 유통, 소비, 수출입에 관한 관련 통계를 체계적으로 수집하여 활용해야 하며, 관련 정보의 데이터베이스를 구축하여야 한다. 특히 수입식품의 유통단계의 추적관리를 위해 거래내역을 기록하도록 하거나 데이터베이스를 구축하여 추적이 가능하도록 해야 한다. 식품 종합정보는 농업인, 생산자단체, 식품업체가 공유할 수 있도록 하고 나아가 식품지식 관리체제로 발전시켜 활용해야 한다.

식품분야의 비현실적인 규제나 제도가 너무 많다. 이를 조속히 완화하되 필요한 감시시스템은 강화해야 한다. 식품산업이나 식품의 안전성이 어느 정도 확보된 선진국은 규제는 전반적으로 완화하고 있다. 그 신 정부나 민간의 공동운영에 의한 사후 모니터링제도가 강화되어 있다. 정부의 감시나 관리인력으로는 근본적으로 안전을 확보하는데 한계가 있다. 민간의 명예감시원제를 도입하고 포상금제를 강화하며, 식품사고에 대한 사전 대비나 응급조치등

다양한 대안을 마련해야 한다. 식품의 생산부터 소비에 이르는 전 과정에서 모니터링하는 체제를 갖추어야 한다.

또 식품테러에 대비하고 식품관련 전문인력도 육성해야 한다. 미국은 911 테러로 엄청난 피해를 입었다. 국가 영토, 시설, 인력에 대한 테러에 못지않게 식품에 대한 테러 방지도 중요하다. 우리나라 같이 좁은 국토에서 식품테러가 발생하면 국가적인 재앙이 될 수도 있다. 식품테러에 철저한 대비가 필요하다. 식품 전문이력을 육성하기 위해서는 앞서 언급한 대로 식품종합대학을 설립하여 전문적인 인력을 양성하는 것도 방안이다.

종합적인 식품안전관리 시스템 구축

식품위생과 안전의 철저를 기하기 위해서는 가공 및 유통단계는 물론 농림수산물의 생산과 식품의 소비를 포함한 전 과정에서 식품의 안전관리를 체계적으로 수립하고 이를 정보화 하여야 한다. 아울러 위생측면에서도 식품의약품안전청이 수행하는 위생관리와 농림부와 해양수산부 등에서 수행하는 KS 및 HACCP제도가 종합적으로 연계 운영되도록 해야 한다.

식품산업 발전을 위해서는 전반적으로 식품분야에 대한 그림을 다시 그려야 한다. 식품분야의 늘어나는 수요, 그리고 공급상황을 판단하여 줄일 것은 줄이고 늘일 것은 과감히 늘리는 대책이 필요하다. 정부의 지원정도, 농업과의 관계 등을 농가소득이나 농업의 생산성 향상차원에서 종합적으로 검토한 발전계획을 수립해야 한다. 정부차원의 육성 필요성이 있느냐에 대하여는 많은 논란이 있다. 정부지원의 필요성은 식품산업의 종류, 경제발전 정도 등에 따라 다르나, 일반적으로 어느 정도의 식품산업이 발전하기 전까지는 정부의 개입이 필요하고 일정한 수준에 오르면 정부의 개입이 위생, 안전 등의 부분으로 한정되어야 한다고 본다.

식품산업 육성이나 식품의 소비, 그리고 식품안전을 확보하기 위하여 해야 할 과제는 너무나 많다. 충분히 검증되지 않은 사실을 지나치게 과장할 필요도 없으며, 올바른 검증과 제대로 된 홍보를 해야 한다. 최근의 문제가 된 납 꽃게, 김치에서 기생충 발견, 납 검출, 말라카이트 검출 등 식품안전의 문제는 한두 가지 현안을 해결하는 방안으로 접근하면 안 된다. 큰 틀과 시각에서 접근해야 한다. 또 식품안전은 하루아침이나 몇 년 만에 확보되는 게 아니다. 선진국도 수십년이 걸리는 작업이다. 식품문제를 제대로 다루기 위해서는 인내를 가지고 정부와 기업, 생산자와 소비자 모두가 새로운 역할과 사명을 다해야 할 것이다

3) 식품보호 및 표시제도 정착

(1) **지리적 표시제**(GI)

농산물 지리적 표시제는 우수한 지리적 특성을 가진 농산물을 보호하고 이의 품질향상을 유도하며 나아가 소비자를 보호하기 위하여 지리적 특성을 인정해 주는 제도이다. 지리적 표시제는 유럽과 미국등 국제적으로도 논의가 활발하다. 이러한 국제적인 지리적 표시제 보호에 보다 적극적으로 대처해야 한다. 우리나라에도 이제도를 실시해오고 있으나 제도가 일천하다. 1999.1월 농수산물품질관리법이며 그간 인삼 및 인삼제품, 녹차를 지리적표시 등록대상 품목으로 고시하였다. 등록기준은 당해 품목의 우수성이 국내 또는 국외에 널리 알려져 있고, 품질등급이 표준규격의 최상등급이며, 명성 · 품질 · 기타 특성이 본질적으로 특정지역의 자연 환경적 요인 또는 인적 요인에 의하여 이루어진 농산물 및 그 가공품이다. 향후 명성이 높은 품목과 품질이 우수한 품목 중 지리적 요인과의 인과관계를 종합적으로 고려하여 등록 대상품목을 지속적으로 확대하

고, 동 제도에 대한 교육 및 홍보를 강화하여야 한다.

(2) 가공식품의 KS표시제도

가공식품의 KS 표시제도는 잘 알려진대로 식품산업의 표준화를 통하여 생산자에게는 품질개선과 생산성향상 및 생산기술 혁신을 유도하고, 소비자에게는 거래의 단순화와 구매정보 제공을 하는 제도이다. 가공식품 KS표시제도는 1967년 삼양사의 “설탕”이 최초이나 이후 많은 품목에 걸쳐 추진하고 있다. 현재는 KS 표시제 이사의 높은 품질을 소비자들이 요구하는 실정이다. 따라서 향후 이 제도의 발전과 더불어 다양한 개선방안을 마련해야 한다. 아울러 현재 문제가 되는 유기가공식품 인증제도의 도입도 필요하다.

(3) 식품의 지적재산권 보호

식품산업의 발전을 위해서는 지역의 전통식품 제조방법을 등록하고 관리함으로써 지적재산권을 보호해 주어야 한다. 순창고추장, 남원추어탕 등 많은 향토 음식들이 활성화 되지 못하는 것은 이들 식품에 대한 제조(또는 조리)방법의 표준화가 미비하고, 음식 명에 대한 ‘상표법’이나 ‘특허법’상의 보호가 미흡하여 제대로 보호받지 못하고 있기 때문이다. 앞으로 전통식품에 대하여 다양한 보호방법을 개발하여야 한다. 문제는 개별농민이나 농가단위에서 전통식품의 보호를 스스로 하기에는 많은 어려움이 있다. 비용과 시간이 많이들고 절차가 복잡하기 때문이다. 생산자단체나 지자체단위에서 공동으로 이를 보호하는 방안이 강구되어야 하며 정부차원의 지원방안도 생각해야 한다.

아울러 식품의 지적재산권 보호에 대한 Codex, WTO/SPS 등 국제적 논의 동향에도 적극 대응해야 한다.

4. 미국 식품행정의 현황과 시사점

1) 식품행정의 기본 방향과 중점과제

미국의 식품관련 행정은 크게 식품의 위생 및 안전성 관리업무와 식품의 품질관리업무로 크게 나누어지며, 식품업무의 기본적인 운영 방향은 다음 세 가지이다.[16] 첫째, 기관간의 견제와 균형을 철저히 지킨다는 점이다. 입법부에서 식품에 관한 법을 제정하며, 행정부에서 관련 법령에 의거 집행을 하며, 사법부는 집행상황의 위법여부에 대해 사법적인 판단을 하는 것이다. 이같이 식품에 대해 특정기관이나 조직으로 권한이나 책임을 집중시키지 않고 분산시켜 철저한 상호간 견제와 균형을 가지도록 하는 것은 매우 중요한 의미를 가진다. 입법, 사법, 행정부 간의 관계에서 뿐만 아니다. 행정부에서 식품업무를 집행함에 있어서도 특정한 기관에 힘을 몰아주지 않는다. 둘째, 투명하고 과학에 근거한 의사결정이다. 식품안전에 관한 의사결정이나 집행은 투명하고, 과학적 근거에 의해 결정하고 집행한다. 셋째는 국민의 참여 증대이다. 식품에 대한 법령이나 규제 제정, 식품판매나 유통시에 철저히 대중의 참여를 존중한다. 즉 민간의 적극적인 참여는 민간이나 기업의 의견을 적극 반영한다는 점에서 중요한 의미를 가진다. 다만, 식품업무는 강력하고 신축적이며 과학에 근거에 법령에 의존하는 특색을 가지나, 아울러 안전한 식품을 생산하고 공급하는 기업의 법적 책임도 강조한다. 우리의 경우는 식품안전에 대한 기업의 책임을 중시하지 않은 채, 정부가 모든 것을 관리하고 책임지는 형태와는 대조를 이룬다. 마지막으로 식품행정을 추진함에 있어 연방정부와 주정부, 지방정부가 상호 보완적이며 의존적인 협조형태로 식품업무를 처리한다는 특색이 있다.

미국의 식품안전업무 처리의 기본 원칙은 다음과 같이 정리할 수 있다. 첫째 안전한 식품만이 시장에 유통되어야 한다. 둘째 식품안전에 대한 규제결정은 과학에 근거해야 한다. 셋째 정부는 식품안전업무의 시행책임을 진다. 넷째 식품제조업자나 유통업자, 수입업자나 기타 관련자들은 제반규정에 따라야 하며 책임을 져야 한다. 다섯째 각종 규정의 제정과정은 투명하고 국민들이 접근이 가능해야 한다는 점으로 정리할 수 있다.

2) 식품안전 관련 기관과 법령

식품행정과 관련하여 연방정부 차원에서 식품 안전관련 업무를 관장하고 소비자를 보호해야 할 의무를 가지는 부처는 보건후생부(DHHS: Department of Health and Human Services)와 산하의 식품의약청(FDA: Food and Drug Administration), 농무부(USDA: U.S. Department of Agriculture)와 산하의 식품안전검사국(FSIS: Food Safety and Inspection Service)및 동식물 검역처(APHIS: Animal and Plant Health Inspection Service), 상무부(USDC)산하의 해양대기청(NMFS: National Marine Fisheries Service), 그리고 환경보호청(EPA: Environmental Protection Agency) 등이다. 그 외에도 보건후생부 산하의 질병예방본부(CDC: Centers for Disease Control and Prevention), 국립보건연구소(NIH: National Institute of Health), 농무부 산하의 농업연구소(ARS: Agricultural Research Service), 농산물유통국(AMS: Agricultural Marketing Service), 곡물검사소(GIPSA: Grain Inspection, Packers and Stockyard Administration), 세관 등 10여개의 연방기관이 식품관련 업무의 집행, 조사, 모니터링, 비상관리, 교육, 연구 및 감독 등 식품관련 행정에 관여하고 있다. 그러나 전반적으로 식품안전에 대하여 주요한 기

능과 역할을 담당하는 기관은 식품의약청과 농무부이다.

식품안전 업무의 처리에 있어 미국은 기본적으로 부처간에 업무영역을 확실히 구분해 놓고 있으며, 부처간에는 물론, 연방정부와 주정부간에도 확실한 업무영역을 지킨다. 다만, 식품안전 관련 기관간에 서로 보완적이고 의존적인 협조체제를 구축하여 효율적인 추진을 하고 있으나, 가끔씩 기관간 업무에 혼선이나 중복이 생기기도 한다.

최근 미국인의 관심은 식품안전으로 이동하고 있다. 미국의 식품은 세계에서 가장 안전하다고 스스로 평가하나, 식품안전 문제는 절대적인 기준으로 평가하기 어렵다. 식품안전 문제는 질병을 야기하고 위해하다는 측면보다는 미국 농업의 경쟁력을 떨어뜨릴 수 있다는 점에서 식품안전에 대한 관심과 대책은 나날이 강화되는 추세이다. 미국의 경우 식품 안전, 특히 생산단계의 안전과 식품매개 병원체의 관리는 연방 정부 차원에서도 중요한 과제로 취급된다. 미국의 식품안전에는 여러 부처가 관여하고 각종 규제도 많다. 주로 식품의약청, 보건복지부 질병관리센터, 농무부의 식품안전검사국, 환경처 등이 주요한 식품안전 관련 부서이다. 식품안전에 관하여 이렇게 여러 부처가 관여하다 보니 자연히 일부 분야에서는 소홀해지기 쉽다. 회계처(GAO)의 지적에도 현재의 수입 식품검사 시스템이 감시와 대책 사이에 갭이 존재하며 매우 취약하다고 지적한다.[17]

식품의약청

보건후생부 산하의 식품의약청이 전반적으로 식품의 위생과 안전에 관한 사항을 총괄한다. 식품의약청은 농무부에서 관장하는 육류, 가금류, 계란제품을 제외한 모든 식품의 안전, 위생, 표시 등의 업무를 관장한다. 구체적으로는 시판중인 가공식품의 위생 및 품질기준 검사 등 여러 가지[18] 업무를 시행한다. 또한 식품의약청은 대부분의 수입식품의 안전을 검사하는데[19] 이에는 잔류농약과 위생규정 위반여부가 포함된다.

농무부[20]

농무부는 식품안전검사국과 동식물 검역처, 농산물유통국, 곡물검사국 등이 식품안전 관련 업무를 추진한다. 이중 식품안전과 관련하여 가장 중요한 역할을 하는 기관은 식품안전검사국이다. 식품안전검사국은 육류 및 육류제품(meat and meat products), 가금류 및 가금류 제품(poultry and poultry products), 계란류(egg products)[21]에 대하여 검사업무를 담당한다. 일반 가공품의 경우에도 식품안전검사국이 위생검사를 담당하는 경우가 있는 바, 대상은 식육 및 식육을 3%이상 함유한 식품가공품과, 가금육 및 가금육을 2%이상 함유한 가금육 가공품이다. 그 외는 전반적으로 식품의약청이 담당한다. 식품안전검사국은 수입 육류와 가금류 산물을 관장하며 아울러 수입국의 위생관리가 미국기준에 맞는지 여부 등 외국 공장에 대한 감시도 실시한다. 또 식품안전검사국은 통계적 표본추출 기술을 적용하여 수입육류에 대한 필요시 재검사도 실시한다.

연방곡물검사국은 곡류의 품질기준을 제정하고 제정된 품질기준에 따라 곡류의 품질을 검사한다. 농산물유통국은 과일·채소류 및 유제품의 품질기준을 제정하고 제정된 품질기준에 따라 과일·채소류 및 유제품의 품질을 검사하며, 과실 및 채소류의 잔류농약 허용기준의 준수여부를 감시한다. 식품의 품질에 관한 업무는 농무부 산하기관이 관장하고 있는 반면, 식품의 위생 및 안전성에 관한 업무는 주로 식품의약청이 관장하게 된다.[22]

환경보호청, 해양대기청 등

환경보호청은 모든 농축수산물 및 가공식품의 잔류농약기준을 제정하고 관련 기준 준수 여부를 조사한다. 또 수산제품에 대해서는 해양대기청(NOAA : National Ocenic & Atmosphere Administration)과 산하 해양수산국에서 수산 관련 상품에 대한 검사 지원업무를 수행한다.

주정부와의 관계

식품업무는 연방차원의 업무추진 외에도 주정부나 지방정부와도 광범위 하고 긴밀하게 업무 협조를 실시한다. 연방정부 차원에서 식품의약청, 농무부, 해양대기청의 3개 부처에서 관장하는 가공관리 업무 외에 식품에 관한 구체적인 업무는 주정부가 담당한다. 즉, 농산물 가공공장의 시설 및 장비의 기준 제정, 가공공장의 영업승인, 축산물 가공공장 신고 및 승인, 식품의약청에서 제정한 유 처리장 시설기준 검사, 유제품 판매업의 승인 등이 각주의 주정부가 실제 담당하는 업무이다.

유통단계별 관리

미국에서의 식품관련 업무를 식품의 생산, 가공, 유통 등 단계별로 담당기관을 명확히 구분하기는 어렵다. 일반적으로 보면 생산단계에서는 주정부의 기관(state agencies)에서 직접 관리하나, 환경보호청, 식품의약청, 동식물검역처의 지원을 받는다. 가공단계에서는 식품의약청이 식육, 가금육, 계란제품을 제외한 모든 식품의 관리를 담당하며 검사원들이 정기적으로 현장을 방문하여 검사한다. 농무부의 식품안전검사국에서는 식육, 가금육, 계란제품에 대하여 관리

한다.

유통 및 판매단계에서는 연방정부나 주정부의 관련 규정에 의해 관리한다. 즉 유통이후의 단계는 연방정부는 물론 주정부도 관여한다. 소매단계의 판매에 있어서는 식품의약청의 관련 규정으로 식품안전에 관한 전반적인 사항을 관리하고 있다.

식품안전 관련 법령

미국의 식품안전을 위한 법령은 매우 많으나 기본이 되는 주요한 법령은 식품의약품 및 화장품법(Food, Drug, and Cosmetic Act, FFDCA), 연방식육검사법(Federal Meat Inspection Act, FMIA), 가금육검사법(Poultry Products Inspection Act, PPIA), 계란제품검사법(Egg Products Inspection Act, EPIA), 식품품질보호법(Food Quality Protection Act, FQPA), 공중보건법(Public Health Service Act)이 주요한 법령이다. 그 외에도 식품안전에는 각종 절차법[23]이나 연방관보(Federal Register), 기타 각종 대통령령이나 규칙이 있으며, 주 단위에서도 자체 안전법규를 통하여 까다롭고 엄격한 법령이 시행된다. 육류의 식품안전에 대한 구체적인 대상과 절차, 검사 등에 관한 사항은 미 연방관보(9 CFR. Chap. Ⅲ. 300~592)에 수록되어 있다. 식품안전미국의 경우도 식품의 안전에 대한 소비자들의 관심이 높아지고 각종 식품 테러로부터 국민의 안전을 지키는 것이 중요하다는 판단 하에 식품에 관한 각종 규제와 지침을 지속적으로 강화하는 추세에 있다.

3) 식품 안전관리 강화 방안

미국도 1990년대 중반에 E. coli O157:H7의 발생으로 식품안전 문제가 사회적 이슈가 된 적이 있으며, 최근에는 광우병 발생으로 식품안전에 대한 국민의 관심이 높아지고 있다. 그러나 전반적으로 미국은 식품안전에 대한 정부의 정책이나 기업의 책임이 철저히 지켜지고 있어 식품안전 문제가 사회적 이슈로 등장하지 않는다. 그 이유는 여러 가지가 있을 수 있으나, 크게 다음과 같은 네 가지 요인을 들 수 있다.

첫째, 철저한 수입검사로 불안전하거나 불량 또는 위험한 외국식품의 미국내 유입이 근본적 어렵다. 둘째, 식품에 관한 각종 사전적인 예방조치가 강화되어 있다. 셋째, 식품안전에 대한 행정체제나 시스템이 효율적으로 움직이고 있다. 넷째, 식품기업의 역할을 강조하고 식품안전에 대한 사회적 인식이 높기 때문이다.

(1) **철저한 검사와 엄격한 수입관리**

미국은 허가받지 않은 외국식품의 국내 수입이 원칙적으로 금지된다. 또 철저한 수입검사를 실시함은 물론, 각종 수입허가 제도를 까다롭게 운영하여 위험식품의 국내 유입을 사전에 차단하고 있다.

위해식품의 미국내 수입금지

미국은 병충해나 질병이 발생된 지역으로부터의 동식물 및 동식물 제품의 미국내 수입을 원칙적으로 금지하고 있다. 구체적으로는 관세법(Tariff Act of 1930)에 의하여 일반적으로 미국의 국가안보 및 공중도덕을 저해하는 물품의 미국 수입이 금지된다. 또 식품의약청의 식품, 의약품 및 화장품법(Federal Food, Drug & Cosmetic Act)에 의하여 불안전하거나 오염되었거나 비위생적인 환경에서 제조된 물품의 수입이 금지된다. 특히 농무부의 식품보호법(Plant Protection Act)과 동물보호법(Animal Health Protection Act)에 의거하여 동물의 질병 및 병충해 발생지역으로 지정된 국가로부터의 동식물 및 동식물 제품의 수입은 원칙적 금지된다. 또, 농무부의 연방육류검사법(Federal Meat Inspection Act)과 연방가금육검사법(Federal Poultry Inspection Act)에 의하여 수출국가와 제조회사가 지정 또는 승인되어 있지 않은 경우의 축산제품의 수입은 금지된다. 그 외에 멸종위기에 처한 동식물의 국제거래회의(CITES) 및 해양포유동물보호법(Marine Mammal Protection Act of 1994) 등에 의하여 관련제품의 수입도 금지된다.

까다로운 수입허가제

농축산물의 미국내 수입은 농무부나 식품의약청으로부터 사전 수입허가를 받아야 한다. 뿐만 아니라 허가절차가 매우 까다롭고 복잡하며 수년이 기일이 소요된다. 일반적으로 외국 농축산물이나 식품의 수입시 반입될 수 있는 병충해, 잡초, 동식물 질병에 대해서는 엄격한 사전 검사를 실시한다. 축산물의 경우는 수출 승인국가로부터 수입만 허용된다. 또 동물 질병 종류에 따라 발생하는 국가를 지정하여 이들 국가로부터의 축산식품의 수입을 원칙적으로 금지된다.[24] 식품안전검사국이 외국의 식품을 수입하는 데는 동등성 기준(equivalence)[25]에 의거 수입국도 미국 국내에서와 같은 수준의 기준을 충족할 것을 요구한다. 구체적인 수입허가는 문서검토, 현장검사, 수입항에서의 재검사 등 여러 단계의 검사를 통하여 동등성 기준을 확보한다.

한편, 식품, 의약품, 화장품의 경우는 식품의약청의 관련법에 의거 일정한 요건을 갖추어야 한다. 대부분의 식품은 식품의약청으로부터 제조과정과 시설등록을 거쳐 식품의약청의 허가를 받아야 수입이 가능하다. 특히 2001년 911 테러이후 바이오테러법(Bio-terriorism Protection Act of 2002)을 제정, 외국에서 미국에 들어오는 식품에 대한 사전 신고제 및 관련 시설 등록제를 엄격히 실시해오고 있다.

(2) 사전적 예방조치의 강화

미국은 국내적으로 식품위해가 발생할 수 있는 여지를 사전에 차단하기 위해 각종 사전적 예방조치를 강화하고 있다. 생산단계의 안전관리가 식품안전의 기본이라는 인식하에 연방정부나 주정부에서도 사전적 안전확보정책에 우선적인 역점을 두고 있다. 사전적 예방조치 방안은 여러 가지이다. 첫째 안전한 농산물 생산을 위한 기록관리, 위험 최소화, 작업자의 위생과 훈련, 농장 영농방법 개선, 농업용수의 품질과 관리방법, 관개수 검사실험, 저장시설의 소독, 오염농가 조사 등을 중점 추진한다. 둘째, 인체유해성 방지를 위한 농약과 해충의 통합관리제도(Integrated Pest Management, IPM)를 중점 실시한다.[26] 또 생산성이나 수익을 유지하면서도 환경과 건강에 위해를 끼치지 않고 해충을 관리할 수 있는 해충관리전략(Risk Avoidance and Mitigation Program, RAMP)도 추진한다. 그외에도 각종 안전규제에 합당하면서도 농약 사용을 대체할 수 있는 기술을 개발하는 선택적 해충관리대책(Pest Management Alternatives Program, PMAP)나, 유기농산물을 지원하기 위한 대책(Organic Transitions Program, ORG) 등도 역점적으로 추진한다. 셋째, 위해요소 중점관리제도(HACCP)는 거의 모든 식품의 제조시설에 적용하여 사전적 안전조치를 강화한다. 고기류나 가금류 식품의 제조, 수입, 판매, 유통과정에 있는 관련 업자들이 각 단계마다 HACCP제도를 실시토록 한다. 넷째 최근에는 신선농산물 안전성 향상을 위한 우수 농산물 재배지침(GAP)[27]이나 생산이력제 (Traceability)[28] 등을 안전차원에서 강조하고 있다.

농업분야에서 식품안전을 확보하기 위한 중요한 대책을 보면,

농약관리를 위해서 환경과 조화를 이루면서 효과적으로 해충을 관리하는 해충통합관리제도(Integrated Pest Management, IPM) 프로그램이 있다. IPM은 해충에 대한 관리기준 설정, 모티터링, 예방, 관리 등을 주로 한다. 또 작물재배 시스템에서 위해를 감소시킬 수 있는 해충관리전략(Risk Avoidance and Mitigation Program, RAMP)도 있다. 이것은 생산성이나 수익을 유지하면서도 환경과 건강에 위해를 끼치지 않고 해충을 관리할 수 있는 시스템을 말하며, 농업생산체계의 안정성과 지속성을 향상시키는 중요한 정책이다. 또 각종 안전규제에 합당하면서도 농약의 사용을 대체할 수 있는 기술을 개발하는 대책(Pest Management Alternatives Program, PMAP)도 있다. 최근에는 유기농을 지원하기 위한 대책(Organic Transitions Program ,ORG)이 중요한 정책으로 대두된다. 유기농법은 1990년대 미국 농업에서 가장 빠르게 성장한 분야 중의 하나이며, 낮은 생산비용과 높은 수익, 자원과 환경의 보존, 자신과 가족의 농약 노출 감소 등 여러 가지 요인으로 급격히 증가한다.

신선농산물 안전성 향상을 위한 재배지침(GAP)

농산물의 미생물 오염은 농장에서부터 식탁까지 어디에서든지 일어날 수 있다. 농장에서의 미생물 위험을 줄이는 방법 중 하나는 농장 주인과 모든 일꾼들의 노력으로 농산물에 대한 식품매개 병원균의 위험을 줄이는 것이다. 이를 위해 농장과 포장공장에서 수행할 수 있는 실질적이고 합리적인 우수 재배 및 제조지침이 우수재배지침(GAP)이다. 재배자들은 발생할 수 있는 미생물학적 문제들을 항상 인식할 필요가 있고 그들의 가족들, 비즈니스, 모든 생명체 뿐만 아니라 공중보건을 보호할 수 있는 조치를 취할 필요가 있다. 농장에서 자라는 모든 것들이 해로운 미생물로부터 자유로울 수 있다고 보장할 수 있는 방법은 없지만, 모든 생산과정에서 예방적인 방법들을 취한다면 이런 위험 요소들을 줄일 수 있다.

생산이력제(Traceability)

생산이력제는 농산물과 식품 등의 구매자들에게 안전과 품질을 증명할 수 있도록 농산물의 생산, 유통과정의 이력을 표시하는 제도이다. 따라서 안전하지 않거나 품질이 떨어지는 상품의 생산과 출하를 최소화하는 정책이다. 그 결과 생산자나 기업에게도 신용도의 하락, 제조물책임, 회수와 같은 위험성을 감소시킨다. 또 생산이력제는 생산, 저장, 유통 등에서 가장 효율적인 관리가 이루어지도록 할 수 있고, 상품의 신뢰성을 제고하여 차별화도 가능하다. 또 식품안전과 품질관리도 가능하다.

한편, 미국에서는 식품의 불량식품의 회수(recall)도 중요한 과제이다. 식육제품의 회수는 법률적으로는 연방식육검사법(Federal Meat Inspection Law)과 식품안전검사국령(FAIS Directive 8080.1, Rev.3 1/9/00 Recall of Meat and Poultry Products)에 근거하고 있다. 또한 소매단계에 대해서는 주정부가 담당하고, 식육제품 및 계란제품 이외의 식품에 대해서는 식품의약품청이 담당하고 있다. 미국의 특징은 사업자의 자율성에 크게 의존한다는 점에 있다.

식품표시제(Labeling)

미국 내 가공식품에 대한 표시는 함량과 영양뿐만 아니라 안전한 사용법, 생산과정 등에 관하여도 표준화된 정보를 제공하도록 되어 있다. 식품 표시사항의 내용은 소비자, 기업, 제3자, 정부 등이 모두 관여하게 된다. 소비자는 그들의 구매력과 정치적 활동을 통하여 식품 표시사항에 영향을 미치고, 기업은 표시비용을 능가하는 이익이 발생할 수 있는 표시사항을 찾게 된다.

그 외에도 식품안전을 강화하기 위해여 여러 가지 정책과 제도가 많다. 기록관리, 위험 최소화, 작업자의 위생과 훈련, 농장 영농방법 개선[29] 등 여러 가지가 방안이 있다. 또 농업용수의 품질과 관리방법, 관개수 검사실험, 저장시설의 소독, 오염농가 조사 등 다양한 정책을 통하여 전방위적으로 식품안전을 강화하고 있다.

바이오 테러 대비

식품의 안전성과 관련하여 최근 강조하는 것은 식품테러에 대비하는 것이다. 정부차원의 안전대책이 강화되고 있고 다양한 보완책도 추진하고 있다. 미국은 2001년 9월 11일 테러를 당한 이후, 각종 테러로부터 국가를 지키고 국민의 생명과 안전을 보호하는데 많은 역점을 두고 있다. 안전에 관련되는 법을 개정하고 각종 규제를 강화하고 있으며, 국가 여러 부문에서 조직과 제도를 강화하고 있다. 특히 식품안전을 위하여 바이오 테러 대응 법률을 제정하여 식품수출입에서 규제를 대폭 강화하였다.

바이오 테러에 관한 법령 중 중요한 것은 외국에서 미국으로 들어오는 식품업체의 등록제도(제305조)와 식품의 사전신고제도(제307조)이다. 등록대상은 사람 또는 동물이 미국내에서 소비하는 식품을 제조・가공・포장・보관하는 국내외 시설의 소유자(owners), 운영자(operators) 또는 대리인(agents)이다. 등록사항은 시설, 주소, 전화번호, 거래명, 소유자, 운영자, 에이전트 이름 등이다. 미등록시는 미국내 식품반입이 금지되는 등 각종 제재가 따른다.

또 수입식품의 사전통보(제307조)제도도 중요하다. 신고대상 식품은 식품, 의약품, 화장품법 제201(f)에 규정된 식품으로서 사람 및 동물이 소비하는 식품과 음료이며 미국내 소비 여부를 불문한다. 신고의무자는 구매자 또는 수입자(또는 자격 있는 대리인)이며, 신고시기는 미국내 반입 예정일 5일 이전부터이며, 도로 수송의 경우는 도착 2시간, 항공 및 철도수송의 경우는 4시간, 수로수송은 8시간 전에 통보하여야 한다. 신고사항은 제출자, Entry type 및 ACS entry number 또는 미국세관 수입 ID 번호, 반입장소, 제조업체, 제조국, 선적업체, 선적국, 기타 제품에 관한 상세한 사항 등이다. 신고한 사항이 부적절하거나 불완전할 경우에는 미국으로의 반입이 금지된다.

이외에도 식품에 관한 기록유지 및 검사(제306조)도 중요하다. 기록유지 목적은 테러에 의한 식품오염 등 비상시 FDA가 문제 식품을 추적할 수 있도록 하기 위해서다. 기록의무자는 식품제조자, 가공처리자, 포장, 배포, 수령, 보관자, 수입자에게 식품을 전달한 자 및 수입자가 식품을 직접 전달한 자이다. 기록은 서면, 전자 등 어떤 형태도 가능하며 기존 기록도 사용 가능하다. 식품분야의 이러한 규제에 대해서는 미국 식품의약청에서 최종 규칙을 확정하여 2004년 11월 1일부터 전면 실시하고 있으므로 철저한 대비가 필요하다. 미 식품의약청에서는 그간의 운영상황과 업무폭주 등을 이유로 개인이 집에서 만든 식품 등은 신고하지 않아도 되는 등 다소 관련 규정을 완화하였다.[30]

(3) 식품행정의 효율적 추진

미국의 식품안전이 차질 없이 추진되는 데는 전반적인 식품행정이 효율적으로 추진된다는 점도 주요한 요인이다. 식품행정이 책임성과 효율성을 가지고 제대로 추진되는 이유는 명확한 업무분장에 의거 부처간 권한과 책임을 분명히 구분하며, 또 부처간에 다양한 형태의 협조체제를 강화하고 , 나아가 식품관련 정보를 상호 공유하고 각종 검사결과를 존중하여 업무를 효율적으로 운영하기 때문이다.

명확한 업무분장

식품관련 업무는 여러 부처에서 다양한 형태로 관여하나, 부처간 업무영역을 명확히 설정해 놓고 있다. 전반적으로 식품의약청이 식품에 대한 안전성과 식품에 대한 정확한 상표표시를 확보하기 위해서 관련 법(연방식품, 의약품 및 화장품에 관한법)에 의거, 엄격한 관리와 집행을 실시한다. 농무부의 식품안전검사국은 육류 및 육류제품, 가금류 및 가금류 제품, 계란류에 대하여 관련법에 의거 검사업무를 담당한다. 농산물유통국의 주요 담당 품목은 과일과 채소류이지만, 농산물 전반의 효율적 유통을 위하여 식품의 등급표준 설정, 농민, 식품가공업자, 식품운송업자들에 대한 식품의 품질보증업무도 수행한다. 전체적으로 보면 식약청의 업무는 주로 규제와 안전관리 차원에서 식품의 가공과 유통과정에 대한 전반적인 감독업무를 수행하는 것이다. 부처간 업무가 명확하지 않거나 분쟁의 발생에 대비하여 상호간에 협약을 체결해 놓기도 한다.

부처간 협조체제의 강화

식품안전에 관한 업무가 부처간 의견차이나 분쟁이 일어나지 않는 이유로 부처간 원활한 업무 협조체제를 들 수 있다. 부처간 협조체제를 활성화하는 방안으로 대부분의 식품관련 현안은 관련 부처간에 inter-agency meeting을 강화하여 차질 없이 해결한다. 부처간 업무협조형태는 실무차원의 협의와 고위급 회의, 그리고 최종적으로 부처 책임자의 결정으로 이루어지며, 경우에 따라서는 백악관이 개입하여 조정하기도 한다. 때로는 업무상의 마찰과 비효율성을 막기 위하여 양 기관의 실무자들이 참여하는 공동회의를 적극 활용하기도 한다. 부처간에 원활한 업무 이행을 위하여 업무협정을 체결하여 추진하는 경우도 있는 바, 농무부, 식품의약청, 해양대기청 등 관련 기관간에 현재 71개의 업무협정이 있다.

검사결과의 상호 존중과 정보 공유체제 확립

식품안전에 관계되는 관련 기관간에 각종 검사결과를 상호 존중하고 그 결과를 서로 통지하여 정보를 공유한다. 식중독 감시체계는 푸드넷(FoodNet)을 통하여 질병통제센터나 식품의약청, 농무부간에 정보를 공유하고 있으며 그 외에도 다양한 정보공유망을 활용하고 있다.[31] 또 농무부의 검사결과를 식품의약청이 인정하고 추가적인 문제 제기를 않는다. 광우병 사태의 경우 각종 정부정책 발표시 농무부와 식품의약청의 관계자가 공동 참여하여 보충설명을 하는 등으로 식품안전문제에 대해서는 관계부처가 공동으로 대처한다.

때로는 특정 현안을 해결하기 위하여 연방정부 간의 협조는 물론, 연방과 주정부, 지방정부가 참여하는 공동회의를 통하여 정보교환 및 협조체제를 강화하기도 한다. 아울러 미국내에서도 식품안전을 확보하기 위하여 꾸준히 식품안전 검사방법을 개발하고 식품안전관리 방법을 개선하는 데도 역점을 두고 있다.

고위급 차원의 조정

식품관련 각 기관의 중복된 업무를 조정하고 관리의 효율성을 높이기 위해 1998년 클린턴 행정부는 대통령 직속의 '식품안전자문위원회'를 설치하였다. 동 위원회는 정부기관의 업무관할 뿐만 아니라 과학적 연구기반 강화, 튼튼한 식품안전 관리체계를 구축하는 임무도 동시에 수행한다. 또 농무부의 식품관련 기관의 협조는 국토안보부와도 긴밀히 수행하고 있다. 식품안전검사국은 최근 식품안전과 비상준비국(Office of Food Security and Emergency Preparedness, OFSEP)을 설치하였다. 동 기관에서는 식품에 관계되는 부처의 협조체제를 강화하기 위해 식품안전자문팀(Food Security Advisory Team)을 구성하여 관련 부처의 협조를 강화하고 있다. 또한 식품안전검사국은 백악관의 국토안보위원회에 참여하기도 하고, 국제기구와의 공동협의에도 참여한다. 백악관에서는 식품의 안전에 관한 부처간 협의의 중요성을 인식하여 부처간 식품공동작업반(Interagency Food Working Group, IFWG)을 구성해 놓고 주요한 사항을 협의한다. 동 위원회는 12개의 연방 관련 기관이 참여하며 산하 3개의 소위원회에 식품안전검사국이 공동의장을 맡고 있다.

고위급차원의 조정은 부처간에 협의하기 어려운 사항이나 예산지원, 또는 장기적인 정책방향을 제시한다. 1997년 대통령 지시에 의거 Food Safety Initiative 를 발표하여 식품안전을 위한 관련 예산을 증액하였고, 실무작업반(Ad hoc working group)을 구성하여 실질적인 연구를 강화하였다. 2000년대 이후에도 지속적으로 식품안전을 위한 고위급 차원의 협의를 강화하고 각종 위원회를 통한 논의를 가속화하며, 다양한 안전조치를 강화해 나가고 있다.

한편, 대규모 식품안전사고가 발생하여 식품안전이 주요 이슈가 된 2000년대 초반 부처차원의 조정이 어려워 대통령 산하의 식품안전위원회(President's Council on Food Safety)를 구성하여 의견을 조정한 바도 있다. 동 동위원회는 2001년 1월 식품안전전략(Food Safety Strategy Plan)을 제출하여 식품안전에 대한 감시(Surveillance), 협력(Coordination), 위해평가(Risk Analysis), 연구(Research), 검사(Inspection), 교육(Education)을 강조하였다.

식품안진위원회의 중요한 과세로 내두된 조직개편 문세는 오랜 논의를 통한 결과 관련 조직을 하나로 통합하기보다는 현행 조직들 간의 협력 강화를 통한 식품안전 확보가 중요하다고 하였다.

즉 관련 테스크포스를 통해 종합적으로 연구한 결과 내린 결론은 식품분야는 한 조직으로 모으기보다는 여러 분야를 종합적으로 조화시켜 추진해야 한다는 것이다. 그 대신 식품안전을 확보하기 위하여 계속적으로 예방조치를 강화하고 검사 및 감시방법을 개발하는 것을 촉구하고 있다.

(4) 민간의 역할과 책임강화

미국의 식품안전에는 정부의 역할에 못지 않게 기업의 역할을 중시하고 이를 위한 다양한 규제와 의무를 부과한다. 가장 대표적인 것이 식품표시제(Labeling)와 불량식품의 회수(Recall)제도이다. 식품표시제는 가공식품의 생산자에 대하여 함량과 영양뿐만 아니라 안전한 사용법, 생산과정 등에 관하여도 표준화된 정보를 소비자들에게 제공하도록 되어 있으며, 식품 표시사항의 내용과 결정에는 소비자, 기업, 제 3자, 정부 등이 모두 관여한다.

불량식육제품의 회수제도는 연방식육검사법(Federal Meat Inspection Law)과 식품안전검사국령(FSIS Directive 8080.1, Rev.3 1/9/00 Recall of Meat and Poultry Products)에 근거하여 실시한다. 식품회수제는 원칙적으로 제조업체나 유통업자의 자율적인 판단에 의거 실시한다.[32] 그러나 제조업체나 유통업자가 회수를 하지 않을 경우는 식품안전검사국이 강제이행권을 가진다. 구체적인 집행은 소매단계에 대해서는 주정부가 담당하고, 식육제품 및 계란제품 이외의 식품에 대해서는 식품의약품청이 담당한다. 최근 회수제의 특징은 사업자의 자율성에 크게 의존한다는 점이다.

미국은 식품안전에 대한 사회적 인식이 비교적 높아 불량식품이나 부정식품이 유통될 가능성이 근본적으로 낮다. 또, 식품안전을 위한 정부나 기업, 소비자나 생산자의 인식과 역할에 대해 공감대가 형성되어 있다. 그 결과 정부의 식품안전 조사결과를 신뢰하고 있다. 광우병이 발생되었음에도 불구하고, 정부의 발표결과나 예방 조치를 신뢰하기 때문에 국내 쇠고기 소비는 특별한 변화가 없다. 그러나 이러한 조치에도 불구하고 새로운 미생물이 출현하고, 수입 식품이 증가되며, 식인성 질병에 대한 내성 미생물이 출현되는 등 식품안전을 위협하는 요인이 늘어난다. 이에 대비하여 미국도 지속적으로 검사방법을 개발하고 예방 조치를 강화해야 한다고 주장한다.[33] 아울러 미국의 식품안전에 대한 까다로운 규제의 제정에는 각종 단계별로 이해관계자나 소비자들의 참여가 제도적으로 보장되어 있다. 따라서 절차의 투명성에 못지 않게 소비자들의 참여 증대로 식품안전 문제에 대한 책임을 공유하고 있다.

4) 유전자변형 식품에 대한 대응

미국은 세계 최대의 유전자변형 농산물 개발국이자 수출국이다. 1994년 미국의 칼진(Calgene)사가 처음으로 유전자 조작으로 무르지 않는 토마토인 플라브르 사브르(Flavr Savr)를 시판하면서 유전자조작 농산물은 급격히 세계적인 관심사항으로 떠오른다. 그 다음 해인 1995년에는 미국의 몬산토사가 자체적으로 개발한 제초제에 내성이 있는 라운드업 레디 콩(Round-up Ready Soybean)이 각광을 받게 된다.

미국의 한 식품정책연구소(FPI)가 2004년 유전자변형 식품에 대한 미국인의 태도를 조사한 결과에 의하면 대부분의 미국인은 GM 식품에 대하여 잘 인식하지 못하고 있는 것으로 나타난다.[34] 과연 그럴까? 이 콩은 미국 식품의약청(FDA)의 안전성 검사를 통과하여 시판허가를 받아 EU 등에 수출을 하게 된다. 그 뒤를 이어 제초제 내성, 병충해 저항성 등 여러 가지 특성을 지닌 GMO가 개발되어 나오고 있고, 몬산토, 노바티스, 칼젠, 아그레보 등의 여러 회사가 GMO의 개발에 앞 다투어 나가고 있다.

GM작물 현황

미국은 GM에 대하여 별도 관리를 하지 않으므로 자세한 수치는 알기 어렵다. 그러나 전체 교역량의 약 1/3 정도가 GM 작물이라고 추정된다.

미국의 GM 작물 재배면적은 2005년 1월 현재 세계 전체[35]의 약 59%인 4,760만 ha로 추정하고 있다. 그다음은 아르헨티나가 20%(1,620만 ha), 캐나다와 브라질이 6%(540만 ha), 중국이 5%(3,370만 ha) 정도를 차지할 것으로 전망한다. 미국의 주요한 GM 작물은 콩, 면화, 옥수수의 3개 품목이 대부분을 차지하나 현재 60개의 종류가 APHIS의 허가를 받은 실정이다. 다음 표와 같이 2005년 기준

미국 주요 작물 GM현황

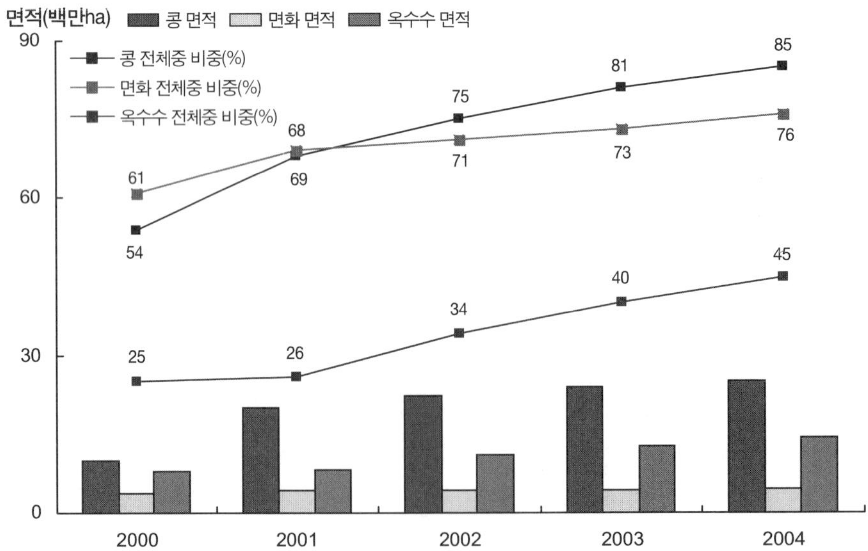

으로 콩의 경우는 전체의 85%, 면화는 76%, 옥수수는 45%가 GM작물로 추정된다. GM 작물이 상업화된지는 8년 정도에 불과하나, 바이오 작물이 가지는 내 병충해성 때문에 농민들이 이런 품종으로 전환하는 속도는 매우 높다. 콩의 경우 2000년에는 제초제 저항성 종자를 재배한 면적은 전체의 54%에 불과하였으나 2004년에는 85%로 증가하고 있다. 면화는 같은 기간 중 61%에서 76%증가하였고, 옥수수는 25에서 46%로 증가하였다. 앞으로 얼마나 더 증가할지 예측하기 어려울 정도이다.

안전성 확인

미국에서 유전자변형 농산물의 안전성에 관해서는 기본적으로 백악관 과학기술정책과(Office of Science and Technology Policy, OSTP)에 의한 바이오기술규제에 관한 기본지침(Coordinate Framework for Regulation of Biotechnology)에 연방규정(51 Federal register. 23302)이다. 동 지침에 의거 바이오제품에 관해서는 농무부, 식품의약청, 환경처의 3개 기관이 각각 분야별로 안전성을 검사하도록 하고 있다. 유전자변형 농산물의 수입, 국내이동, 포장실험을 하기 위해서는 통보(notification), 동 기간중의 승인(permit), 비규제청원(petition for non-regulated status)[36] 등의 절차를 거쳐야 한다.

농무부는 GMO의 수입, 이동, 현장실험 등을 담당하고, GMO가 기존의 식물과 같이 농업적으로 안전하게 이용될 수 있는지를 검증한다. 관련법은 식물검역법(Plant Protection Act, 7 U.S.C. 7701조 이하)이다. 동물의 경우는 21 U.S.C. 151조항에 의거 검사를 하게 되며, 그외에도 연방식물검역법(Federal Plant Pest Act, 7 CER 340-340. 9) 등 여러 관련 규정으로 검사를 하고 있다.

식품의약청에서는 유전자재조합식품(육류, 닭고기류 제외)이나 사료의 안전성을 평가하여 유독물질 함량, 영양분의 조성, 새로운 화합물의 생성 등이 기존의 식품들과 차이가 없을 때는 기존의 식품과 동등하게 간주한다. 관련법으로는 연방식품, 약품 및 화장품법(FFDCA, 21 USC 9, 301조 이하) 등이 있고, 관련 규정으로는 새로운 식물품종으로부터 유래한 식품관보 등이 있다.

환경보호청에서는 식물에 도입된 새로운 식물살충 물질을 안전하게 사용할 수 있도록 규제하거나, 제초제 저항성 작물에 사용되는 농약의 새로운 사용에 관한 규제나 유전자변형 미생물의 상업적 사용에 관한 규제를 하고 있다. 관련법은 살충제, 살균제 및 살서제법(FIFRA, 7 USC 136 이하), 독성물질 규제법(TSCA, 15 USC 53) 등이 있다. 관련 규정으로는 40 CER Parts 152, 172, 174, 180등이 있다. 그 외에도 각 주의회에서 독자적인 GMO에 대한 규정이나 새로운 지침을 가지고 있는 경우도 많다.

유전자변형제품에 대한 인식과 반응

미국의 농무부나 무역대표부 등의 공식적인 입장은 아직까지 유전자변형 제품이 재래식 농법에 의하여 생산된 농작물과 다름이 없다고 하고 있다. 설령 다소 다르다고 하더라도 GMO의 유해성이 과학적으로 입증되지도 않는다고 한다. 그러나 유전자변형 농산물의 재배가 급격히 늘어나자 이에 반대하는 움직임도 동시에 일어나고 있다. 미국 내에서 시판되는 GMO 제품은 여러 가지이다. 지금까지는 콩과 옥수수가 주로 GMO로 사용되었으나, 이들 두 농작물을 원료로 하는 제품은 매우 많다고 할 수 있다.

소비자단체나 환경단체 및 일부 학자들은 여전히 GMO의 재배에 대해 부정적인 입장을 취하고 있다. 또 GMO 제품에 대하여 다양한 반대운동도 펼쳐지고 있다. GMO에 대하여 안전하다고 밝히고 있는 식품의약청의 입장을 신뢰해온 소비자들의 태도가 최근 흔들리고 있다. 2001년 6월 13일, ABC 뉴스에서는 GM 식품에 대하여 1,024명을 대상으로 여론조사를 실시하고 그 결과를 보도하였다. 동 보도에 의하면 안전하다고 하는 소비자는 35%이며 안전하지 않다는 의견을 나타낸 사람도 52%나 된다. 또 GM 식품에 표시를 해야 한다고 하는 사람은 93%에 이르고 있다. 즉 GM 제품에 대해 표시를 해야 한다는 사람이 압도적으로 많다는 점이며 이는 GM 식품에 대한 미국 내에서의 인식이 만만치 않음을 나타낸다. 이와는 대조적으로 소비자들은 바이오 제품에 대해서 전통적인 제품과의 차이를 제대로 알지 못한다는 조사 결과도 나오고 있다. 2004년 식품정책 연구소의 조사결과도 그러하다. 하여간 소비자들의 GM 식품에 대한 관심과 태도가 과거와는 많이 다르다.

한편, 2003년 6월 19일, 미국의 주요 언론은 당시의 조사결과를 바탕으로 미국의 농민은 GMO 작물의 재배시에 지켜야 할 지침을 잘 지키지 않는다고 지적하고 있다. 당시의 언론은 최근 한 소비자단체(US Public Interest Research Group)의 조사결과나 연구기관(Center for Science in the Public Interest)의 연구결과를 토대로 미국 농민들의 GMO 재배규정 위반을 비난하고 있다. 동 연구기관에서 발표한 보고서는 미국 농민의 19%는 GMO 작물의 유해성 여부를 검증하기 위한 재배지침을 지키지 않는다고 비난한다. 즉 GMO 작물을 재배할 때에는 20%의 안전지대(refuge)를 설치하도록 하였으나 많은 농민들이 이 재배지침을 지키지 않았다고 한다. 아울러 정부의 관련 규정이나 지침도 농민이 지킬 수 없도록 비현실적으로 되어 있다고 지적한다.

문제는 현재 대부분의 농민이 사용하는 바이오 농작물은 제1세대의 제품이라는 것이며 제2세대 이후의 제품에 대한 안전성의 보장이 이루어지지 않는다는 것이다. 대부분의 농민이 사용하는 제1세대 제품은 수확량을 증대하고 제초제나 살충제의 사용을 줄임으로써 비용을 줄이는 효과를 가져온다. 제1세대의 제품은 주로 해충이나 제초제 저항성을 가짐으로 농민들에게 도움이 된다. 이러한 제품들은 주로 동물의 사료로 사용되거나 가공되어 부산물로 사용되므로 식용에 직접적으로 사용되지 않는다.

새로운 바이오 제품에 대해서 소비자들이 어떻게 받아들일 것인가는 간단히 판단할 수 없다. 소비자들도 다양성을 추구하면서도 새로운 제품을 바라고 또 품질을 높이기를 희망한다. 한편으로는 바이오 제품의 안전성에 대하여 염려하기도 한다. 이러한 염려와 신제품에 대한 기대를 서로 비교하면서 소비자들은 어떠한 선택을 할 것이나, 현재 순효과(net effect)를 판단하기는 이르다.[37] 결국 문제는 환경과 인체에 대한 잠재적인 위험성에 대한 과학적인 입증여부가 될 것이나 미국의 입장은 아직까지 유전자변형 식품이나 일반식품이나 별 차이가 없다는 견해가 대부분이다. 최종적인 채택 여부를 판단하기 위해서는 위험성과 비용, 그리고 이익을 종합적으로 고려해야 하나, 확정적인 결과를 얻는 데는 수십 년이 걸릴지 모른다고 하기도 한다.[38]

5) 미국의 학교급식 제도

최근 우리나라의 학교급식 제도가 학부모나 시민단체를 비롯한 각계의 쟁점이 되고 있다. 대법원에서 학교급식에 대하여 시도가 조례를 제정하여 지원토록 한 것은 WTO 규정에 위배된다는 판결도 내렸다. 이를 문제삼기 전에 학교급식에 관한 미국의 제도를 살펴보자.

미국의 학교급식제도(The National School Lunch Program)는 성장기의 학교 아동에게 적절하고 균형잡힌 음식을 공급하기 위하여 시작되었다. 학교급식을 실시하는 목적은 크게 세 가지이다. 첫째는 적절한 영양공급, 둘째는 균등한 교육기회의 제공, 셋째는 농산물의 수급안정이다. 다시 말해 국민의 복지증진과 농수산물의 수급안정을 동시에 기하는데 그 목적이 있다. 학교급식제도를 실시하게 된 배경은 제2차 세계대전 중 장병 징집을 위한 신체검사 과정에서 많은 청년들의 건강상 결함이 발견되었고, 그 원인은 대공황 시기에 어린 시절을 보낸 청소년들이 제대로 먹지 못한 데서 비롯되었다는 사실이 밝혀지고부터이다. 이를 계기로 모든 어린이가 적어도 하루에 한끼는 충분한 식사를 할 수 있도록 만들자는 공감대가 형성되어 전쟁이 끝난 다음해인 1946년에 학교급식법(National School Lunch Act)을 제정하여 시작한 것이다.

미국의 학교급식제도는 전 국민을 상대로 하는 복지정책의 일환이기도 하고, 미국 농산물의 소비촉진과 수급조절을 위한 방안의 하나이기도 하다. 미국 농무부가 전체 국민을 상대로 식품과 영양 서비스를 하는 복지업무이며 농무부의 여러 가지 정책 중에서 매우 중요한 위치를 차지한다. 식품의 공급을 통한 건강증진과 국민의 복지향상이라는 국가적 목표가 있는 것이다. 균형있는 식품을 공급하여 국민 모두가 건강한 체질을 유지하는 것은 국가적으로 매우 중요한 과제이다. 이를 위해 다양한 급식 프로그램을 운영하고 있다.[39] 이러한 지원은 대부분 저소득층이나 어린이를 대상으로 하고 있다는 점에서 일반 소비자들을 대상으로 하는 식품정책과 구별된다고 하겠다. 식품과 영양관련 정책에 지원되는 농무부 예산은 2005년도의 회계연도를 기준으로 약 522억 달러이며 전체 예산지출의 절반이 넘는다. 현재 학교급식제도에 참가하는 학교는 전국적으로 공립 및 비 영리학교, 어린이 보호센터 등 약 97,000개이다. 이 제도의 수혜자는 일일 약 2전 7백만명에 이르며, 인구수로 보면 전체 국민 6명 가운데 1명이 이 프로그램의 혜택을 받고 있다.

운영체계와 관리

학교급식은 연방차원에서는 농무부의 식품·영양국(Food and Nutrition Service : FNS)이 주관하며, 주 단위의 학교급식 담당부서는 대부분 교육담당 부서이다.[40] 농무부는 주정부 및 지역 학교구와 협의를 통해 운영되고 있다. 농무부가 학교급식을 관할하고 있는 것은 학교급식이 잉여농산물의 소비촉진 차원에서 도입되었기 때문이기도 하나, 이 제도를 통하여 과잉농산물의 수급조절을 기할 수 있고, 나아가 전 국민의 복지를 증진시킬 수 있기 때문이다. 공립학교는 학군(School district)을 묶어서 교육장 직속의 급식감독관(Food Service Director)이 총괄 관리하며, 사립학교의 경우는 개별 학교별로 급식관리자를 두어 관리한다. 학교급식은 대부분 농무부의 지원금에 의해 운영되기 때문에 학교구별로 급식의 질에는 차이가 별로 없다. 다만, 서민층이 밀집한 도심지 학교구에서는 무료 또는 할인 급식자의 비율이 교외 지역의 학교구에 비해 월등히 높은 편이다. 사립학교는 설립자에 의해 운영되며, 대부분의 경우 부유층의 자녀가 다니기 때문에 학교급식에 대한 참여비율이 상대적으로 낮은 실정이다.

학교급식의 수혜대상자는 원칙적으로 모든 어린이이다. 다만, 연방빈곤기준(Federal Poverty Guideline)이라고 하여 일정한 기준선을 정해 놓고 이에 미달하는 가정의 어린이에게는 할인 또는 무료급식을 베푼다. 따라서 기본적으로 초·중·고등학교 학생은 모두 학교급식 프로그램에 참여가 가능하며, 학생(보호자)의 부담 정도에 따라 무료, 할인, 유료의 3종류로 구분하고 있다. 무료·할인급식의 수급자격은 가계소득과 가족 수를 고려한 연방 빈곤지표에 의해 결정된다.

동 지표의 기준은 해마다 조정하게 된다.[41] 그러나 학교급식법은 무료 또는 할인 급식자가 어떤 경우에도 유료 급식자와 차별을 하지 않도록 규정하고 있다. 학교급식에 대한 정부의 지원은 현금지원, 현물지원, 기타 다양한 형태의 지원이 이루어진다.

영양 및 위생관리

학교급식에 제공되는 식재료는 미국인의 표준식단 기준에서 권장하는 기준을 충족해야 한다. 미국 정부는 농무부와 보건후생부가 공동으로 표준식단을 마련하고, 가정의 식생활에서나 급식시설에서 이를 준수토록 권장하고 있다. 즉 식사 한끼당 칼로리나 비타민 등 필수 요소의 최소 섭취량을 규정한다. 학교급식은 연방에서 정한 영양기준을 충족시켜야 하나, 구체적인 품목별 배분이나 어떻게 공급할 것인가 등의 구체적인 사항은 지방학교 당국에서 정하도록 하고 있다. 또 공급되는 식재료의 위생과 안전을 확보하기 위해 연방차원에서 부처간 협력을 적극적으로 할 뿐 아니라 주정부 및 지방정부에서도 철저한 역할분담을 한다.

특히 식품의 생산에서 소비에 이르는 전 과정에 걸쳐 위생과 안전성을 철저히 확보하도록 하고 있다. 따라서 관련 법규 위반이나 공급한 식품으로 인해 환자가 발생시는 엄한 벌칙을 받는다. 연방정부에서는 부처간 역할분담과 긴밀한 협조를 통해 위생관리에 대한 표준안 및 법규를 마련하는 등 식품위생 관련 정책을 종합적으로 수행한다.

농무부의 식품안전검사국(FSIS)은 축산물을, 보건후생부의 식품의약청은 비축산물 및 식품제조와 수입식품을, 환경보호청(EPA)은 농약 안전을 담당한다. 우수한 급식수준을 유지하기 위해 급식재료 공급업체의 등록을 받아 정기적인 위생검사를 실시하여 비위생적인 업체의 참여를 원천적으로 봉쇄하고 있다.

급식재료의 사용제한

미국은 국내농산물의 소비촉진과 안전성을 확보하기 위한 조치로 각종 급식프로그램에 지원되는 급식재료를 미국산 농산물로 제한하고 있다. 동 규정은 1988년부터 현물지원 규정(CFR7. 250.23조)에 의해 각종 급식 프로그램에 지원하는 모든 농산물과 가공식품의 조달시에는 미국산을 구매토록 규정한 것이다. 다만, 물량 부족, 품질 불량, 현저한 가격차이, 본토 이외 지역의 경우에는 예외를 인정하고 있다. 특히 현물지원 뿐만 아니라 학교에서 자체 조달하는 농산물 등 학교급식에 사용되는 급식재료를 미국산 농산물 및 가공식품을 사용토록 하고 있다. 1997년 학교급식에 이용된 수입산 딸기에서 식중독 균이 검출된 것을 계기로 1998년 학교급식법을 개정하여 미국산 농산물 및 미국산 농산물을 원료로 한 가공식품만을 사용토록 하는 조항(12조 n항)을 추가하였다.

여기서 주의해야 할 점이 있다. 미국에서 국산 농산물 사용규정을 둔다고 해서 반드시 국내산만 사용하는 것은 아니라는 사실이다. 미국은 수많은 나라로부터 농산물을 수입하는 나라이다. 수입금액도 엄청나 2005년에는 577억 달러이나 된다. 당연히 학교급식에도 국내산 뿐만 아니라 다양한 수입농산물도 사용하고 있다는 점을 이해해야 한다. 미국은 학교급식법의 규정 외에도 식품위생과 안전에 관한 타 법률의 규정으로 급식에 제공되는 농산물의 품질이나 위생을 철저히 관리하고 있다. 수입 농산물이냐 여부에 관계없이 동 규정에 합치하면 학교급식 재료로 이용될 수 있는 것이다. 우리의 학교급식제도에서도 배워야 할 점이 많다.

01) 이영순, "식품검역시스템부터 재정비하라", 중앙일보, 2005.10. 25일자.

02) 최지현외 3인, "선진국의 식품안전관리체계와 국내도입방안", 연구보고 R470/2004.12.

03) 경향신문, 2005년 10월 13일.

04) 2005 국정감사시 고경화 의원이 서울시 보건환경연구원의 조사결과를 토대로 중국산 김치의 납 성분이 국산에 비해 최대 5배 가량 많다고 발표함. 이에 대해 식약청은 중국산 김치의 납 검출량이 0.05ppm으로 이는 국제식품규격위원회에서 정한 엽경채소류 허용기준량 0.3ppm의 1/6에 불과하다고 해명함.

05) 경향신문, 2005. 10.13일자.

06) 농림부는 「농산물품질관리법」에 의하여 생산 및 저장, 출하되어 거래되기 이전단계의 국산 농산물을 대상으로 농약, 곰팡이 독소 등 유해 물질에 대한 안전성 조사를 실시하고 있다. 「축산물가공처리법」에서는 가축의 도살・처리와 축산물의 가공・유통 및 검사에 관하여 필요한 사항, 표시기준, 위생관리기준, HACCP 기준, 영업의 허가 및 시설기준 등을 규정하고 있다. 보건복지부는 「식품위생법」에 의하여 식품의 기준과 규격, 표시기준 및 제품검사, 영업의 종류 및 시설기준을 규정하고 있다. 또한, 식품 회수제를 실시하고 있으며, 식품별 HACCP 기준을 설정할 수 있도록 규정하고 있다. 그 결과 위생 및 안전성에 대해서는 유통단계 및 가공정도, 원료함량 등에 따라 농림부, 보건복지부, 해양수산부 등 여러 부처가 나누어 담당하고 있어 종합적인 관리가 미흡하다. 또 소비자들의 수요가 늘어나는 신선식품에 대한 안전성 관리가 미흡하다. 자연히 위생 및 안전성 관련 현안에 대해 신속하고 적극적인 대처가 어렵다. 또 유사기능을 수행하는 기관이 많아 예산 및 조직운영 등에 있어 효율성이 낮다고 할 수 있다.

07) 관련법은 「농수산물가공산업육성 및 품질관리에 관한 법률」('93.6)을 근거로 하며, 주요한 지원내역은 가공공장의 시설 및 운영자금 지원, 경영컨설팅 및 원료구입 자금지원, 전통식품 품질인증 및 명인지정과 홍보지원 등이다.

08) 관련법은 「물가안정에 관한 법률」에 의거 일반식품 등의 물가관리에 관한 업무와 「비상대비자원관리법」에 의거 비상시를 대비한 식품관리를 실시하고 있다. 또 「식품위생법」에 근거하여 시・도의 식품진흥기금을 조성하여 지원하고 있다. 여기에는 영업시설 개선, 교육・홍보 및 조사연구사업, 식품위생교육 및 연구기관 육성지원 등이 포함된다.

09) 미국의 경우는 국산 농산물의 사용규정이 있다고 하더라도 WTO 관련 규정에 위배되지 않는다고 하고 있다. 왜냐하면 WTO의 판단기준이 되는 GATT 제3조(내국민대우)의 규정은 수입산 물품이 국내산에 비하여 불리한 차별대우를 금지하고 있는 규정으로, 동 규정은 상업적 판매만을 대상으로 하는 것이기 때문이라는 설명이다. 학교급식은 상업적 판매목적의 구매가 아닌 정부목적의 구매성격이 강하다. 이와 같

이 정부목적의 구매는 동조 제8항의 예외에 해당되므로 WTO 등 국제법의 위배가 아니라는 주장이다. 또 다른 측면에서도 미국은 동 조항이 WTO 규정에 위배되지 않는다고 주장하고 있다. 즉 학교급식법의 규정은 아동 건강의 증진이라는 역사적 배경과 인도적이라는 목적을 가지고 있기 때문이라는 것이다. 그 결과 지금까지 미국의 자국산 농산물 사용 규정을 가지고 WTO 차원에서 이의를 제기한 나라가 한 나라도 없다고 한다. 특히 미국의 경우는 관련법의 규정에서 국내산으로 구매하되, "실천가능한 최대한"(to the maximum extent practicable)이란 표현을 사용하였다. 이는 급식재료의 전부를 의무적으로 국산으로 사용해야 하는 것이 아니라 최대한 사용하도록 함으로써 기술적으로 분쟁의 여지를 피해 나가고 있다는 설명도 된다.

10) 2005년 9월 대법원은 학교급식에 우리 농산물만 쓰도록 규정한 전북도의회의 학교급식조례는 국내외 제품을 동등 대우해야 하는 세계무역기구 규정에 어긋난다고 무효판정을 내렸다.

11) 이영순, "소비자불신 해소를 위한 식품안전관리체계 구축방안", 식품영양정책 특별세미나 자료(사단법인 한국식품영양재단, 2005.12.14), p. 55.

12) 가공식품의 부처간 업무의 조정에 관해서는 한국식품개발연구원의 "농축산물 가공관리행정의 효율화 방안", 1996, 을 참조할 것.

13) C.Lanbert(미 농무부 식품담당 차관보)의 식품 안전에 관한 의회 청문회 발표 자료(2003. 11) 참조.

14) 가공식품의 지리적 표시제에 관해서는 한국농촌경제연구원 "농수산물 및 가공식품의 지리적 표시 보호제도에 관한 연구", 1997을 참조.

15) 한국식품개발연구원, 한국식품산업의 구조변화와 전망, 제1권, 제2권. 1996.

16) FDA/USDA U.S. Food Safety System Country Report.

17) GAO 는 특히 외국산 동식물 질병을 차단하는데 제 일선인 항구에서 검사건수가 줄어드는데 우려를 표명한다. 항구에서 동식물 검사건수는 2002년 40.9 백만 건에서 2004년에는 37.5 백만 건으로 감소하였다(유통공사 뉴욕 농업무역관, 2004).

18) 구체적으로는 1) 기준을 위반한 제품의 제조회사에 대하여 회수, 회수권유를 받아들이지 않는 업체에 대한 법원 제소, 일반식품의 잔류농약 허용기준의 준수여부를 감시하는 업무, 2) 유 처리장의 위생기준 제정 및 검사, 유 처리장의 시설기준 제정 및 검사 등의 업무, 3) 수산물 사료첨가제 승인, 수산물 잔류물질 검사 등의 업무 등이다. 다만, 해산물은 해양대기청이 등급 업무와 어선, 해산물, 가공공장 등에 대한 신청검사를 실시하며, 식품의약청은 수입품을 포함한 해산물 안전규제의 책임을 진다.

19) 다만 계란류의 수입에 대해서는 FSIS와 FDA는 책임을 공유한다.

20) 김재수, "미국 농업정책과 한국농업의 미래"(백산출판사, 2005), pp. 378~388 참조.

21) 계란류라 함은 가공하기 위해 계란껍질을 제거한 상태의 것(eggs removed from their shells)을 말한다(USDA, 웹사이트).

22) 미 농무부와 식약청의 구체적인 업무분장에 대해서는 김재수 " 한국 식품산업의 과제와 발전방안(농림부, 2006), p. 79 참조.

23) 행정절차법(Administrative Procedure Act, APA), 연방자문위원회법(Federal Advisory

Committee Act, FACA), 정보자유화법(Freedom of Information Act, FDIA)등.

24) 미국에 식품이나 농축산물을 수출할 수 있는 국가나 품목은 연방관보(9 CFR 327.2(b))와 (9 CFR 381. 196(b))에 수록되어 있으며 국가와 품목은 수시로 바뀐다.

25) 동등성이란 위생관리 수단(sanitary measures)이나 적절한 보호수단(appropriate level of protection), 식품안전성 목표(food safety objective)에서 미국의 국내기준과 합치하거나 동등하도록 요구하는 것을 말한다.

26) 이는 해충에 대한 관리기준 설정, 모티터링, 예방, 관리 등을 환경과 조화를 이루면서 효과적으로 관리하는 방안이다.

27) GAP 제도는 농산물의 미생물 오염은 농장에서부터 식탁까지 어디에서든지 일어날 수 있으므로, 농장에서의 미생물 위험을 줄이기 위하여 농장 주인과 모든 일꾼들의 노력을 강조하고, 이를 위한 농장과 포장공장에서 수행할 수 있는 실질적이고 합리적인 우수 재배 및 제조지침임.

28) 생산이력제는 생산, 저장, 유통과정에서 안전하지 않거나 품질이 떨어지는 상품이 취급되지 않도록 제반 과정과 역사를 기록 관리함으로써 효율적인 관리와 상품의 신뢰성을 제고할 수 있으며, 나아가 식품안전과 품질관리도 가능.

29) 대표적인 것은 거름 손질과 농장에 시비하기, 농장에 사용되는 거름의 원료, 저장, 종류 고려하기, 적기에 시비하기, 토양에 거름 넣기, 적당한 작물 선정 등이다.

30) 구체적인 내역은 FDA 홈페이지 www.cfsan.fda.gov 참조.

31) 그 예로 CaliciNet, DPDx, EFORS, EHS-Net, Fight BAC, FSTEA, NARMS, NCFSS 등 다양한 공유망이 있음.

32) USDA.FSIS, “Food safety and Inspection Service(Facts Sheets)”.

33) “it is essential that we continue to modernize our inspection system through risk-based approaches and further refine our management agenda”(M. Pierson 농무부 식품안전 차관보 연설, 2004, 10).

34) Food Policy Institute, “Americans and GM Food: Knowledge, Opinion and Interest in 2004”. p. 12.

35) 2004년 기준으로 전세계의 GM 작물의 면적은 약 8,100 만 ha로 추정된다. GM 작물을 재배하는 국가는 미국, 호주, 캐나다 등 17개 국가로 추정된다. 세계적으로 GM 작물은 옥수수, 유채, 콩, 면화, 감자, 토마토 등 17개 작물의 87품목이 개발되어 있으나, 대부분의 작물은 콩, 옥수수, 면화, 카놀라의 4개 작물에 집중된다.

36) 유전자변형작물의 환경방출시 기존의 작물과 동등하게 규제를 받지 않는 절차.

37) Amber Waves. USDA. Nov. 2003.

38) The Washington Post. 2003년 11월 30일.

39) 이러한 프로그램에 속하는 것으로는 어린이나 어른의 보호센터에 대한 지원(The Child and Adult Care Food Program), 저소득층에 대한 음식지원(The Commodity Supplement Food Program), 재해대비 식품지원 (Disaster Food Stamp Program), 비상대비 식품지원(Disaster Food Stamp Program), 학교급식지원(The National School Lunch Program) 등이 있다.

40) 구체적인 급식제도의 운영은 주마다 다소 다르나, 일부 주에서는 후생부 또는 사회부가 담당하고 있다. 대개 교육담당 부서의 아동영양 담당 부서에서 관리한다.

41) 예를 들어 연방빈곤지표 130%미만일 경우 무료, 130~185%은 할인가격, 185%이상은 실비가격으로 학교급식을 제공받는다. 연방빈곤지표는 물가지수에 연동하여 매년 7월 1일자로 개정되며, 2000/2001년 4인가족 기준으로 가계 총소득이 연간 22,165달러에 미달하는 학생은 무료, 31,543달러에 미달하는 학생은 할인급식 자격을 부여한다.

한국음식, 세계인의 식탁으로